U0605846

普通高等教育"十二五"规划教材

电路电子技术实验与仿真

穆 克 等编著

化学工业出版社

·北京·

本书主要介绍电路与电子技术课程实验的内容。全书共五篇，主要内容包括：电路实验、模拟电子技术实验、数字电子技术实验、电子技术课程设计、EDA 软件简介。根据电路和电子技术课程的不同要求和特点，电路实验部分的仿真应用 Spice 实现，电子技术实验部分的仿真应用 Multisim 10 实现。所以，本书 EDA 软件简介，主要介绍 Spice 和 Multisim 10，分为电路仿真程序 Spice 入门、Spice 在正弦交流电路分析中的应用、用 Spice 分析其他电路、AIM-Spice 和 SPICE OPUS 的使用方法简介以及 Multisim 10 简介五部分。

本书可作为高等学校电子信息、自动化、电气工程、测控技术、通信、计算机等专业相关课程的本科生实验用教材，也可供电子工程技术人员学习参考用。

图书在版编目（CIP）数据

电路电子技术实验与仿真/穆克等编著 . —北京：
化学工业出版社，2014.2（2025.8 重印）
普通高等教育"十二五"规划教材
ISBN 978-7-122-19258-5

Ⅰ.①电…　Ⅱ.①穆…　Ⅲ.①电子电路-实验-高等
学校-教材　Ⅳ.①TN710-33

中国版本图书馆 CIP 数据核字（2013）第 298042 号

责任编辑：满悦芝　石　磊　　　　　　　　文字编辑：吴开亮
责任校对：边　涛　　　　　　　　　　　　装帧设计：史利平

出版发行：化学工业出版社（北京市东城区青年湖南街 13 号　邮政编码 100011）
印　　装：北京虎彩文化传播有限公司
787mm×1092mm　1/16　印张 19　字数 482 千字　　2025 年 8 月北京第 1 版第 6 次印刷

购书咨询：010-64518888　　　　　　　　　售后服务：010-64518899
网　　址：http://www.cip.com.cn
凡购买本书，如有缺损质量问题，本社销售中心负责调换。

定　　价：39.00 元

本书编写人员

穆　克　许忠仁　姜　丽　杨冶杰　李　敏

前　言

　　本教材是根据高等院校工科电类专业的本科课程教学大纲，依据当前的实验设备条件，并结合多年的教学实际，吸取各学校在电路与电子技术实验方面的经验编写的。本教材对以往所用教材的体系结构和内容进行了调整、完善与扩充，同时注意保持自身的教学特点，将电路、模拟电子技术和数字电子技术等多门专业基础课程的实验教学内容合编成一本书，这样有助于相关知识的互补，增强了教材的适应性。本书旨在进一步巩固基本理论知识并用来指导实践，帮助学生掌握基本实验技能，提高综合应用能力和设计能力，提高学生的工程实践能力，培养学生严谨的科学作风。

　　本书在内容安排上尽量做到由浅入深、循序渐进，在保证基础实验的同时，强调实用性，增加灵活性，注重工程实际和先进性；保留了经典的实验内容，以巩固基础，培养学生的基本实验技能；增加综合性、设计性实验内容，以培养学生的综合应用能力、工程设计能力和探索创新精神。

　　全书选编电路实验 16 个，模拟电子技术实验 12 个，数字电子技术实验 16 个，电子技术课程设计 7 个，还包括 EDA 入门软件 Spice 和 Multisim 10 的基础知识。全部实验所需总学时较多，使用时可以根据课程要求、设备条件、学生情况进行选择。在部分实验中还编写了选做内容，以 "﹡" 号注明，以满足教师因材施教的需要。每个实验中都配有预习要求，有助于充分理解实验内容，提高实验操作效率，巩固实验效果。

　　本书第一篇由穆克编写，第二篇由许忠仁、姜丽编写，第三篇由杨冶杰、李敏编写，第四篇由杨冶杰、许忠仁编写，第五篇由穆克、姜丽编写。全书由穆克统稿并最后定稿。

　　本书由曹江涛教授审阅，他对教材的体系和内容提出了许多宝贵意见和建议。本书得到了辽宁石油化工大学教务处及电工电子教研室老师的大力帮助与支持，在此表示感谢。

　　由于编者的水平有限。书中缺点和不足在所难免，敬请相关专家学者指正，也请同学们提出意见，以达到教学相长的目的。

编　者

2014 年 3 月

目　录

第一篇 电路实验

实验一　电路元件的伏安特性

一、实验目的

① 研究电阻元件和直流电源的伏安特性及其测定方法。

② 学习直流仪表设备的使用方法。

二、原理及说明

① 独立电源和电阻元件的伏安特性可以用电压表、电流表测定，称为伏安测量法（伏安表法）。伏安表法原理简单，测量方便，同时适用于非线性元件伏安特性测量。

② 理想电压源的内部电阻值 R_S 为零，其端电压 $U_S(t)$ 是确定的时间函数，与流过电源的电流大小无关。如果 $U_S(t)$ 不随时间变化（即为常数），则该电压源称为直流理想电压源 U_S，其伏安特性曲线如图 1.1.1 中直线 a 所示，实际电源的伏安特性曲线如图 1.1.1 中虚线 b 所示，它可以用一个理想电压源 U_S 和电阻 R_S 串联的电路模型来表示，如图 1.1.2 所示。显然，R_S 越大，图 1.1.1 中的角 θ 也越大，其正切的绝对值代表实际电源的内阻 R_S。

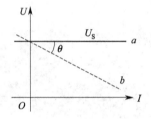

图 1.1.1　电压源的
伏安特性曲线

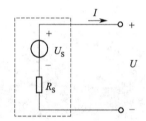

图 1.1.2　理想电压源和
电阻串联的电路模型

③ 理想电流源向负载提供的电流 $I_S(t)$ 是确定的函数，与电源的端电压大小无关。如果 $I_S(t)$ 不随时间变化（即为常数），则该电流源为直流理想电流源 I_S，其伏安特性曲线如图 1.1.3 中直线 a 所示，实际电源的伏安特性曲线如图 1.1.3 中虚线 b 所示，它可以用一个理想电流源 I_S 和电导 G_S 并联的电路模型来表示，如图 1.1.4 所示。显然，G_S 越大，图 1.1.3 中的 θ 角也越大，其正切的绝对值代表实际电源的电导值 G_S。

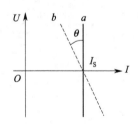

图 1.1.3　电流源的伏
安特性曲线

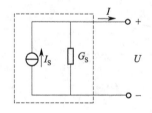

图 1.1.4　理想电流源和电导
并联的电路模型

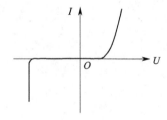

图 1.1.5　晶体二极管
伏安特性

④ 电阻元件的特性可以用该元件两端的电压 U 与流过该元件的电流 I 的关系来表示，即满足欧姆定律

$$R = \frac{U}{I}$$

在 U-I 坐标平面上，线性电阻的特性曲线是一条通过原点的直线。

⑤ 非线性电阻元件的电压、电流关系不能用欧姆定律来表示，它的伏安特性一般为一曲线。图 1.1.5 给出的是一般晶体二极管的伏安特性曲线。

三、仪器设备

① 电工实验装置：DG012T、DY031、DG05-1。

② 万用表。

四、实验步骤

1. 白炽灯（6.3V）的伏安特性

按图 1.1.6 接线，电流表接线时使用电流插孔，图中 100Ω 为限流电阻。将电源电压调至 0V，然后按表 1.1.1 调整电压，将读取的电压、电流数据填入表 1.1.1 中。

表 1.1.1　白炽灯（6.3V）的伏安特性

U/V	0	0.2	0.4	0.6	0.8	2	5	6.3
I/mA								

2. 理想电压源的伏安特性

按图 1.1.7 接线，电流表接线时使用电流插孔，图中 100Ω 为限流电阻。接线前调稳压电源 $U_S = 10$V。按表 1.1.2 改变 R 的数值（将可调电阻与电路断开后调整 R 值），记录相应的电压值与电流值填入表 1.1.2 中。

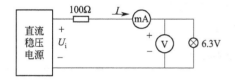

图 1.1.6　实验接线图 1

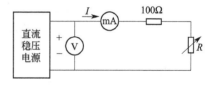

图 1.1.7　实验接线图 2

表 1.1.2　理想电压源的伏安特性

R/kΩ	∞	1.0	0.5	0.3	0.2	0.1
U/V						
I/mA						

3. 实际电压源的伏安特性

按图 1.1.8 接线，接线前调稳压电源 $U_S = 10$V。按表 1.1.3 改变 R 的数值（将可调电阻与电路断开后调整），记录相应的电压值与电流值于表 1.1.3 中。

表 1.1.3　实际电压源的伏安特性

R/kΩ	∞	1.0	0.5	0.3	0.2	0.1
U/V						
I/mA						

4. 线性电阻的伏安特性

按图 1.1.9 接线，按表 1.1.4 改变直流稳压电源的电压 U_S，测定相应的电流值和电压值记录于表 1.1.4 中。

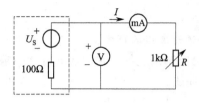
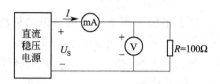

图 1.1.8　实验接线图 3　　　　　　　　　　图 1.1.9　实验接线图 4

表 1.1.4　线性电阻的伏安特性

U_s/V	0	2	4	6	8	10
U/V						
I/mA						

5. 二极管伏安特性

将直流稳压电源的输出调至 0V 后按图 1.1.10 接线，实验中注意正向时二极管端电压在 0~0.7V 之间，其中电流不超过 20mA，图中 200Ω 为限流电阻。调整输入电压使二极管两端电压与表 1.1.5 相符，将电流测试值填入表 1.1.5 中。

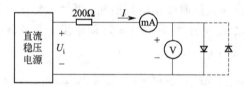

图 1.1.10　实验接线图 5

表 1.1.5　二极管伏安特性

U/V	0	0.40	0.45	0.50	0.55	0.60	0.65	0.70	0.72	0.75
I/mA										

做反向实验时，可将二极管反接，调电压 1~5V 观察实验现象。

五、Spice 仿真

① 在 AIM-Spice 环境下编写图 1.1.11 的 Spice 程序，试画出图中 100Ω 线性电阻的伏安特性曲线，如图 1.1.12 所示。

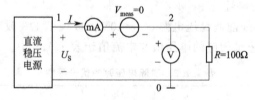

图 1.1.11　仿真接线图

② 在 AIM-Spice 环境下编写图 1.1.10 的 Spice 程序，试画出图中二极管的伏安特性曲线，如图 1.1.13 所示。

六、实验报告

根据测量数据，在坐标纸上按比例绘出各伏安特性曲线。

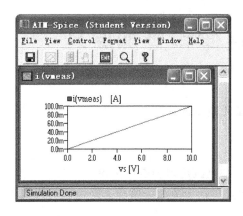

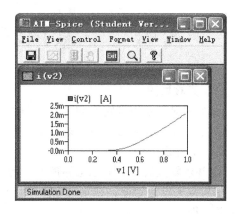

图 1.1.12 图 1.1.11 的仿真结果　　　　图 1.1.13 图 1.1.10 的仿真结果

实验二 基尔霍夫定律和叠加原理

一、实验目的
① 加深对基尔霍夫定律和叠加原理的内容和适用范围的理解。
② 进一步加强学习直流仪表设备的使用。

二、原理及说明
① 基尔霍夫定律是集总电路的基本定律。它包括电流定律和电压定律。

基尔霍夫电流定律：在集总电路中，任何时刻，对任一节点，所有支路电流的代数和恒等于零，即

$$\sum I = 0$$

基尔霍夫电压定律：在集总电路中，任何时刻，沿任一回路内所有支路或元件电压的代数和恒等于零，即

$$\sum U = 0$$

② 叠加原理是线性电路的一个重要定理。

把独立电源称为激励，由它引起的支路电压、电流称为响应。叠加原理可简述为：在任意线性网络中，多个激励同时作用时，总的响应等于每个激励单独作用时引起的响应之和。

三、仪器设备
电工实验装置：DG012T、DY031、DG05-1。

四、实验步骤

1. 基尔霍夫定律
① 按图1.2.1接线，其中 I_1、I_2、I_3 是电流插口，K_1、K_2 是双刀双掷开关。
② 先将 K_1、K_2 合向短路线一边，调节稳压电源，使 $U_{S1} = 10V$，$U_{S2} = 6V$。
③ 将 K_1、K_2 合向电源一边，按表1.2.1和表1.2.2中给出的各参量进行测量并记录，验证基尔霍夫定律。

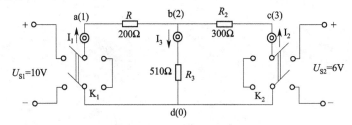

图1.2.1 实验接线图

表1.2.1 基尔霍夫电流定律

电　流	I_1/mA	I_2/mA	I_3/mA	验证节点 b：$\sum I = 0$
计算值				
测量值				

表1.2.2 基尔霍夫电压定律

电　压	U_{ab}	U_{bc}	U_{cd}	U_{da}	U_{bd}	验证$\sum U = 0$	
						回路 abcda	回路 abda
计算值							
测量值							

2. 叠加原理

实验电路如图 1.2.1 所示。

① 把 K_2 掷向短路线一边，K_1 掷向电源一边，使 U_{S1} 单独作用，测量各电流、电压并记录于表 1.2.3 中。

② 把 K_1 掷向短路线一边，K_2 掷向电源一边，使 U_{S2} 单独作用，测量各电流、电压并记录在表 1.2.3 中。

③ 两电源共同作用时的数据在实验步骤 1 中取得。

表 1.2.3　叠加原理

项　　目		I_1/mA	I_2/mA	I_3/mA	U_{ab}/V	U_{bc}/V	U_{bd}/V
U_{S1} 单独作用	计算值						
	测量值						
U_{S2} 单独作用	计算值						
	测量值						
U_{S1}、U_{S2} 共同作用	计算值						
	测量值						
验证叠加原理	计算值						
	测量值						

五、Spice 仿真

在 AIM-Spice 环境下编写图 1.2.1 的 Spice 程序，并进行静态分析。如图 1.2.2 所示。

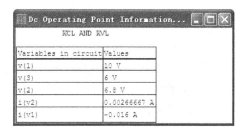

图 1.2.2　图 1.2.1 的仿真结果

六、实验报告

① 用表 1.2.1 和表 1.2.2 中实验测得数据验证基尔霍夫定律和叠加原理。

② 根据图 1.2.1 给定参数，计算表 1.2.2 中所列各项并与实验结果进行比较。

实验三　戴维南定理及功率传输最大条件

一、实验目的

① 用实验方法验证戴维南定理的正确性。

② 学习线性含源一端口网络等效电路参数的测量方法。

③ 验证功率传输最大条件。

二、原理及说明

1. 戴维南定理

任何一个线性含源一端口网络，对外部电路而言，总可以用一个理想电压源和电阻相串联的有源支路来代替，如图 1.3.1 所示。理想电压源的电压等于原网络端口的开路电压 U_{OC}，其电阻等于原网络中所有独立电源为零时入端等效电阻 R_0。

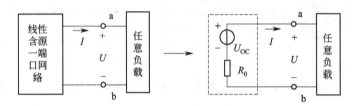

图 1.3.1　戴维南等效电路

2. 等效电阻 R_0

对于已知的线性含源一端口网络，其入端等效电阻 R_0 可以从原网络计算得出，也可以通过实验手段测出。下面介绍几种测量方法。

方法 1：由戴维南定理和诺顿定理可知

$$R_0 = \frac{U_{OC}}{I_{SC}}$$

因此，只要测出含源一端口网络的开路电压 U_{OC} 和短路电流 I_{SC}，R_0 就可得出，这种方法最简便。但是，对于不允许将外部电路直接短路的网络（例如有可能因短路电流过大而损坏网络内部的器件时），不能采用此法。

方法 2：测出含源一端口网络的开路电压 U_{OC} 以后，在端口处接一负载电阻 R_L，然后测出负载电阻的端电压 U_{RL}，因为

$$U_{RL} = \frac{U_{OC}}{R_0 + R_L} R_L$$

则入端等效电阻为

$$R_0 = \left(\frac{U_{OC}}{U_{RL}} - 1 \right) R_L$$

方法 3：令有源一端口网络中的所有独立电源置零，然后在端口处加一给定电压 U，测得流入端口的电流 I［如图 1.3.2(a) 所示］，则

$$R_0 = \frac{U}{I}$$

也可以在端口处接入电流源 I'，测得端口电压 U'［如图 1.3.2(b) 所示］，则

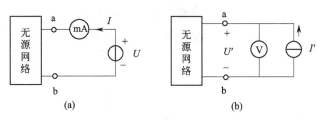

图 1.3.2 电路的等效

$$R_0 = \frac{U'}{I'}$$

3. 功率传输最大条件

一个含有内阻 r_0 的电源给 R_L 供电，其功率为

$$P = I^2 R_L = \left(\frac{E_0}{R_L + r_0}\right)^2 R_L$$

为求得 R_L 从电源中获得最大功率的最佳值，可以将功率 P 对 R_L 求导，并令其导数等于零。

$$\frac{\mathrm{d}P}{\mathrm{d}R_L} = \frac{(r_0 + R_L)^2 - 2(r_0 + R_L)R_L}{(r_0 + R_L)^4} E_0^2$$

$$= \frac{r_0^2 - R_L^2}{(r_0 + R_L)^4} E_0^2 = 0$$

解得 $R_L = r_0$；最大功率为

$$P_{\max} = \left(\frac{E_0}{r_0 + R_L}\right)^2 R_L = \frac{E_0^2}{4r_0}$$

即负载电阻 R_L 从电源中获得最大功率的条件是负载电阻 R_L 等于电源内阻 r_0。

三、仪器设备

电工实验装置：DG012T、DY031、DG05-1。

四、实验步骤

1. 线性含源一端口网络的外特性

按图 1.3.3 接线，改变电阻 R_L 值，测量对应的电流和电压值，数据填在表 1.3.1 内。

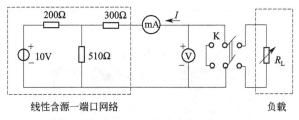

图 1.3.3 实验接线图 1

表 1.3.1 线性含源一端口网络的外特性

R_L/Ω	0(短路)	100	200	300	400	500	700	800	∞(开路)
I/mA									
U/V									

2. 求开路电压 U_{OC} 和等效电阻 R_0

利用原理及说明 2 中介绍的 3 种方法之一求 R_0，并将结果填入表 1.3.2 中，方法 1 和

方法 2 数据在表 1.3.1 中取,方法 3 实验电路如图 1.3.4 所示。

表 1.3.2　开路电压 U_{OC} 和等效电阻 R_0

开路电压 U_{OC}/V			
	1	2	3
方法	$R_0 = \dfrac{U_{OC}}{I_{SC}}$	$R_0 = \left(\dfrac{U_{OC}}{U}-1\right)R_L$	$U=(\quad)\text{V}, I=(\quad)\text{mA}$ $R_0 = \dfrac{U}{I}$
R_0/kΩ			

表中 U_{OC} 为开路电压;I_{SC} 为短路电流。

3. 戴维南等效电路

戴维南等效电路如图 1.3.5 所示,其中 U_{OC} 和 R_0 采用表 1.3.2 的实验结果。

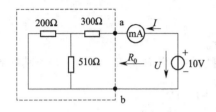
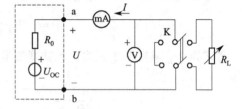

图 1.3.4　实验接线图 2　　　　　　图 1.3.5　实验接线图 3

测量其外特性 $U=f(I)$,将数据填在表 1.3.3 中。

表 1.3.3　戴维南等效电路

R_L/Ω	0(短路)	100	200	300	400	500	700	800	∞(开路)
I/mA									
U/V									
P/mW									

4. 最大功率传输条件

测量最大功率,将数据填在表 1.3.4 中(填入 UI 乘积最大时所对应的 R_L、I、U 值)。

表 1.3.4　最大功率

R_L/Ω	U/V	I/mA	P_{max}/mW

五、Spice 仿真

用 Spice 计算图 1.3.5 所示的戴维南等效电路,结果如图 1.3.6 所示。

图 1.3.6　图 1.3.5 的 Spice 结果

六、实验报告

(1) 根据表 1.3.1 和表 1.3.3 测量结果，做它们的外特性曲线 $U = f(I)$，并分析比较。

(2) 完成实验步骤 2 的要求。

(3) 计算并绘制功率随 R_L 变化的曲线，验证最大功率传输条件。

① 根据表 1.3.3 中数据计算并绘制功率随 R_L 变化的曲线 $P = f(R_L)$。

② 观察 $P = f(R_L)$ 曲线，验证最大功率传输条件是否正确。

实验四 电压源与电流源的等效变换

一、实验目的
① 加深理解电压源、电流源的概念。
② 掌握电源外特性的测试方法。

二、原理及说明
① 电压源是有源元件，可分为理想电压源与实际电压源。

理想电压源在一定的电流范围内，具有很小的电阻，它的输出电压不因负载而改变。而实际电压源的端电压随着电流变化而变化，即它具有一定的内阻值。理想电压源与实际电压源以及它们的伏安特性如图 1.4.1 所示（参阅实验一的内容）。

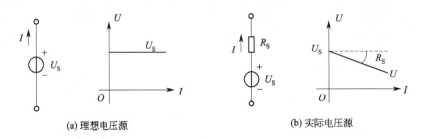

图 1.4.1 电压源

② 电流源是有源元件，电流源分为理想电流源和实际电流源。

理想电流源的电流是恒定的，不因外电路不同而改变。实际电流源的电流与所连接的电路有关。当其端电压增高时，通过外电路的电流要降低，端压越低通过外电路的电流越大。实际电流源可以用一个理想电流源和一个内阻 R_S 并联来表示。图 1.4.2 为两种电流源的伏安特性。

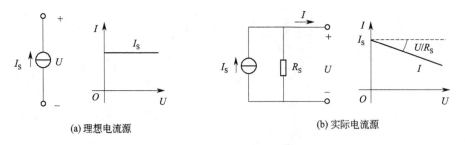

图 1.4.2 电流源

③ 电源的等效变换。

一个实际电源，就对外部特性来讲，可以看成为一个电压源，也可看成为一个电流源。两者是等效的，其中 $I_S = U_S/R_S$ 或 $U_S = I_S R_S$。

图 1.4.3 为等效变换电路，由式中可以看出它可以很方便地把一个参数为 U_S 和 R_S 的电压源变换为一个参数为 I_S 和 R_S 的等效电流源。同时可知理想电压源与理想电流源两者之间不存在等效变换的条件。

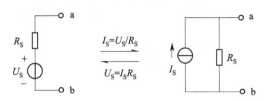

图 1.4.3　电源的等效变换

三、仪器设备

电工实验装置：DG012T、DY04、DY031、DG05-1。

四、实验步骤

1. 理想电流源的伏安特性

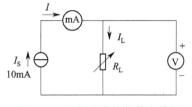

① 按图 1.4.4 接线，毫安表接线使用电流插孔，R_L 使用 1kΩ 电位器。

② 调节恒流源输出，使 I_S 为 10mA。

图 1.4.4　理想电流源的伏安特性

③ 按表 1.4.1 调整 R_L 值，观察并记录电流表、电压表读数变化。将测试结果填入表 1.4.1 中。

表 1.4.1　理想电流源

R_L/Ω	0	200	300	510	1k
I_S/mA					
U/V					
伏安特性					

说明：实际工作中，理想电流源并不存在，从上面的实验数据中可看出，当负载电阻 $R_L > 510\Omega$ 时，I_S 开始下降，即仅当 $R_L < 510\Omega$ 时，可将实验台电源近似看成为恒流源。

2. 电流源与电压源的等效变换

按照等效变换的条件，图 1.4.5(a) 中电流源可以方便地变换为图 1.4.5(b) 中的电压源，其中 $U_S = I_S R_S = 10\text{mA} \times 1\text{k}\Omega = 10\text{V}$，内阻 R_S 仍为 1kΩ，按表 1.4.2 调整 R_L 值，将测试结果填入表 1.4.2 中，验证其等效互换性。

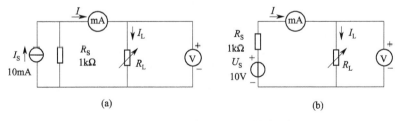

（a）　　　　　　　　　　　　　　　　　　（b）

图 1.4.5　电流源与电压源的等效变换

五、Spice 仿真

① 上机熟悉 Spice 环境下独立电源的格式，说明下面的语句描述的是何种电源？

V1 5 0 6V

V2 1 0 DC 12V

VAC 5 6 AC 1V

表 1.4.2　电流源与电压源的等效变换

R_L/Ω	0	200	300	510	1k
I_L/mA					
U/V					
电流源伏安特性					

R_L/Ω	0	200	300	510	1k
I_L/mA					
U/V					
电压源伏安特性					

VACP 5 6 AC 1V 45DEG

VPULSE 18 0 PULSE（0 10 2NS 2NS 2NS 50NS 100NS）

VIN 23 22 DC 2 AC 1 30 SIN（0 2V 10KHZ）

② 说明下面的语句描述的是何种电源？

I1 15 0 2.5MA

I2 15 0 DC 2.5MA

IAC 5 6 AC 1A

IACP 5 6 AC 1A 45DEG

IPULSE 10 0 PULSE（0 1A 2NS 2NS 2NS 50NS 100NS）

IIN 25 22 DC 2 AC 1A 30DEG SIN（0 2A 10KHZ）

六、实验报告

① 根据测试数据绘出各电源的伏安特性曲线。

② 比较两电源互换后的结果，如有误差分析产生的原因。

实验五 受控源特性的研究

一、实验目的
① 加深对受控源概念的理解。
② 测试 VCVS、VCCS 或 CCVS、CCCS，加深受控源的受控特性及负载特性的认识。

二、原理及说明
（1）根据控制量与受控量电压或电流的不同，受控源有四种：电压控制电压源（VCVS）；电压控制电流源（VCCS）；电流控制电压源（CCVS）；电流控制电流源（CCCS）。

其电路模型如图 1.5.1 所示。

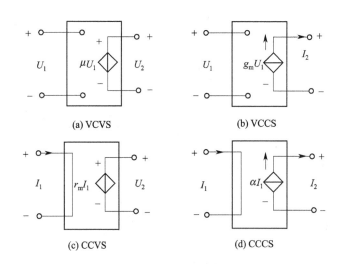

图 1.5.1 受控源电路模型

（2）四种受控源的转移函数参量的定义如下。

① 电压控制电压源（VCVS），$U_2 = f(U_1)$，$\mu = U_2/U_1$ 称为转移电压比（或电压增益）。

② 电压控制电流源（VCCS），$I_2 = f(U_1)$，$g_m = I_2/U_1$ 称为转移电导。

③ 电流控制电压源（CCVS），$U_2 = f(I_1)$，$r_m = U_2/I_1$ 称为转移电阻。

④ 电流控制电流源（CCCS），$I_2 = f(I_1)$，$\alpha = I_2/I_1$ 称为转移电流比（或电流增益）。

三、实验设备
电工实验装置：DG02 、DY04 、DY031 、DG05-1。

四、实验步骤
将 DG02 试验箱和 DY04 电源板的 ±12V 偏置电压及地线接好。

1. 受控源 VCVS 的转移特性 $U_2 = f(U_1)$ 及外特性 $U_2 = f(I_L)$

① 按图 1.5.2 接线，R_L 取 2kΩ。

② 按表 1.5.1 调节稳压电源输出电压 U_1，测量 U_1 及相应的 U_2 值，填入表 1.5.1 中。

③ 绘制 $U_2 = f(U_1)$ 曲线，并由其线性部分求出转移电压比 μ。

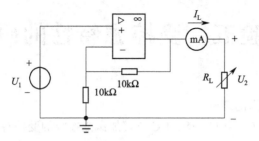

图 1.5.2　VCVS

表 1.5.1　VCVS

U_1/V	0	1	2	3	4	5
U_2/V						
计算 μ						

④ 保持 $U_1 = 2\text{V}$，按表 1.5.2 调节 R_L 值，测量 U_2、I_L 值，填入表 1.5.2 中，并绘制 $U_2 = f(I_L)$ 曲线。

表 1.5.2　VCVS

$R_L/\text{k}\Omega$	0(短路)	1	2	10	30	100	∞(开路)
U_2/V							
I_L/mA							

2. 受控源 VCCS 的转移特性 $I_L = f(U_1)$ 及外特性 $I_L = f(U_2)$

① 按图 1.5.3 接线，R_L 取 $2\text{k}\Omega$。

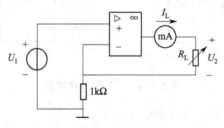

图 1.5.3　VCCS

② 按表 1.5.3 调节稳压电源输出电压 U_1，测量 U_1 及相应的 I_L 值，填入表 1.5.3 中。

③ 绘制 $I_L = f(U_1)$ 曲线，由其线性部分求出转移电导 g_m。

表 1.5.3　VCCS

U_1/V	0	0.5	1	1.5	2	2.5	3	3.5	4
I_L/mA									
计算 g_m									

④ 保持 $U_1 = 4\text{V}$，按表 1.5.4 调节 R_L 值，测量 I_L、U_2 值，填入表 1.5.4 中，并绘制 $I_L = f(U_2)$ 曲线。

表 1.5.4　VCCS

$R_L/\text{k}\Omega$	0	1	2	3	4	5
I_L/mA						
U_2/V						

3. CCVS 的转移特性 $U_2 = f(I_S)$ 及外特性 $U_2 = f(I_L)$

① 按图 1.5.4 接线，I_S 为可调恒流源。R_L 取 2kΩ。

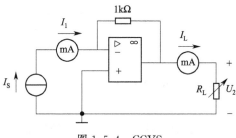

图 1.5.4 CCVS

② 按表 1.5.5 调节恒流源输出电流 I_S，测量 I_S 及相应的 U_2 值，填入表 1.5.5 中。

③ 绘制转移特性曲线 $U_2 = f(I_S)$，由线性部分求出转移电阻 r_m。

表 1.5.5 CCVS

I_S/mA	0	0.8	1.2	1.6	2.0
U_2/V					
计算 r_m					

④ $I_S = 1$mA，按表 1.5.6 调整 R_L，测量 U_2 及 I_L 值，填入表 1.5.6 中，并绘制负载特性曲线 $U_2 = f(I_L)$。

表 1.5.6 CCVS

R_L/kΩ	1	2	10	30	100	∞
U_2/V						
I_L/mA						

4. 受控源 CCCS 的转移特性 $I_L = f(I_S)$ 及外特性 $I_L = f(U_2)$

① 按图 1.5.5 接线，I_S 为可调恒流源。R_L 取 2kΩ。

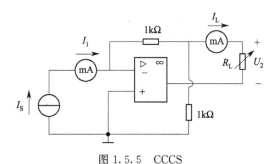

图 1.5.5 CCCS

② 按表 1.5.7 调节恒流源的输出电流 I_S，测量相应的 I_L 值，填入表 1.5.7 中。

③ 绘制 $I_L = f(I_S)$ 曲线，并由其线性部分求出转移电流比 α。

表 1.5.7 CCCS

I_S/mA	0	0.2	0.4	0.6	0.8	1
I_L/mA						
计算 α						

④ $I_S = 0.4$mA，按表 1.5.8 调整 R_L，测量 I_L 及 U_2 值，填入表 1.5.8 中，并绘制负

载特性曲线 $I_L = f(U_2)$ 曲线。

表 1.5.8　CCCS

$R_L/\text{k}\Omega$	0	1	5	10	16	30
I_L/mA						
U_2/V						

五、实验报告

① 根据实验数据，在方格纸上分别画出四种受控源的转移特性和负载特性曲线，并求出相应的转移参量。

② 对实验结果做合理分析和结论，总结对四种受控源的认识和理解。

实验六　简单 RC 电路的过渡过程

一、实验目的
① 研究 RC 电路在零输入、阶跃激励和方波激励情况下响应的基本规律和特点。
② 学习用示波器观察分析电路的响应。

二、原理及说明
① 一阶 RC 电路对阶跃激励的零状态响应就是直流电源经电阻 R 向 C 充电。对于图 1.6.1 所示的一阶电路，当 $t=0$ 时开关 K 由位置 2 转到位置 1，由方程

$$U_C + RC\frac{\mathrm{d}U_C}{\mathrm{d}t} = U_S, t \geqslant 0$$

初始值
$$U_C(0-) = 0$$

可以得出电压和电流随时间变化的规律

$$U_C(t) = U_S(1 - e^{-\frac{t}{\tau}}), t \geqslant 0$$

$$i(t) = \frac{U_S}{R}e^{-\frac{t}{\tau}}, t \geqslant 0$$

上述式子表明，零状态响应是输入的线性函数。其中 $\tau = RC$，具有时间的量纲，称为时间常数，它是反映电路过渡过程快慢程度的物理量。τ 越大，暂态响应所持续的时间越长，即过渡过程时间越长。反之，τ 越小，过渡过程的时间越短。

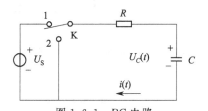

图 1.6.1　RC 电路

② 电路在无激励情况下，由储能元件的初始状态引起的响应称为零输入响应。即电容器的初始电压经电阻 R 放电。在图 1.6.1 中，转开关 K 于位置 1，使初始值 $U_C(0-) = U_0$，再将开关 K 转到位置 2。电容器放电为方程

$$U_C + RC\frac{\mathrm{d}U_C}{\mathrm{d}t} = 0, t \geqslant 0$$

可以得出电容器上的电压和电流随时间变化的规律

$$U_C(t) = U_C(0-)e^{-\frac{t}{\tau}}, t \geqslant 0$$

$$i_C(t) = -\frac{U_C(0-)e^{-\frac{t}{\tau}}}{R}, t \geqslant 0$$

③ 对于 RC 电路的方波响应，在电路的时间常数远小于方波周期时，可以视为零状态响应和零输入响应的多次过程。方波的前沿相当于给电路一个阶跃输入，其响应就是零状态响应，方波的后沿相当于在电容具有初始值 $U_C(0-)$ 时把电源用短路置换，电路响应转换成零输入响应。

由于方波是周期信号，可以用普通示波器显示出稳定的图形，以便于定量分析。本实验

采用的方波信号的频率为 1000Hz。

三、仪器设备

① 电工技术实验装置 SAC-DGI-1（SAC-DGII）：DY031、DY05N、DG012T、DG05-1、DY04。

② 示波器：V-252T。

四、实验步骤

1. RC 电路充电

① 按图 1.6.2 接线。将 DY04 电源和 DG012T 板上的电压表和秒表的电源开关接通。

② 首先将开关扳向 3，使电容放电，电压表显示为 0.0。

③ 将开关置于停止位 2 上，按清零按钮使秒表置零。

④ 将开关扳向 1 位开始计时，当电压表指示的电容电压 U_C 达到表 1.6.1 中所规定的某一数值时，将开关置于 2 点（中间点），用秒表记下时间填在表 1.6.1 中，然后开关置于 1 点，重复上述实验并记下各时间。

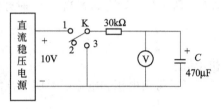

图 1.6.2　实验接线图 1

注意：开关断开的时间要尽量短，否则电容放电将造成电容两端的电压下降。

表 1.6.1　RC 电路充电

U_C/V	5	6.3	8.7	9.5	9.8	9.9
充电时间 t_1/s						
注：近似 τ 值	—	1τ	2τ	3τ	4τ	5τ

2. RC 电路放电

将电容充电至 10V 电压，按清零按钮使秒表置零，将开关 K 置于 3 点，方法同上。数据记在表 1.6.2 中。

表 1.6.2　RC 电路放电

U_C/V	5	3.7	1.4	0.5	0.2	0.1
放电时间 t_2/s						
注：近似 τ 值	—	1τ	2τ	3τ	4τ	5τ

3. 用示波器观察 RC 电路的方波响应

① 按图 1.6.3 接线。

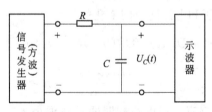

图 1.6.3　实验接线图 2

② 调整信号发生器，使之产生 1kHz、$U_{P-P}=2V$ 的稳定方波。

③ 按表 1.6.3 情况选取不同的 R、C 值。

④ 用示波器观察 $U_C(t)$ 和 U_R 波形的变化情况，并将其描绘下来。

表 1.6.3　RC 电路的方波响应

$C/\mu\mathrm{F}$	$R/\mathrm{k\Omega}$	波　　形
0.01	10	绘制 $U_C(t)$ 波形
0.47	10	绘制 $U_C(t)$ 波形
0.01	1	绘制 U_R 波形

五、Spice 仿真

在 AIM-Spice 环境下编写图 1.6.3 的矩形波响应的 Spice 程序，画出电容器 C 的电压响应波形。如图 1.6.4 所示。

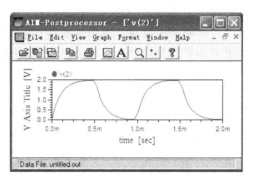

图 1.6.4　图 1.6.3 $R=10\mathrm{k\Omega}$，$C=0.01\mu\mathrm{F}$ 的仿真结果

六、实验报告

① 用坐标纸描绘出电容充电及放电过程。

② 把用示波器观察到的各种波形画在坐标纸上，并作出必要的说明。

实验七 常用电子仪器的使用

一、实验目的

① 学习示波器的基本使用方法，掌握示波器主要旋钮的使用功能。

② 学习用示波器观察、测量信号的波形、周期及幅度。

二、原理及说明

示波器种类很多，根据不同的使用方法与结构分为许多种类型，例如：单踪、双踪、四踪示波器；普通示波器；超低频、高频示波器；模拟示波器、数字示波器等。

示波器不仅可以在电测量方面被广泛应用，配上不同的传感器，在声音、振动、噪声、温度、压力等方面也广泛使用。

1. 正弦信号的测量

正弦波的主要参数为周期或频率，用示波器可以观察其幅值（或峰峰值）。通过示波器扫描时间旋钮（s/div），也就是扫描时间选择开关的位置，可计算出其周期。通过 Y 轴输入电压灵敏度（V/div）选择开关的位置，可以计算出峰峰值或有效值。

2. 方波信号的测量

方波脉冲信号的主要波形参数为周期、脉冲宽度以及幅值。同样，根据示波器的扫描时间与输入电压选择开关测量其上述参数。

三、仪器设备

① 电工技术实验装置 SAC-DGI-1（SAC-DGII）：DY05N。

② 示波器：V-252T。

四、实验步骤

本实验用普通示波器测量正弦波与方波的信号。关于示波器的具体使用方法，可根据本书后附录中示波器的型号进行预习。

1. 正弦波

正弦波主要参数如图 1.7.1 所示。图中 U_{P-P} 为峰峰值，T 为周期。

由函数发生器输出 1V（有效值），频率为 100Hz、1kHz 的正弦波信号分别进行测量，将测量结果按标尺画出，并标明扫描时间与电压灵敏度旋钮的位置。见表 1.7.1。

表 1.7.1 正弦波形测绘

函数发生器（正弦波）	示 波 器		
	波 形	U_{P-P}	T
1V、100Hz			
1V、1kHz			

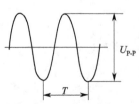

图 1.7.1 正弦波电压

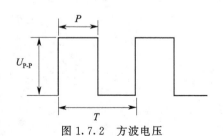

图 1.7.2 方波电压

2. 方波

由函数发生器输出 3V 的方波信号，频率分别为 1kHz、2kHz 的信号，主要参数如图 1.7.2 所示（图中 P 为脉宽、U 为幅值、T 为周期）。实验步骤同上。见表 1.7.2。

表 1.7.2　方波测绘

函数发生器(方波)	示　波　器			
	波　形	$U_{P\text{-}P}$	P	T
3V、1kHz				
3V、2kHz				

五、Spice 仿真

在 Spice 中建立一个正弦交流电源与一个脉冲信号源。如图 1.7.3 所示。

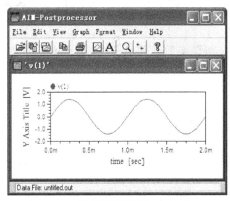 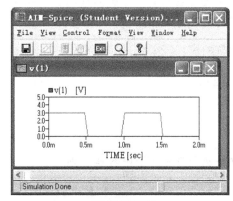

(a) 正弦交流电源　　　　　　　　(b) 脉冲信号源

图 1.7.3　Spice 中正弦交流电源和脉冲信号源的仿真结果

六、实验报告

① 按示波器的标尺绘出观察的波形。
② 根据两个主要旋钮的位置计算周期与幅值。
③ 计算正弦信号幅值的方法，能否用交流毫伏表测量方波的幅值，为什么？

实验八　交流电路的研究及参数的测定

一、实验目的
① 学习使用交流仪表、调压器、功率表。
② 学习用交流电压表、交流电流表和功率表测量元件的交流等效参数。
③ 验证交流电路中相量形式的基尔霍夫定律。

二、原理及说明
① 交流电路中，元件的阻抗值可以用交流电压表、交流电流表和功率表测出两端的电压 U、流过的电流 I 和它所消耗的有功功率 P 之后，再通过计算得出，这种测定交流参数的方法称为"三表法"。其关系如下。

阻抗的模：$|Z|=\dfrac{U}{I}$。功率因数：$\cos\varphi=\dfrac{P}{UI}$。等效电阻：$R=\dfrac{P}{I^2}=|Z|\cos\varphi$。等效电抗：$X=|Z|\sin\varphi$。

如被测元件是一个线圈，则

$$R=Z\cos\varphi,\ L=\frac{X_L}{\omega}=\frac{|Z|\sin\varphi}{\omega}$$

如被测元件是一个电容器，则

$$R=Z\cos\varphi,\ C=\frac{1}{\omega X_C}=\frac{1}{\omega|Z|\sin\varphi}$$

② 当正弦电流通过电阻、电感和电容串联电路时，电路两端电压等于各元件上电压的相量和，即

$$U=U_R+U_L+U_C=I[R+j(X_L-X_C)]=ZI$$

则

$$Z=R+j(X_L-X_C)=|Z|\angle\varphi$$

其中

$$|Z|=\sqrt{R^2+(X_L-X_C)^2}$$

$$\tan\varphi=\frac{X}{R}=\frac{X_L-X_C}{R}$$

当正弦电压加于电阻、电感和电容并联电路上时，总电流等于通过各元件中电流的相量和，即

$$I=I_R+I_L+I_C=U\left(\frac{1}{R}+j\omega C-j\frac{1}{\omega L}\right)=U[G-j(B_L-B_C)]=UY$$

则

$$Y=G-j(B_L-B_C)$$

三、仪器设备
电工技术实验装置 SAC-DGI-1（SAC-DGII）：DG032、DY02、DG05-1（T）。

四、实验步骤
① 将自耦变压器调零。按图 1.8.1 接线，智能功率表接线可不考虑同名端。

被测元件可以在实验挂板上自己选择，其中电阻 R 要用 50W 电阻 100Ω（短时通电，防止过热）。电容可选 4.7μF、耐压 400V 以上，电感线圈选日光灯镇流器，按表 1.8.1 调

节自耦变压器输出电压，分别测量填表 1.8.1 中。

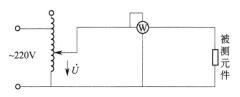

图 1.8.1　实验接线图 1

表 1.8.1　实验数据表 1

被测元件	测　量　值			计　算　值		
	U/V	I/A	P/W	R/Ω	L/mH	$C/\mu\mathrm{F}$
电阻	30				—	—
	40				—	—
	50				—	—
	平均值				—	—
电感线圈	40					—
	80					—
	120					—
	平均值					—
电容器	40			—	—	
	80			—	—	
	120			—	—	
	平均值			—	—	

② 将自耦变压器调零，按图 1.8.2 接线。调节电压使 $U=50\mathrm{V}$，按表 1.8.2 测出电流及电压值。

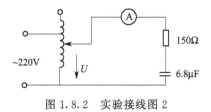

图 1.8.2　实验接线图 2

注意：短时通电，防止电阻过热。

表 1.8.2　实验数据表 2

U/V	U_R/V	U_C/V	I/A
50			

③ 按图 1.8.3 接线。调节电压使 $U=80\mathrm{V}$，按表 1.8.3 测出各电流和电压值。

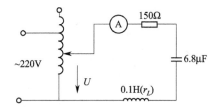

图 1.8.3　实验接线图 3

表 1.8.3　实验数据表 3

U/V	U_R/V	U_C/V	U_L/V	I/A
80				

④ 按图 1.8.4 接线。调节电压 $U=15V$，按表 1.8.4 测出各电压和电流值。

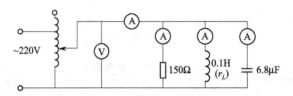

图 1.8.4　实验接线图 4

表 1.8.4　实验数据表 4

U/V	I_R/A	I_L/A	I_C/A	I/A
15				

五、Spice 仿真

在 AIM-Spice 环境下编写图 1.8.4 的 Spice 程序，并求 I_R、I_L、I_C 和 I。

六、实验报告

① 根据实验步骤①中各测量数据分别计算各元件的等值参数。

② 根据实验步骤②～④中实验数据画出各相量图。

③ 计算实验步骤②～④中各电压或电流值与实验数据相比较并分析误差。

④ 分析误差原因。

实验九　日光灯及交流电路功率因数提高

一、实验目的

① 掌握正弦交流电路中电压、电流的相量关系及通过 U、I、P 的测量计算交流电路的参数。

② 了解日光灯电路的组成、工作原理和线路的连接。

③ 学习提高功率因数的方法。

④ 掌握交流电压表、交流电流表、功率表和功率因数表的使用。

二、设计任务

① 给出日光灯的等效电路。

② 画出日光灯的测量电路，选择所需仪表设备。

③ 在日光灯工作时，要求测量日光灯电路电流、电源电压、灯管电压、镇流器电压以及功率、功率因数。

④ 要求将上述电路的功率因数提高到 $0.90 \sim 0.95$，请设计出电路和电路元件的参数，再分别测量日光灯电路电流、电源电压、灯管电压、镇流器电压以及功率、功率因数。

⑤ 测量日光灯的起步电压和熄灯电压（选做）。

三、预习要求

① 预习日光灯的工作原理。

② 到实验室调研，了解实验台的基本使用，学习交流电压表、交流电流表、功率表和功率因数表的接线和使用方法。

③ 预习有关功率因数提高的方法。

四、原理及说明

1. 日光灯工作原理

日光灯结构图如图 1.9.1 所示，K 闭合时，日光灯管不导电，全部电压加在启辉器两触片之间，使启辉器中氖气击穿，产生气体放电，此放电产生的一定热量使双金属片受热膨胀与固定片接通，于是有电流通过日光灯管两端的灯丝和镇流器。短时间后双金属片冷却收缩与固定片断开，电路中电流突然减小；根据电磁感应定律，这时镇流器两端产生一定的感应电动势，使日光灯管两端电压产生 $400 \sim 500V$ 高压，灯管气体电离，产生放电，日光灯点燃发亮。日光灯点燃后，灯管两端电压降为 100V 左右，这时由于镇流器的限流作用，灯管中电流不会过大。同时并联在灯管两端的启辉器，也因电压降低而不能放电，其触片保持断开状态。

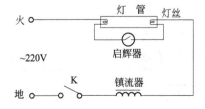

图 1.9.1　日光灯结构图

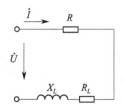

图 1.9.2　日光灯工作原理图

日光灯工作后，灯管相当于一电阻 R，镇流器可等效为电阻 R_L 和电感 L 的串联，启辉器断开，所以整个电路可等效为 R、L 串联电路，其电路模型如图 1.9.2 所示。

2. 提高功率因数

一般来说，日光灯电路的功率因数是很低的，用功率因数表直接可以测量，也可以用交流电压表、电流表及功率表测出电路的总电压 U、电流 I 和总功率 P，则电路的功率因数可用下式计算。

$$\cos\varphi = \frac{P}{UI}$$

要提高感性负载的功率因数，可以用并联电容器的办法，使流过电容器的无功电流分量与感性负载中的无功电流分量互相补偿，减少电压和电流之间的相位差，从而提高了功率因数。假定功率因数从 $\cos\varphi$ 提高到 $\cos\varphi'$，所需并联电容器的电容值可按下式计算。

$$C = \frac{P}{\omega U^2}(\tan\varphi - \tan\varphi')$$

3. 功率因数表

目前实验装置上均安装了数字多功能功率表，除可以测量功率外还可以直接测量电压、电流、功率因数等。作为功率因数表，其接线方式与功率表相类似，其中电流线圈串联在电路中，电压线圈并联在被测电路的两端。

五、仪器设备

电工实验装置：DG032 、DY02（T）、DG05-1T。

注意：

① 测电压、电流时，一定要注意表的挡位选择，测量类型、量程都要对应。

② 功率表电流线圈的电流、电压线圈的电压都不可超过所选的额定值。

③ 自耦调压器输入输出端不可接反。

④ 各支路电流要接入电流插座。

⑤ 注意安全，线路接好后，须经指导教师检查无误后再接通电源。

六、实验步骤

1. 测量交流参数

对照实验板如图 1.9.3 接线（不接电容 C）。

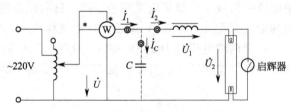

图 1.9.3 日光灯电路

调节自耦调压器输出，使 $U=220\text{V}$，进行测试，填表 1.9.1。

表 1.9.1 测量交流参数并计算功率因数

电源电压	测 量 值				
	I_1/mA	U_1/V	U_2/V	P/W	$\cos\varphi$
220V					

2. 提高功率因数

　　按表 1.9.2 并联电容 C，令 $U=220\mathrm{V}$ 不变，将测试结果填入表 1.9.2 中，并计算功率因数。

表 1.9.2　提高功率因数

备选电容	测 量 值				
	I_1/mA	I_2/mA	I_C/mA	P/W	$\cos\varphi$
$0.68\mu\mathrm{F}$					
$1\mu\mathrm{F}$					
$2\mu\mathrm{F}/2.2\mu\mathrm{F}$					
$4\mu\mathrm{F}/4.7\mu\mathrm{F}$					
$6\mu\mathrm{F}$					
$10\mu\mathrm{F}$					

七、实验报告

① 列表，整理实验数据。

② 画出日光灯的等效电路，计算相关的电路元件的参数。

③ 总结功率因数提高的方法，画出相关电路，并说明原理。

④ 回答思考题。

⑤ 分析日光灯的起步电压和熄灯电压（选做）。

八、思考题

① 日光灯是如何启动的？

② 为什么要提高功率因数？

③ 为什么要用并联电容的方法提高功率因数，串联电容行不行？

④ 分析功率因数变化对负载的影响。

⑤ 试讨论并上电容 $C=5\mu\mathrm{F}$ 及 $C=7\mu\mathrm{F}$ 以后，$\cos\varphi$ 有什么变化。

实验十 RLC 串联谐振电路

一、实验目的

① 加深对串联谐振电路特性的理解。

② 学习测定 RLC 串联谐振电路的频率特性曲线。

二、原理及说明

1. 谐振频率

RLC 串联电路的阻抗是电源角频率 ω 的函数，即

$$Z = R + j\left(\omega L - \frac{1}{\omega C}\right)$$
$$= |Z| \angle \varphi$$

当 $\omega L - \dfrac{1}{\omega C} = 0$ 时，电路处于串联谐振状态。

谐振角频率为

$$\omega_0 = \frac{1}{\sqrt{LC}}$$

谐振频率为

$$f_0 = \frac{1}{2\pi\sqrt{LC}}$$

显然，谐振频率仅与 L、C 的数值有关，而与电阻 R 和激励电源的角频率 ω 无关。

2. 电路谐振时的特性

① 由于回路总电抗 $X_0 = \left(\omega_0 L - \dfrac{1}{\omega_0 C}\right) = 0$，因此，回路阻抗 Z_0 为最小值，整个电路相当于纯电阻电路，激励源的电压与回路的响应电流同相位。

② 由于感抗 $\omega_0 L$ 与容抗 $\dfrac{1}{\omega_0 C}$ 相等，所以，电感上的电压 U_L 与电容上的电压 U_C 数值相等，相位相差 $180°$。电感上的电压（或电容上的电压）与激励电压之比称为品质因数 Q，即

$$Q = \frac{U_L}{U_S} = \frac{U_C}{U_S} = \frac{\omega_0 L}{R} = \frac{\dfrac{1}{\omega_0 C}}{R} = \frac{\sqrt{\dfrac{L}{C}}}{R}$$

在 L 和 C 为定值的条件下，Q 值仅仅决定于回路电阻 R 的大小。

③ 在激励电压值（有效值）不变的情况下，回路中的电流 $I = \dfrac{U_S}{R}$ 为最大值。

3. 串联谐振电路的频率特性

回路的响应电流与激励电源的角频率的关系称为电流的幅频特性（表明其关系的图形为串联谐振曲线），表达式

$$I(\omega) = \frac{U_S}{\sqrt{R^2 + \left(\omega L - \dfrac{1}{\omega C}\right)^2}} = \frac{U_S}{R\sqrt{1 + Q^2 + \left(\dfrac{\omega}{\omega_0} - \dfrac{\omega_0}{\omega}\right)^2}}$$

当电路的 L 和 C 保持不变时，改变 R 的大小，可以得出不同 Q 值的电流的幅频特性曲线（图 1.10.1）。显然，Q 值越高，曲线越尖锐。

为了反映一般情况，通过研究电流比 I/I_0 与角频率比 ω/ω_0 之间的函数关系，即所谓通用幅频特性。其表达式为

$$\frac{I}{I_0}=\frac{1}{\sqrt{1+Q^2+\left(\dfrac{\omega}{\omega_0}-\dfrac{\omega_0}{\omega}\right)^2}}$$

I_0 为谐振时的回路响应电流。

图 1.10.2 画出了不同 Q 值时的通用幅频特性曲线。显然 Q 值越高，在一定的频率偏移下，电流比下降得越厉害。

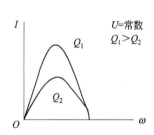

图 1.10.1　不同 Q 值的电流的幅频特性　　　图 1.10.2　不同 Q 值时的通用幅频特性

幅频特性曲线可以计算得出，或用实验方法测定。

4. 谐振电路中的电压曲线

电感电压

$$U_L=I\omega L=\frac{\omega_L U_S}{\sqrt{R^2+\left(\omega L-\dfrac{1}{\omega C}\right)^2}}$$

电容电压

$$U_C=I\frac{1}{\omega C}=\frac{U_S}{\omega C\sqrt{R^2+\left(\omega L-\dfrac{1}{\omega C}\right)^2}}$$

显然，U_L 和 U_C 都是角频率 ω 的函数。$U_L(\omega)$ 和 $U_C(\omega)$ 曲线如图 1.10.3 所示。

当 $Q>0.707$ 时，U_C 和 U_L 才能出现峰值，U_C 的峰值出现在 $\omega_C<\omega_0$ 处，U_L 的峰值出现在 $\omega_L>\omega_0$ 处。Q 值越高，出现峰值处离 ω_0 越近。

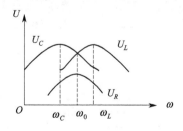

图 1.10.3　U-ω 曲线

三、仪器设备

电工技术实验装置 SAC-DGI-1（SAC-DGII）：DY05N 、DG012T 、DG05-1、DG02。

交流毫伏表：GVT-417B。

四、实验步骤

① 测量 RLC 串联电路响应电流的幅频特性曲线和 $U_L(\omega)$、$U_C(\omega)$ 曲线。

按图 1.10.4 接线。输入电压请接函数信号发生器的"功率输出"，并将功率输出开关接通，保持信号发生器输出电压 $U_S=5V$ 不变。

按表 1.10.1 调节频率。测量并绘制不同频率下的 U_R、U_L、U_C 的值和曲线。

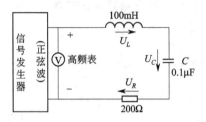

图 1.10.4　实验接线图

表 1.10.1　$R=200\Omega$

f/kHz									
U_R/V			0.707max			max		0.707max	
U_C/V		max							
U_L/V						max			

② 取 $R=510\Omega$，保持 U 和 L、C 数值不变，（即改电路 Q 值），重复上述实验，并将测试数据记录于表 1.10.2 中。

表 1.10.2　$R=510\Omega$

f/kHz									
U_R/V			0.707max			max		0.707max	
U_C/V			max						
U_L/V					max				

五、Spice 仿真

在 AIM-Spice 环境下编写图 1.10.4 的 Spice 程序，画出 RLC 串联电路的幅频和相频特性曲线。如图 1.10.5 所示。

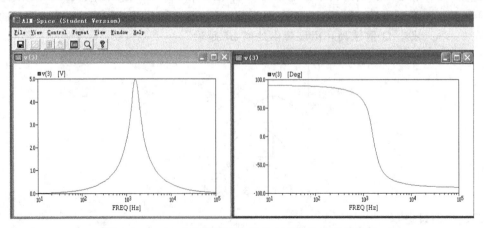

图 1.10.5　RLC 串联谐振电路的频率特性的仿真结果

六、实验报告

① 根据实验数据，在坐标纸上绘出不同 Q 值下的通用幅频特性曲线，以及 $U_C(\omega)$、$U_L(\omega)$ 曲线。

② 计算 Q、I_0、f_0 的数值并与实验数值相比较。

③ 根据实验结果总结 RLC 串联谐振电路的主要特点。

实验十一　　RC 选频网络特性测试

一、实验目的
① 熟悉文氏电桥电路的结构特点及其应用。
② 学会用高频毫伏表和示波器测定文氏电桥电路的幅频特性和相频特性。

二、原理及说明

文氏电桥电路是一个 RC 的串、并联电路，如图 1.11.1 所示，该电路结构简单，被广泛地用于低频振荡电路中作为选频环节，可以获得很高纯度的正弦波电压。

① 用函数信号发生器的正弦输出信号作为图 1.11.1 的激励信号 U_i，并保持 U_i 值不变的情况下，改变输入信号的频率 f，用交流毫伏表或示波器测出输出端相应于各个频率点下的输出电压 U_o 值，将这些数据画在以频率 f 为横轴、U_o 为纵轴的坐标纸上，用一条光滑的曲线连接这些点，该曲线就是上述电路的幅频特性曲线。

文氏电桥的一个特点是其输出电压幅度不仅会随输入信号的频率而变，而且还会出现一个与输入电压同相位的最大值，如图 1.11.2 所示。

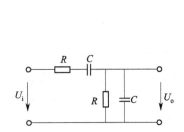
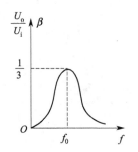
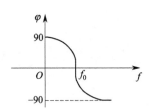

图 1.11.1　文氏电桥　　图 1.11.2　文氏电桥幅频特性曲线　图 1.11.3　文氏电桥相频特性曲线

由电路分析得知，该网络的传递函数为

$$\beta = \frac{1}{3 + j(\omega RC - 1/\omega RC)}$$

当角频率 $\omega = \omega_0 = \dfrac{1}{RC}$，即 $f = f_0 = \dfrac{1}{2\pi RC}$ 时

$$|\beta| = \frac{U_o}{U_i} = \frac{1}{3}$$

且此时 U_o 与 U_i 同相位。f_0 称电路固有频率。

由图 1.11.2 可见 RC 串并联电路具有带通特性。

② 将上述电路的输入和输出分别接到双踪示波器的 Y_1 和 Y_2 两个输入端，改变输入正弦信号的频率，观测相应的输入和输出波形间的时延 τ 及信号的周期 T，则两波形间的相位差为

$$\varphi = \frac{\tau}{T} \times 360° = \varphi_o - \varphi_i \quad \text{（输出相位差与输入相位差）}$$

将各个不同频率下的相位差 φ 测出，即可以绘出被测电路的相频特性曲线，如图

1.11.3 所示。

三、仪器设备

① 电工技术实验装置 SAC-DGI-1（SAC-DGII）；DG012（T）、DY05-1（T）。

② 双踪示波器。

③ 频率计。

四、实验步骤

（1）测量 RC 串并联电路的幅频特性。

① 在实验板上按图 1.11.1 电路选 $R=1\text{k}\Omega$。

② $C=0.1\mu\text{F}$。

③ 调节信号源输出电压为 5V 的正弦信号。

④ 接入图 1.11.1 的输入端。

⑤ 按表 1.11.1 改变信号源的频率 f（由频率计测算得），并保持 $U_i=2\text{V}$ 不变，测量输出电压 U_o。

表 1.11.1　$R=1\text{k}\Omega$　$C=0.1\mu\text{F}$

f/Hz								
U_o/V		0.707max		max		0.707max		
U_o/U_i								

（2）另选一组参数（如令 $R=200\Omega$，$C=1\mu\text{F}$）重复测量一组数据。将所测数据填入表 1.11.2 中。

表 1.11.2　$R=200\Omega$　$C=1\mu\text{F}$

f/Hz								
U_o/V		0.707max		max		0.707max		
U_o/U_i								

（3）测量 RC 串并联电路的相频特性　按实验原理及说明②的内容、方法步骤进行，选定两组电路参数进行测量。将所测数据填入表 1.11.3 和表 1.11.4 中。

表 1.11.3　$R=1\text{k}\Omega$　$C=0.1\mu\text{F}$

f/Hz								
T/ms								
τ/ms								

表 1.11.4　$R=200\Omega$　$C=1\mu\text{F}$

f/Hz								
T/ms								
τ/ms								

五、Spice 仿真

在 AIM-Spice 环境下编写图 1.11.1 的 Spice 程序，绘制 RC 电路选频特性曲线，仿真结果如图 1.11.4 所示。

六、实验报告

① 根据实验数据绘制幅频特性和相频特性曲线。找出最大值，并与理论值比较。

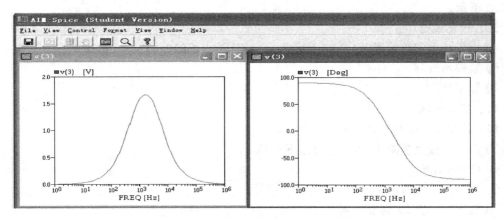

图 1.11.4 RC 选频网络特性仿真结果

② 讨论实验结果。

实验十二 三相电路的研究

一、实验目的

① 研究三相负载作星形连接时（或作三角形连接时），在对称和不对称情况下线电压与相电压（或线电流和相电流）的关系。

② 比较三相供电方式中三线制和四线制的特点。

③ 进一步提高分析、判断和查找故障的能力。

二、原理及说明

① 图 1.12.1 是星形连接三线制供电图。当线路阻抗不计时，负载的线电压等于电源的线电压，若负载对称，则负载中性点 O' 和电源中性点 O 之间的电压为零。

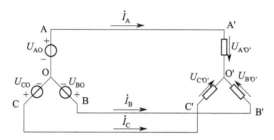

图 1.12.1　星形连接三线制供电图

其电压相量图如图 1.12.2 所示，此时负载的相电压对称，线电压 $U_{线}(U_l)$ 和相电压 $U_{相}(U_p)$ 满足 $U_{线}=\sqrt{3}U_{相}$ 的关系。若负载不对称，负载中性点 O' 和电源中性点 O 之间的电压不再为零，负载端的各项电压也就不再对称，其数值可由计算得出，或者通过实验测出。

② 位形图是电压相量图的一种特殊形式，其特点是图形上的点与电路图上的点一一对应。图 1.12.2 是对应于图 1.12.1 星形连接三相电路的位形图。图中，U_{AB} 代表电路中从 A 点到 B 点的电压相量，$U_{A'O'}$ 代表电路中从 A' 点到 O' 点之间的电压相量。在三相负载对称时，位形图中负载中性点 O' 与电源中性点 O 重合。

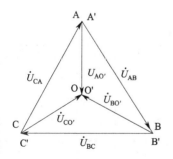

图 1.12.2　图 1.12.2 的电压相量图

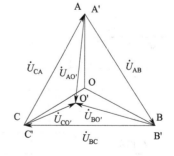

图 1.12.3　不对称星形连接三线制供电图

负载不对称时，虽然线电压仍对称，但负载的相电压不再对称，负载中性点 O' 发生位移，如图 1.12.3 所示。

③ 在图 1.12.1 中，若把电源中性点和负载中性点间用中线连接起来，就成为三相四线

制。在负载对称时，中线电流等于零，其工作情况与三线制相同；负载不对称时，忽略线路阻抗，则负载端相电压仍然相对称，但这时中性线电流不再为零，它可由计算方法或实验方法确定。

④ 图1.12.4是负载作三角形连接时的供电图。当线路阻抗忽略不计时，负载的线电压等于电源的线电压，且负载端线电压 $U_{线}$ 和相电压 $U_{相}$ 相等，即 $U_{线} = U_{相}$。若负载对称，线电流 $I_{线}$ 与相电流 $I_{相}$ 满足 $I_{线} = \sqrt{3} I_{相}$ 的关系。

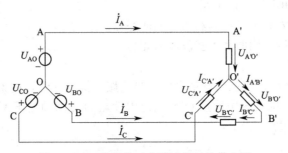

图 1.12.4　负载作三角形连接时的供电图

三、仪器设备

电工技术实验装置 SAC-DGI-1(SAC-DGII)：DG04 、DY012T 、DG05-1(T)。

注意：实验线路需经教师检查，方可通电。

四、实验步骤

① 按图1.12.5接线。三相电源接线电压380V，在做不对称负载实验时，在 W 相并一组灯，如图中虚线所示。按表1.12.1要求测量出各电压和电流值。

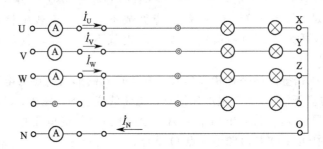

图 1.12.5　实验接线图 1

表 1.12.1　数据表格 1

实验步骤	待测数据	U_{UV} /V	U_{VW} /V	U_{WU} /V	U_{UX} /V	U_{VY} /V	U_{WZ} /V	U_{ON} /V	I_{U} /A	I_{V} /A	I_{W} /A	I_{ON} /A
负载对称	有中线											
	无中线											
负载不对称	有中线											
	无中线											
A 相开路	有中线											
	无中线											
A 相短路	无中线											

② 按图1.12.6接线。三相电源接线电压220V，按表1.12.2要求测量各电压、电流

值，在做不对称负载实验时，在 W-Z 相并一组灯，如图中虚线所示。

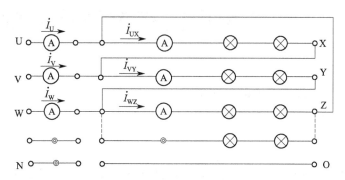

图 1.12.6　实验接线图 2

表 1.12.2　数据表格 2

负载情况	U_{UX}/V	U_{VY}/V	U_{WZ}/V	I_U/A	I_V/A	I_W/A	I_{UX}/A	I_{VY}/A	I_{WZ}/A
对称									
不对称									
U 线断线									
UX 相断线									

五、Spice 仿真

参考第五篇，用 Spice 分析图 1.12.4 所示三相交流电路负载对称有中线和无中线两种情况。

六、实验报告

① 按实验数据，在坐标纸上按比例画出各种情况下的电压位形图和电流相量图。

② 由实验结果说明三相三线制和三相四线制的特点。

③ 由实验结果分析三角形负载的电流关系。

实验十三　三相电路相序及功率的测量

一、实验目的
① 掌握三相交流电路相序的测量方法。
② 掌握三相交流电路功率的测量方法。

二、原理及说明

1. 相序的测量

用一只电容器和两组灯连接成星形不对称三相负载电路，便可测量三相电源的相序 A、B、C（或 U、V、W），如图 1.13.1 所示。

电容器接 A 相，由负载中点的偏移电位表达式可知，中点电位偏移角 φ 的变化范围在 Ⅰ、Ⅱ 象限之间，因此 $U_B > U_C$，则灯较亮的为 B 相，灯较暗的为 C 相。相序是相对的，任何一相为 A 相时，B 相和 C 相便可确定。

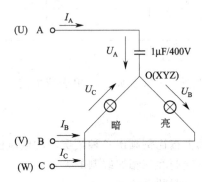

图 1.13.1　测量三相电源的相序

2. 功率的测量

在三相四线制供电（星形连接）和三相三线制供电（角形连接）体制，可以用一只功率表测量各相的功率，三相负载的总功率为各相负载的功率之和：$P = P_A + P_B + P_C$。实验接线如图 1.13.2 所示。

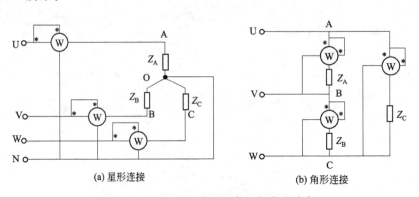

(a) 星形连接　　　　(b) 角形连接

图 1.13.2　用一只表测量各相负载的功率

若负载对称，那么只需测量其中一相的功率 P_A，总功率 $P = 3P_A$。

在三相三线制供电系统中，不论负载是否对称，也不论负载是星形接法还是角形接法，均可用二表法测三相负载的总功率。线路如图 1.13.3 所示。

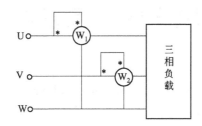

图 1.13.3　用二表法测三相负载的总功率

三、仪器设备

电工实验装置：DG032、DG04、DY012T、DG05-1(T)。

四、注意事项

① 实验线路需经指导教师检查无误后通电。

② 更改线路，拆、接线时要断开电源。

五、实验步骤

1. 判断三相电路的相序

相序测量如图 1.13.1 所示，白炽灯可选三相电路实验板两相对称灯。接通 380V 三相电源，观察两组灯的明暗状态，则灯较亮的为 B 相，灯较暗的为 C 相，测量各电压并填入表 1.13.1 中。

表 1.13.1　相序测量

U_A/V	U_B/V	U_C/V	I_A/A	I_B/A	I_C/A	灯较亮的相

2. 三相功率的测量

① 负载星接，接通 380V 三相电源，参考图 1.13.2、图 1.13.3，分别用三表法和二表法测三相电路功率，所测数据填入表 1.13.2 中。

② 做不对称负载实验时，在 A 相并入一组白炽灯。所测数据填入表 1.13.2 中。

表 1.13.2　星接负载功率测量　　　　　　　　　　　单位：W

方　法	三　表　法				二　表　法		
	P_A	P_B	P_C	$\sum P$	P_1	P_2	$\sum P$
对称负载							
不对称负载							

③ 负载角接，接通 220V 三相电源，分别用三表法和二表法测三相电路功率，所测数据填入表 1.13.3 中。

④ 做不对称负载实验时，在 A 相并入一组白炽灯。所测数据填表 1.13.3 中。

表 1.13.3　三角接负载功率测量　　　　　　　　　　单位：W

方　法	三　表　法				二　表　法		
	P_A	P_B	P_C	$\sum P$	P_1	P_2	$\sum P$
对称负载							
不对称负载							

六、实验报告

① 比较测量结果，并进行分析。

② 总结三相电路功率测量的方法。

实验十四　互感电路

一、实验目的

① 学会判断互感电路同名端、互感系数和耦合系数的测定方法。

② 理解两个线圈相对位置的改变，以及用不同材料作线圈时对互感的影响。

二、原理及说明

1. 判断互感线圈同名端的方法

（1）**直流法**　如图 1.14.1 所示，当开关 S 闭合瞬间，若毫安表的指针正偏，则可断定"1"、"3"为同名端；指针反偏，则"1"、"4"为同名端。

（2）**交流法**　如图 1.14.2 所示，将两个线圈 N_1 和 N_2 的任意两端（如 2、4 端）连在一起，在其中的一个线圈（如 N_1）两端加一个低压交流电压，另一线圈开路（如 N_2），用交流电压表分别测出端电压 U_{13}、U_{12} 和 U_{34}。若 U_{13} 是两个绕组端电压之差，则 1、3 是同名端；若 U_{13} 是两绕组端压之和，则 1、3 是异名端。

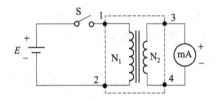
图 1.14.1　直流法

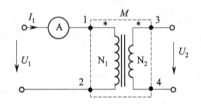
图 1.14.2　交流法

2. 两线圈互感系数 M 的测定

如图 1.14.2 所示，在 N_1 侧施加低压交流电压 U_1，N_2 开路，测出 I_1 及 U_2，根据互感电势

$$E_2 \approx U_{20} = MI_1\omega$$

可算得互感系数为

$$M = U_2/\omega I_1$$

3. 耦合系数 K 的测定

两个互感线圈耦合松紧的程度可用耦合系数 K 来表示。

$$K = M/\sqrt{L_1 L_2}$$

如图 1.14.2 所示，先在 N_1 侧加低压交流电压 U_1，测出 N_2 侧开路时的电流 I_1；然后在 N_2 侧加电压 U_2，测出 N_1 侧开路时的电流 I_2，求出各自的电感 L_1 和 L_2，即可算得 K 值（线圈电阻可以用万用表测出）。

三、实验设备

① SAC-DGI-1（SAC-DGII）电工技术实验装置：DG054-1T、DG04、DY031T、DY02T。

② 互感线圈。

③ 万用表。

④ 发光二极管。

四、注意事项

① 为避免互感线圈因电流过大而烧毁，整个实验过程中，注意流过线圈 N_1 的电流不得超过 0.1A，流过线圈 N_2 的电流不得超过 0.1A。

② 在测定同名端及其他测量数据的实验中，应将小线圈 N_2 套在大线圈 N_1 中，并插入铁芯。

③ 做交流实验前，首先检查自耦调压器，要保证手柄置在零位，因实验时所加的电压只有几十伏，因此调节时要特别仔细、小心，要随时观察电流表的读数，不得超过规定值。

五、实验步骤

1. 用直流法和交流法测定互感线圈的同名端

（1）直流法 实验线路如图 1.14.3 所示，将 N_1、N_2 同心式线圈套在一起，并放入铁芯，N_1 侧（大线圈）串入 2A 量程直流数字电流表，U 为可调直流稳压电源，调至使流过 N_1 侧的电流不超过 50mA，N_2 侧直接接入 2mA 量程的毫安表。将铁芯迅速地拔出和插入，观察毫安表正、负读数的变化来判定 N_1 和 N_2 两个线圈的同名端；或迅速接通、关断电源观察（注意插入或拔出，电源接通或断开，仪表指针的变化方向是不同的）。将实验结果填入表 1.14.1。

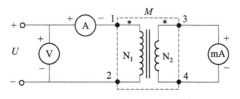

图 1.14.3 直流法接线图

表 1.14.1 直流法测定互感线圈的同名端

状 态	毫安表/A	同名端
插入铁芯		
拔出铁芯		

（2）交流法 按图 1.14.4 接线，2、4 连接，将 N_1、N_2 同心式线圈套在一起，N_1（大线圈）串接电流表（选 $0\sim2A$ 量程交流电流表），先接 220V/36V 变压器，再接自耦调压器的输出，N_2 侧开路，并在两线圈插入铁芯。

接通电源前，首先检查自耦调压器是否调零，确认后方可接通交流电源。调节自耦变压器，使流过电流表的电流小于 50mA，用万用表测量 U_{13}、U_{12}、U_{34}，判定同名端。

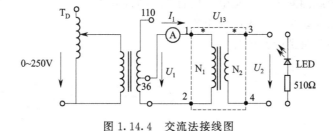

图 1.14.4 交流法接线图

拆去 2、4 连线，并将 2、3 相接，重复上述步骤，判定同名端，并将测量结果填入表 1.14.2。

表 1.14.2 交流法测定互感线圈的同名端

$I=50\text{mA}$	2、4接	U_{13}/V	U_{12}/V	U_{34}/V	同名端
	2、3接	U_{14}/V	U_{12}/V	U_{34}/V	同名端

2. 互感系数 M

拆除 2、3 连线，测 U_1、I_1、U_2，计算出 M，填入表 1.14.3。

表 1.14.3 互感系数 M

U_1/V	I_1/A	U_2/V	计算 M

3. 耦合系数 K

将低压交流电加在 N_2 侧，使流过 N_2 侧电流小于 0.2A，N_1 侧开路，测出 U_2、I_2、U_1 值。用万用表的 R_1 挡分别测出 N_1 和 N_2 线圈的电阻值 R_1 和 R_2，计算 K 值，填入表 1.14.4 中。

表 1.14.4 耦合系数 K

U_1/V	I_2/A	U_2/V	R_1/Ω	R_2/Ω	计算 K

4. 观察互感现象

① 铁芯从两线圈中拔出和插入，观察并记录 LED 亮度变化及各电表读数的变化。

② 改变两线圈的相对位置，观察 LED 亮度的变化及仪表读数。

③ 用铝棒替代铁棒，重复①、②的步骤，观察 LED 的亮度变化，记录现象（表 1.14.5）。

表 1.14.5 互感现象

项 目	状 态	U_1/V	I_1/A	U_2/V	LED
铁芯	插入				
	拔出				
铝芯	插入				
	拔出				
小线圈	拔出（含铁芯）				
	拔出（含铝芯）				

六、实验报告

① 总结对互感线圈同名端、互感系数的实验测试方法。

② 自拟测试数据表格，完成计算任务。

③ 解释实验中观察到的互感现象。

实验十五　双口网络实验

一、实验目的
① 加深理解双口网络的基本理论。
② 掌握直流双口网络传输参数的测量技术。

二、原理及说明
对于任何一个线性网络，人们所关心的往往只是输入端口和输出端口电压和电流间的相互关系，通过实验测定方法求取一个极其简单的等值双口电路来替代原网络，此即为"黑盒理论"的基本内容。

① 一个双口网络两端口的电压和电流四个变量之间的关系，可以用多种形式的参数方程来表示。本实验采用输出口的电压 U_2 和电流 I_2 作为自变量，以输入口的电压 U_1 和电流 I_1 作为应变量，所得的方程称为双口网络的传输方程，如图 1.15.1 所示的无源线性双口网络（又称为四端网络）的传输方程为

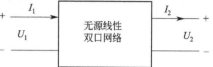

图 1.15.1　无源线性双口网络

$$U_1 = AU_2 + BI_2, \quad I_1 = CU_2 + DI_2$$

式中的 A、B、C、D 为双口网络的传输参数，其值完全决定于网络拓扑结构及各支路元件的参数值，这四个参数表征了该双口网络的基本特性，它们的含义是

$$A = \frac{U_{1O}}{U_{2O}}（令 I_2 = 0，即输出口开路时）$$

$$B = \frac{U_{1S}}{I_{2S}}（令 U_2 = 0，即输出口短路时）$$

$$C = \frac{I_{1O}}{U_{2O}}（令 I_2 = 0，即输出口开路时）$$

$$D = \frac{I_{1S}}{I_{2S}}（令 U_2 = 0，即输出口短路时）$$

由上可知，只要在网络的输入口加上电压，在两个端口同时测量其电压和电流，即可求出 A、B、C、D 四个参数，此即为双端口同时测量法。

② 若要测量一条远距离输电线构成的双口网络，采用同时测量法就很不方便，这时可采用分别测量法，即先在输入口加电压，而将输出口开路和短路，在输入口测量电压和电流，由传输方程可得

$$R_{1O} = \frac{U_{1O}}{I_{1O}} = \frac{A}{C} \quad （令 I_2 = 0，即输出口开路时）$$

$$R_{1S} = \frac{U_{1S}}{I_{1S}} = \frac{B}{D} \quad （令 U_2 = 0，即输出口短路时）$$

然后在输出口加电压测量，而将输入口开路和短路，此时可得

$$R_{2O} = \frac{U_{2O}}{I_{2O}} = \frac{D}{C} \quad （令 I_1 = 0，即输入口开路时）$$

$$R_{2S} = \frac{U_{2S}}{I_{2S}} = \frac{B}{A} \quad （令 U_1 = 0，即输入口短路时）$$

R_{1O}、R_{1S}、R_{2O}、R_{2S} 分别表示一个端口开路和短路时另一端口等效输入电阻，这四个

参数中有三个是独立的。

$$\frac{R_{1O}}{R_{2O}}=\frac{R_{1S}}{R_{2S}}=\frac{A}{D} \qquad 即\ AD-BC=1$$

至此，可求出四个传输参数

$$A=\sqrt{R_{1O}/(R_{2O}-R_{2S})},B=R_{2S}A,C=A/R_{1O},D=R_{2O}C$$

三、仪器设备

电工技术实验装置 SAC-DGI-1(SAC-DGII)：DY031 、DG012T。

四、实验步骤

① 按图 1.15.2 所示电路接线。

② 将直流稳压电源的输出电压调到 10V，作为双口网络 U_{11} 的输入。

③ 同时测量两个双口网络的传输参数 A_1、B_1、C_1、D_1 和 A_2、B_2、C_2、D_2，并列出它们的传输方程（注意电流方向）。见表 1.15.1。

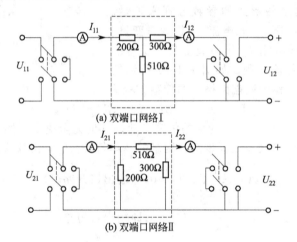

(a) 双端口网络 Ⅰ

(b) 双端口网络 Ⅱ

图 1.15.2　实验接线图

表 1.15.1　测量两个双端口网络的传输参数

端口1	输出端开路 $I_{12}=0$	测　量　值			计　算　值	
		U_{11O}/V	U_{12O}/V	I_{11O}/mA	A_1	C_1
	输出端短路 $U_{12}=0$	U_{11S}/V	I_{11S}/mA	I_{12S}/mA	B_1	D_1
端口2	输出端开路 $I_{22}=0$	测　量　值			计　算　值	
		U_{21O}/V	U_{22O}/V	I_{21O}/mA	A_2	C_2
	输出端短路 $U_{22}=0$	U_{21S}/V	I_{21S}/mA	I_{22S}/mA	B_2	D_2

五、Spice 仿真

用 Spice 分别计算图 1.15.2(a)、（b）所示有源二端口网络的传输参数。如图 1.15.3 所示。

六、实验报告

① 完成对数据表格的测量和计算任务。

② 列写参数方程。

③ 验证级联等效双口网络的传输参数与级联的两个双口网络传输参数之间的关系。

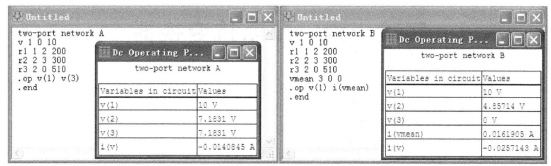

(a) 参数A仿真结果　　　　　　　　(b) 参数B仿真结果

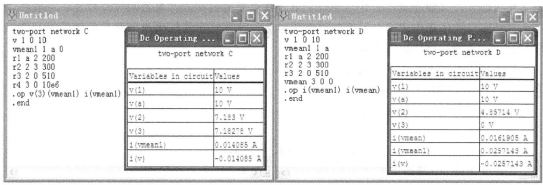

(c) 参数C仿真结果　　　　　　　　(d) 参数D仿真结果

图 1.15.3　仿真结果举例

④ 总结、归纳双口网络的测试技术。

实验十六　负阻抗变换器

一、实验目的
① 了解负阻抗变换器的组成原理。
② 学习负阻抗变换器的测试方法。
③ 加深对负阻抗变换器的认识。

二、原理及说明
① 负阻抗是电路理论中一个重要的基本概念，在工程实践中广泛应用。负阻抗的产生除某些线性元件（如隧道二极管）在某个电压或电流的范围内具有负阻抗特性外，一般都由一个有源双口网络来形成一个等值的线性负阻抗。该网络由线性集成电路或晶体管等元件组成，这样的网络称作负阻抗变换器。

按有源网络输入电压和电流与输出电压和电流的关系，可分为电流倒置型和电压倒置形两种（INIC 及 VNIC），电流倒置型电路模型（INIC）如图 1.16.1 所示。

在理想情况下，其电压、电流关系为

$$U_2 = U_1$$
$$I_2 = KI_1 \quad （K \text{ 为电流增益}）$$

如果在 INIC 的输出端接上负载 Z_L，如图 1.16.2 所示，则它的输入阻抗为 Z_1 为

$$Z_1 = \frac{U_1}{I_1} = \frac{U_2}{I_2/K} = -KZ_L, \frac{U_2}{I_2} = -Z_L$$

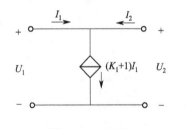

图 1.16.1　INIC

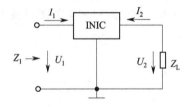

图 1.16.2　INIC 接负载 Z_L

② 本实验用线性运算放大器组成如图 1.16.3 所示的 INIC 电路，在一定的电压、电流范围内可获得良好的线性度。

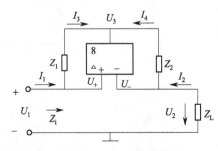

图 1.16.3　INIC 电路的组成

根据运放理论可知

$$U_1 = U_+ = U_- = U_2 \quad （运放输入"虚短"）$$
$$I_1 = I_3 = -I_4 = -I_2 \quad （运放输入不取电流）$$
$$I_1 Z_1 = I_2 Z_2$$
$$Z_i = \frac{U_1}{I_1} = \frac{U_2}{I_1} = \frac{-I_2 Z_L}{\dfrac{Z_2}{Z_1} I_2} = -\frac{Z_1}{Z_2} Z_L = -K Z_L$$

若 $Z_1 = R_1 = 1\text{k}\Omega$，$Z_2 = R_2 = 300\Omega$，则有 $K = \dfrac{Z_1}{Z_2} = \dfrac{R_1}{R_2} = \dfrac{10}{3}$。

若 $Z_L = R_L$，则 $Z_i = -K Z_L = -\dfrac{10}{3} R_L$。

若 $Z_L = \dfrac{1}{\text{j}\omega C}$，则 $Z_i = -K Z_L = -K \dfrac{1}{\text{j}\omega C} = K \text{j}\omega L$，其中 $\omega L = \dfrac{1}{\omega C}$。

若 $Z_L = \text{j}\omega L$，则 $Z_i = -K Z_L = -K \text{j}\omega L = K \dfrac{1}{\text{j}\omega C}$，其中 $\omega L = \dfrac{1}{\omega C}$。

三、仪器设备

电工实验装置：DG02、DY031(T)、DY04、DG05-1(T)、DY05。

四、实验步骤

① 根据负阻抗的伏安特性，计算电流增益 K 及等效负阻抗。

② 连接 DG02 实验板与电源 DY04 之间的 ±12V 线及地线。

③ 按图 1.16.4 接线，$Z_L = 300\Omega$。

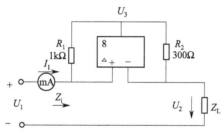

图 1.16.4　INIC 负阻抗电路

④ 按表 1.16.1 选取 U_1 值，分别测量 INIC 的输入电压 U_1 及输入电流 I_1，将测量结果填入表 1.16.1 中。

⑤ 使 $Z_L = 600\Omega$，重复上述的测量，将测量结果填入表 1.16.1 中。

⑥ 计算等效负阻抗，填入表 1.16.1 中。

实际测量值

$$R_- = \frac{U_1}{I_1}$$

理论计算值

$$R'_- = -K Z'_L = \frac{10}{3} R_L$$

其中，K 为电流增益

$$K = \frac{R_1}{R_2} = \frac{10}{3}$$

⑦ 绘制负阻抗的伏安特性曲线 $U_1 = f(I_1)$，填入表 1.16.1 中。

表 1.16.1　INIC 负阻抗电路的伏安特性

项　　目	U_1/V	0.2	0.4	0.6	0.8	1	曲线 $U_1 = f(I_1)$
$Z_L = 300\Omega$	I_1/mA						
	$R_-/\text{k}\Omega$						
$Z_L = 600\Omega$	I_1/mA						
	$R_-/\text{k}\Omega$						

五、实验报告

① 完成计算与绘制特性曲线。

② 解释实验现象。

③ 总结对 INIC 的认识。

第二篇　模拟电子技术实验

实验一　常用电子仪器的使用

一、实验目的

① 学习示波器的基本使用方法，掌握示波器主要旋钮的使用功能。

② 学习用普通或数学存储示波器观察各种波形和读取波形参数的方法。

③ 学习函数信号发生器的基本使用方法。

二、实验原理

在电子电路实验中，经常使用的电子仪器有示波器、函数信号发生器、直流稳压电源、交流毫伏表及频率计等。它们和万用电表一起，可以完成对电子电路的静态和动态工作情况的测试。

实验中要对各种电子仪器进行综合使用，可按照信号流向，以连线简捷、调节顺手、观察与读数方便等原则进行合理布局，各仪器与被测实验装置之间的布局与连接如图 2.1.1 所示。接线时应注意，为防止外界干扰，各仪器的公共接地端应连接在一起，称共地。信号源和交流毫伏表的引线通常用屏蔽线或专用电缆线，示波器接线使用专用电缆线，直流电源的接线用普通导线。

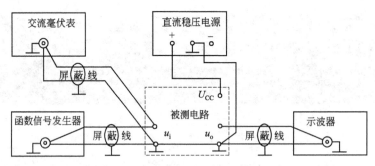

图 2.1.1　电子电路中常用电子仪器布局图

示波器种类很多，根据不同的使用方法与结构有许多种类型，例如单踪、双踪、四踪示波器；超低频、低频、高频示波器；模拟示波器、数字示波器等。其中，数学存储示波器不但有模拟示波器的一般功能，还能对信号的各种参数进行测量、存储和运算。

示波器不仅可以在电测量方面广泛应用，配上不同的传感器，在声音、振动、噪声、温度、压力等方面也广泛使用。

1. 普通示波器的基本操作

(1) 找扫描光迹。将示波器 Y 轴显示方式置"Y_1"或"Y_2"，输入耦合方式置"GND"，开机预热后，若在显示屏上不出现光点和扫描基线，可按下列操作去找到扫描线。

① 适当调节亮度旋钮。

② 触发方式开关置"自动"。

③ 适当调节垂直（↕）、水平（⇄）"位移"旋钮，使扫描光迹位于屏幕中央（若示波器设有"寻迹"按键，可按下"寻迹"按键，判断光迹偏移基线的方向）。

(2) 双踪示波器一般有五种显示方式，即"Y_1"、"Y_2"、"$Y_1 + Y_2$"三种单踪显示方式和"交替"、"断续"两种双踪显示方式。"交替"显示一般适宜于输入信号频率较高时使用。

"断续"显示一般适宜于输入信号频率较低时使用。

（3）为了显示稳定的被测信号波形，"触发源选择"开关一般选为"内"触发，使扫描触发信号取自示波器内部的 Y 通道。

（4）触发方式开关通常先置于"自动"，调出波形后，若被显示的波形不稳定，可置触发方式开关于"常态"，通过调节"触发电平"旋钮找到合适的触发电压，使被测试的波形稳定地显示在示波器屏幕上。

有时，由于选择了较慢的扫描速率，显示屏上将会出现闪烁的光迹，但被测信号的波形不在 X 轴方向左右移动，这样的现象仍属于稳定显示。

（5）适当调节"扫描速率"开关及"Y 轴灵敏度"开关使屏幕上显示 1～2 个周期的被测信号波形。在测量幅值时，应注意将"Y 轴灵敏度微调"旋钮置于"校准"位置，即顺时针旋到底，且听到关的声音。在测量周期时，应注意将"X 轴扫速微调"旋钮置于"校准"位置，即顺时针旋到底，且听到关的声音。还要注意"扩展"旋钮的位置。

根据被测波形在屏幕坐标刻度上垂直方向所占的格数（div 或 cm）与"Y 轴灵敏度"开关指示值（V/div）的乘积，即可算得信号幅值的实测值。

根据被测信号波形一个周期在屏幕坐标刻度水平方向所占的格数（div 或 cm）与"扫速"开关指示值（s/div）的乘积，即可算得信号周期的实测值。

2. 数字示波器的基本操作

（1）使用"自动设置"显示波形（此时示波器自动设置垂直、水平和触发控制），如果要优化波形的显示，可手动调整上述控制。

（2）按"测量"键，可同时查看 5 个选项，改变类型，能够显示波形的 11 个参数：频率、周期、峰峰值、最大值、最小值、有效值、平均值、正频宽、负频宽、上升时间和下降时间。

（3）使用中要注意以下几点，否则测量结果不正确。

① "探头衰减"设置必须与探头实际衰减一致。

② 波形超出了显示屏（过量程），此时读数不准确或为"?"，请调整垂直标度，以确保读数有效。

③ 信号的频率显示与右下角的频率不一致时（此时波形不稳），按"触发菜单"，改变触发信源，单通道输入时选择信号作信源，选择"触发耦合"，信号频率不高时，选择"高频抑制"，信号频率较高时，选择"低频抑制"。

④ 如果读数区显示"?"，则为波形记录不完整，使用电压/格和时间/格来纠正此问题。

⑤ 如果信号很小（几毫伏），则波形上叠加了噪声电压（此时波形不稳且不清晰），需按"采集"键，选择"平均"模式来减少噪声，次数越高，波形越好。

3. 函数信号发生器的基本操作

函数信号发生器按需要输出正弦波、方波、三角波三种信号波形。输出电压最大可达 $20V_{P-P}$。通过输出衰减开关和输出幅度调节旋钮，可使输出电压在毫伏级到伏级范围内连续调节。函数信号发生器的输出信号频率可以通过频率分挡开关进行调节。函数信号发生器作为信号源，它的输出端不允许短路。

4. 交流毫伏表的基本操作

交流毫伏表只能在其工作频率范围之内，用来测量正弦交流电压的有效值。为了防止过载而损坏，测量前一般先把量程开关置于量程较大位置上，然后在测量中逐挡减小量程。

5. 正弦信号的测量

正弦波的主要参数为幅值、周期或频率，测量正弦波的峰峰值时，读出波形峰峰值在垂直方向所占的格数 H，以及垂直刻度数 a（电压/格），则正弦波的峰-峰值 $U_{P-P}=Ha$，幅值 $U_m=\dfrac{U_{P-P}}{2}$，有效值 $U=\dfrac{U_m}{\sqrt{2}}$。测量周期时，读出正弦波一个周期在水平方向所占格数 L，以及水平刻度值 b（时间/格），则正弦波周期 $T=Lb$。

6. 方波信号的测量

方波脉冲信号的主要波形参数为周期、脉冲宽度以及幅值。同样，根据示波器的扫描时间与输入电压选择开关测量其上述参数。测量方法与正弦波信号的测量相同。

三、实验仪器与设备

① 普通示波器或数字存储示波器。

② 函数信号发生器。

③ 交流毫伏表。

四、实验内容与步骤

1. 用机内校正信号对示波器进行自检

（1）扫描基线调节　将示波器的显示方式开关置于"单踪"显示（Y_1 或 Y_2），输入耦合方式开关置"GND"，触发方式开关置于"自动"。开启电源开关后，调节"辉度"、"聚焦"、"辅助聚焦"等旋钮，使荧光屏上显示一条细而且亮度适中的扫描基线。然后调节"X轴位移"（⇄）和"Y轴位移"（↕）旋钮，使扫描线位于屏幕中央，并且能上下左右移动自如。

（2）测试"校正信号"波形的幅度、频率　将示波器的"校正信号"通过专用电缆线引入选定的 Y 通道（Y_1 或 Y_2），将 Y 轴输入耦合方式开关置于"AC"或"DC"，触发源选择开关置"内"，内触发源选择开关置"Y_1"或"Y_2"。调节"X轴扫描速率"开关和"Y轴输入灵敏度"开关，使示波器显示屏上显示出一个或数个周期稳定的方波波形。

① 校准"校正信号"幅度。将"Y轴灵敏度微调"旋钮置"校准"位置，"Y轴灵敏度"开关置适当位置，读取校正信号幅度，记入表 2.1.1。

表 2.1.1　数据记录表 1

参　数	标准值	实测值	参　数	标准值	实测值
幅度 U_{P-P}/V			上升沿时间/μs		
频率 f/kHz			下降沿时间/μs		

注：不同型号示波器标准值有所不同，请按所使用示波器将标准值填入表格中。

② 校准"校正信号"频率。将"扫速微调"旋钮置"校准"位置，"扫速"开关置适当位置，读取校正信号周期，记入表 2.1.1。

③ 测量"校正信号"的上升时间和下降时间。调节"Y轴灵敏度"开关及微调旋钮，并移动波形，使方波波形在垂直方向上正好占据中心轴上，且上下对称，便于阅读。通过扫速开关逐级提高扫描速度，使波形在 X 轴方向扩展（必要时可以利用"扫速扩展"开关将波形再扩展 10 倍），并同时调节触发电平旋钮，从显示屏上清楚地读出上升时间和下降时间，记入表 2.1.1。

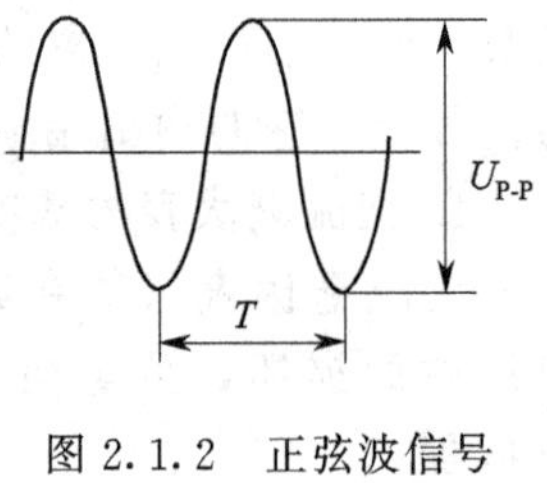

2. 正弦波信号参数的测量

正弦波主要参数如图 2.1.2 所示。图中 U_{P-P} 为峰峰值，T 为

图 2.1.2　正弦波信号

周期。

　　由函数信号发生器输出正弦波，按照表 2.1.2 的要求调节电压和频率，用示波器观察并分别测量其周期和峰峰值，并将显示值记入表格中。将测量值、计算值与显示值比较，分析误差原因。

表 2.1.2　数据记录表 2

函数信号发生器显示	f	500Hz	1kHz	10kHz
	U_m	0.7V	7mV	3V
测量值	$U_{P\text{-}P}$[格数×(电压/格)]			
	T[格数×(时间/格)]			
显示值	$U_{P\text{-}P}$			
	U			
	T			
计算值	U			
	f			

　　3. 测量两波形间相位差

　　(1) 观察双踪显示波形"交替"与"断续"两种显示方式的特点　Y_1、Y_2 均不加输入信号，输入耦合方式置"GND"，扫速开关置扫速较低挡位（如 0.5s/div 挡）和扫速较高挡位（如 5μs/div 挡），把显示方式开关分别置"交替"和"断续"位置，观察两条扫描基线的显示特点并记录。

　　(2) 用双踪显示测量两波形间相位差

　　① 按图 2.1.3 连接实验电路，将函数信号发生器的输出电压调至频率为 1kHz、幅值为 2V 的正弦波，经 RC 移相网络获得频率相同但相位不同的两路信号 u_i 和 u_R，分别加到双踪示波器的 Y_1 和 Y_2 输入端。

　　为便于稳定波形，比较两波形相位差，应使内触发信号取自被设定作为测量基准的一路信号。

　　② 把显示方式开关置"交替"挡位，将 Y_1 和 Y_2 输入耦合方式开关置"⊥"挡位，调节 Y_1、Y_2 的（↑↓）移位旋钮，使两条扫描基线重合。

　　③将 Y_1、Y_2 输入耦合方式开关置"AC"挡位，调节触发电平、扫速开关及 Y_1、Y_2 灵敏度开关位置，使在荧屏上显示出易于观察的两个相位不同的正弦波形 u_i 及 u_R，如图 2.1.4 所示。根据两波形在水平方向差距 X 及信号周期 X_T，则可求得两波形相位差。

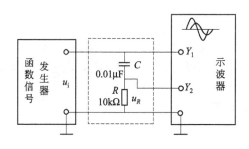

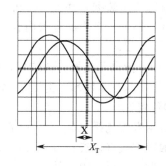

图 2.1.3　两波形间相位差测量电路　　　图 2.1.4　双踪示波器显示两相位不同的正弦波

$$\theta = \frac{X(\text{div})}{X_T(\text{div})} \times 360°$$

式中　　X_T——一周期所占格数；

　　　　X——两波形在 X 轴方向差距格数。

记录两波形相位差于表 2.1.3。

表 2.1.3　数据记录表 3

一周期格数	两波形 X 轴差距格数	相　位　差	
		实　测　值	计　算　值
$X_T=$	$X=$	$\theta=$	$\theta=$

为读数和计算方便，可适当调节扫速开关及微调旋钮，使波形一周期占整数格。

4. 测量方波信号的参数

由函数发生器输出的方波信号，主要参数如图 2.1.5 所示（图中 P 为脉宽、$U_{\text{P-P}}$ 为峰峰值、T 为周期）。实验步骤同上。

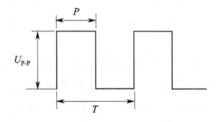

图 2.1.5　方波信号

由函数信号发生器输出方波，按照表 2.1.4 的要求调节电压和频率，用示波器分别测量幅值和周期，填入表中，将测量值、计算值与显示值比较，分析误差原因。

表 2.1.4　数据记录表 4

函数信号 发生器显示	f	800Hz	5kHz	20kHz
	U_m	0.10V	0.5V	5V
测量值	$U_{\text{P-P}}$[格数×(电压/格)]			
	T[格数×(时间/格)]			
显示值	U_m			
	T			
计算值	f			

五、实验报告

① 整理实验数据，并进行分析。

② 回答预习要求中的各项内容。

六、预习要求

(1) 如何操纵示波器有关旋钮，以便从示波器显示屏上观察到稳定、清晰的波形？

(2) 用双踪显示波形，并要求比较相位时，为在显示屏上得到稳定波形，应怎样选择下列开关的位置？

① 显示方式选择（Y_1；Y_2；Y_1+Y_2；交替；断续）。

② 触发方式（常态；自动）。

③ 触发源选择（内；外）。

④ 内触发源选择（Y_1；Y_2；交替）。

（3）函数信号发生器有哪几种输出波形？它的输出端能否短接？如用屏蔽线作为输出引线，则屏蔽层一端应该接在哪个接线柱上？

（4）交流毫伏表是用来测量正弦波电压还是非正弦波电压？它的表头指示值是被测信号的什么数值？能否用交流毫伏表测量方波的幅值，为什么？它是否可以用来测量直流电压的大小？

实验二　晶体管共射极单管放大器

一、实验目的

① 掌握共射单管放大电路的设计方法。

② 学会放大器静态工作点的调试方法，理解电路元件参数对静态工作点和放大器性能的影响。

③ 掌握放大器电压放大倍数、输入电阻、输出电阻及最大不失真输出电压的测试方法。

④ 熟悉常用电子仪器及模拟电路实验设备的使用。

二、放大电路设计要求

① 设计一个负载电阻为 $R_L=2.4\text{k}\Omega$，电压放大倍数为 $|A_u|>50$ 的静态工作点稳定的放大电路。晶体管可选择 3DG6、9011，电流放大系数 $\beta=60\sim150$，$I_{CM}\geqslant100\text{mA}$，$P_{CM}\geqslant450\text{mW}$。

② 画出放大电路的原理图，可以利用 Multisim 10 进行仿真或者在实验设备上实现，并按要求测量出放大电路的各项指标。

三、实验原理

1. 原理简述

图 2.2.1 为电阻分压式静态工作点稳定放大器电路。它的偏置电路采用 R_{B1} 和 R_{B2} 组成的分压电路，并在发射极中接有电阻 R_E，以稳定放大器的静态工作点。当在放大器的输入端加入输入信号 u_i 后，在放大器的输出端便可得到一个与 u_i 相位相反、幅值被放大了的输出信号 u_o，从而实现了电压放大。

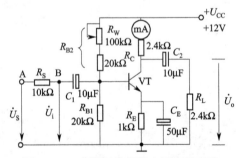

图 2.2.1　共射极单管放大器实验电路

2. 静态参数分析

在图 2.2.1 电路中，当流过偏置电阻 R_{B1} 和 R_{B2} 的电流远大于晶体管 VT 的基极电流 I_B 时（一般 5～10 倍），则它的静态工作点可用下式估算。

$$U_B\approx\frac{R_{B1}}{R_{B1}+R_{B2}}U_{CC} \tag{2.2.1}$$

$$I_E\approx\frac{U_B-U_{BE}}{R_E}\approx(1+\beta)I_B \tag{2.2.2}$$

$$U_{CE}=U_{CC}-I_C(R_C+R_E) \tag{2.2.3}$$

3. 动态参数分析

电压放大倍数

$$A_{u} = -\beta \frac{R_{C}/\!/R_{L}}{r_{BE}} \qquad (2.2.4)$$

输入电阻

$$R_{i} = R_{B1}/\!/R_{B2}/\!/r_{BE} \qquad (2.2.5)$$

输出电阻

$$R_{o} \approx R_{C} \qquad (2.2.6)$$

4. 电路参数的设计

(1) 电阻 R_E 的选择 根据式(2.2.1)和式(2.2.2)得

$$R_{E} = \frac{U_{B}}{(1+\beta)I_{B}} \qquad (2.2.7)$$

式中，β 的取值范围为 60～150 之间；U_B 选择 3～5V；I_B 可根据 β 和 I_{CM} 选择。

(2) 电阻 R_{B1}、R_{B2} 的选择 流过 R_{B2} 的电流 I_{RB} 一般为 (5～10)I_B，所以，R_{B1}、R_{B2} 可由下式确定。

$$R_{B1} = \frac{U_{B}}{I_{RB} - I_{B}} \qquad (2.2.8)$$

$$R_{B2} = \frac{U_{CC} - U_{B}}{I_{RB}} \qquad (2.2.9)$$

(3) 电阻 R_C 的选择 根据式(2.2.3)得

$$R_{C} = \frac{U_{CC} - U_{CE}}{\beta I_{B}} - R_{E} \qquad (2.2.10)$$

式中

$$U_{CE} \approx \frac{1}{2}U_{CC}$$

具体选择 R_C 时，应满足电压放大倍数 $|A_u|$ 的要求。此外，电容 C_1、C_2 和 C_E 可选择 $10\mu F$ 左右的电解电容。

5. 测量与调试

放大器的静态参数是指输入信号为零时的 I_B、I_C、U_{BE} 和 U_{CE}。动态参数为电压放大倍数、输入电阻、输出电阻、最大不失真电压和通频带等。

(1) 静态工作点的测量 测量放大器的静态工作点，应在输入信号 $u_i = 0$ 的情况下进行，即将放大器输入端与地端短接，然后选用量程合适的直流毫安表和直流电压表，分别测量晶体管的集电极电流 I_C 以及各电极对地的电位 U_B、U_C 和 U_E。一般实验中，为了避免断开集电极，所以采用测量电压 U_E 或 U_C，然后算出 I_C 的方法，例如，只要测出 U_E，即可用 $I_C \approx I_E = \frac{U_E}{R_E}$ 算出 I_C（也可根据 $I_C = \frac{U_{CC} - U_C}{R_C}$，由 U_C 确定 I_C），同时也能算出 $U_{BE} = U_B - U_E$、$U_{CE} = U_C - U_E$。

为了减小误差、提高测量精度，应选用内阻较高的直流电压表。

(2) 静态工作点的调试 放大器静态工作点的调试是指对管子集电极电流 I_C（或 U_{CE}）的调整与测试。

静态工作点是否合适，对放大器的性能和输出波形都有很大影响。如工作点偏高，放大器在加入交流信号以后易产生饱和失真，此时 u_o 的负半周将被削底，如图 2.2.2(a) 所示；如工作点偏低则易产生截止失真，即 u_o 的正半周被缩顶（一般截止失真不如饱和失真明显），如图 2.2.2(b) 所示。这些情况都不符合不失真放大的要求。所以在选定工作点以后还必须进行动态调试，即在放大器的输入端加入一定的输入电压 u_i，检查输出电压 u_o 的大小和波形是否满足要求。如不满足，则应调节静态工作点的位置。

改变电路参数 U_{CC}、R_C、R_B（R_{B1}，R_{B2}）都会引起静态工作点的变化，如图 2.2.3 所示。但通常多采用调节偏置电阻 R_{B2} 的方法来改变静态工作点，如减小 R_{B2} 可使静态工作点提高等。

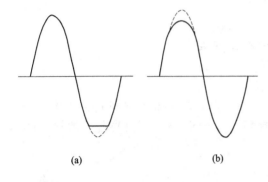

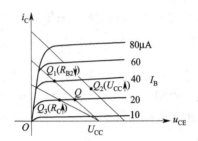

图 2.2.2　静态工作点对 u_o 波形失真的影响　　　图 2.2.3　电路参数对静态工作点的影响

所谓的工作点"偏高"或"偏低"不是绝对的，应该是相对信号的幅度而言，如输入信号幅度很小，即使工作点较高或较低也不一定会出现失真。所以确切地说，产生波形失真是信号幅度与静态工作点设置配合不当所致。如需满足较大信号幅度的要求，静态工作点最好尽量靠近交流负载线的中点。

（3）电压放大倍数 A_u 的测量　　调整放大器到合适的静态工作点，然后加入输入电压 u_i，在输出电压 u_o 不失真的情况下，用交流毫伏表测出 u_i 和 u_o 的有效值 U_i 和 U_o，则

$$A_u = \frac{U_o}{U_i} \tag{2.2.11}$$

（4）输入电阻 R_i 的测量　　为了测量放大器的输入电阻，按图 2.2.4 电路在被测放大器的输入端与信号源之间串入一已知电阻 R，在放大器正常工作的情况下，用交流毫伏表测出 U_S 和 U_i，则根据输入电阻的定义可得

$$R_i = \frac{U_i}{I_i} = \frac{U_i}{\dfrac{U_R}{R}} = \frac{U_i}{U_S - U_i} R \tag{2.2.12}$$

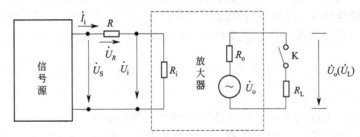

图 2.2.4　输入、输出电阻测量电路

测量时应注意下列几点。

① 由于电阻 R 两端没有电路公共接地点，所以测量 R 两端电压 U_R 时必须分别测出 U_S 和 U_i，然后按 $U_R = U_S - U_i$ 求出 U_R 值。

② 电阻 R 的值不宜取得过大或过小，以免产生较大的测量误差，通常取 R 与 R_i 为同

一数量级为好，本实验可取 $R=1\sim2\mathrm{k}\Omega$。

（5）输出电阻 R_o 的测量　按图 2.2.4 电路，在放大器正常工作条件下，测出输出端不接负载 R_L 的输出电压 U_o 和接入负载后的输出电压 U_L，根据

$$U_L=\frac{R_L}{R_o+R_L}U_o \tag{2.2.13}$$

即可求出

$$R_o=\left(\frac{U_o}{U_L}-1\right)R_L \tag{2.2.14}$$

在测试中应注意，必须保持 R_L 接入前后输入信号的大小不变。

（6）最大不失真输出电压 $U_{oP\text{-}P}$ 的测量（最大动态范围）　如上所述，为了得到最大动态范围，应将静态工作点调在交流负载线的中点。为此在放大器正常工作情况下，逐步增大输入信号的幅度，并同时调节 R_W（改变静态工作点），用示波器观察 u_o，当输出波形同时出现削底和缩顶现象（图 2.2.5）时，说明静态工作点已调在交流负载线的中点。然后反复调整输入信号，使波形输出幅度最大，且无明显失真时，用交流毫伏表测出 U_o（有效值），则动态范围等于 $2\sqrt{2}U_o$。或用示波器直接读出 $U_{oP\text{-}P}$ 来。

（7）放大器幅频特性的测量　放大器的幅频特性是指放大器的电压放大倍数 A_u 与输入信号频率 f 之间的关系曲线。单管阻容耦合放大电路的幅频特性曲线如图 2.2.6 所示，A_{um} 为中频电压放大倍数，通常规定电压放大倍数随频率变化到中频放大倍数的 $1/\sqrt{2}$ 倍，即 $0.707A_{um}$ 所对应的频率分别称为下限频率 f_L 和上限频率 f_H，则通频带 $f_{BW}=f_H-f_L$。

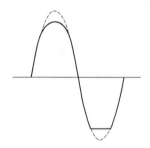

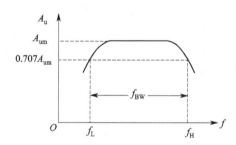

图 2.2.5　静态工作点正常，输入信号　　　　图 2.2.6　幅频特性曲线
　　　　　太大引起的失真

放大器的幅频特性就是测量不同频率信号时的电压放大倍数 A_u。为此，可采用前述测 A_u 的方法，每改变一个信号频率，测量其相应的电压放大倍数，测量时应注意取点要恰当，在低频段与高频段应多测几点，在中频段可以少测几点。此外，在改变频率时，要保持输入信号的幅度不变，且输出波形不得失真。

四、实验设备与器件

① +12V 直流电源。

② 函数信号发生器。

③ 双踪示波器。

④ 交流毫伏表。

⑤ 直流电压表。

⑥ 直流毫安表。

⑦ 频率计。

⑧ 万用电表。

⑨ 晶体三极管 3DG6（$\beta=50\sim150$）或 9011（引脚排列如图 2.2.7 所示）。

⑩ 电阻器、电容器若干。

3DG
3CG

9011(NPN)
9012(PNP)
9013(NPN)

图 2.2.7　晶体三极管引脚排列

五、实验内容与步骤

实验电路如图 2.2.1 所示。各电子仪器可按常用电子仪器使用的实验中所介绍的方式连接，为防止干扰，各仪器的公共端必须连在一起，同时信号源、交流毫伏表和示波器的引线应采用专用电缆线或屏蔽线，如使用屏蔽线，则屏蔽线的外包金属网应接在公共接地端上。

1. 调试静态工作点

接通直流电源前，先将 R_W 调至最大，函数信号发生器输出旋钮旋至零。接通 +12V 电源，调节 R_W，使 $I_C=2.0\text{mA}$（即 $U_E=2.0\text{V}$），用直流电压表测量 U_B、U_E、U_C 及用万用电表测量 R_{B2} 值，记入表 2.2.1。

表 2.2.1　数据记录表 1　　　$I_C=2\text{mA}$

测　量　值				计　算　值		
U_B/V	U_E/V	U_C/V	$R_{B2}/\text{k}\Omega$	U_{BE}/V	U_{CE}/V	I_C/mA

2. 测量电压放大倍数

在放大器输入端加入频率为 1kHz 的正弦信号 u_S，调节函数信号发生器的输出旋钮使放大器输入电压 $U_i\approx10\text{mV}$，同时用示波器观察放大器输出电压 u_o 的波形，在波形不失真的条件下用交流毫伏表测量下述表中三种情况下的 U_o 值，并用双踪示波器观察 u_o 和 u_i 的相位关系，记入表 2.2.2。

表 2.2.2　数据记录表 2　　$I_C=2.0\text{mA}$　　$U_i=$ 　　mV

$R_C/\text{k}\Omega$	$R_L/\text{k}\Omega$	U_o/V	A_u（计算）	观察记录一组 u_o 和 u_i 波形
2.4	∞			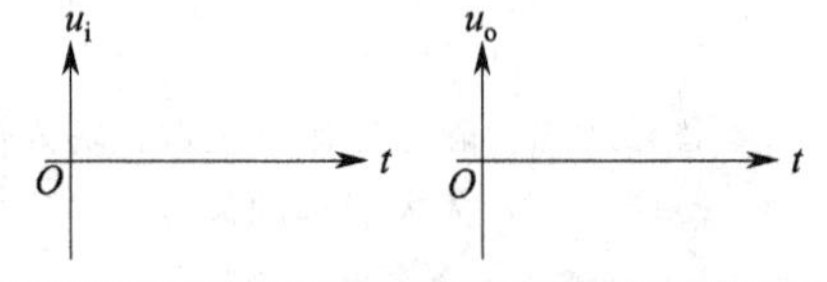
1.2	∞			
2.4	2.4			

*3. 观察静态工作点对电压放大倍数的影响

置 $R_C=2.4\text{k}\Omega$，$R_L=\infty$，U_i 适量，调节 R_W，用示波器监视输出电压波形，在 u_o 不失真的条件下，测量数组 I_C 和 U_o 值，记入表 2.2.3。

表 2.2.3　数据记录表 3　　　$R_C=2.4\text{k}\Omega$　　　$R_L=\infty$　　　$U_i=$ 　　mV

I_C/mA			2.0		
U_o/V					
A_u（计算）					

测量 I_C 时，要先将信号源输出旋钮旋至零（即使 $U_i=0$）。

4. 观察静态工作点对输出波形失真的影响

置 $R_C=2.4\text{k}\Omega$，$R_L=2.4\text{k}\Omega$，$u_i=0$，调节 R_W 使 $I_C=2.0\text{mA}$，测出 U_{CE} 值，再逐步加大输入信号，使输出电压 u_o 足够大但不失真。然后保持输入信号不变，分别增大和减小

R_W，使波形出现失真，绘出 u_o 的波形，并测出失真情况下的 I_C 和 U_{CE} 值，记入表 2.2.4 中。每次测 I_C 和 U_{CE} 值时都要将信号源的输出旋钮旋至零。

表 2.2.4　数据记录表 4　　$R_C = 2.4\text{k}\Omega$　　$R_L = \infty$　　$U_i =$　　mV

I_C/mA	U_{CE}/V	u_o 波形	失真情况	三极管工作状态
2.0				

5. 测量最大不失真输出电压

置 $R_C = 2.4\text{k}\Omega$，$R_L = 2.4\text{k}\Omega$，按照实验原理 5、(6) 中所述方法，同时调节输入信号的幅度和电位器 R_W，用示波器和交流毫伏表测量 $U_{oP\text{-}P}$ 及 U_o 值，记入表 2.2.5。

表 2.2.5　数据记录表 5　　　$R_C = 2.4\text{k}\Omega$　　　$R_L = 2.4\text{k}\Omega$

I_C/mA	U_{im}/mV	U_{om}/V	$U_{oP\text{-}P}$/V

6. 测量输入电阻和输出电阻

置 $R_C = 2.4\text{k}\Omega$，$R_L = 2.4\text{k}\Omega$，$I_C = 2.0\text{mA}$。输入 $f = 1\text{kHz}$ 的正弦信号，在输出电压 u_o 不失真的情况下，用交流毫伏表测出 U_S、U_i 和 U_L 记入表 2.2.6。

保持 U_S 不变，断开 R_L，测量输出电压 U_o，记入表 2.2.6。

表 2.2.6　数据记录表 6　　　$I_C = 2\text{mA}$　　　$R_C = 2.4\text{k}\Omega$　　　$R_L = 2.4\text{k}\Omega$

U_S/mV	U_i/mV	R_i/kΩ		U_L/V	U_o/V	R_o/kΩ	
		测量值	计算值			测量值	计算值

* 7. 测量幅频特性曲线

取 $I_C = 2.0\text{mA}$，$R_C = 2.4\text{k}\Omega$，$R_L = 2.4\text{k}\Omega$。保持输入信号 u_i 的幅度不变，改变信号源频率 f，逐点测出相应的输出电压 U_o，记入表 2.2.7。

表 2.2.7　数据记录表 7　　　$U_i =$　　mV

项　　目	f_1	f_2	f_3
f/kHz			
U_o/V			
$A_u = U_o/U_i$			

为了信号源频率 f 取值合适，可先粗测一下，找出中频范围，然后仔细读数。

说明：本实验内容较多，其中 3、7 可作为选做内容。

六、Multisim 仿真内容与步骤

共射极单级放大器仿真实验请参阅第五篇第四章第四节仿真实例 1。按照下列步骤进行仿真实验操作。

① 创建如图 2.2.8 所示的仿真电路。

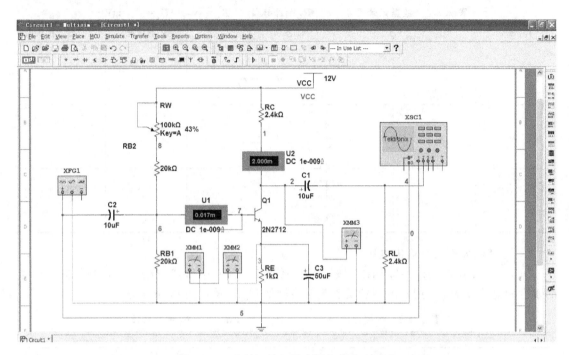

图 2.2.8　共射极单级放大器仿真实验电路

② 在 Multisim 10 环境下，实现上述实验内容与步骤中的第 1～4 项实验内容，将测试的相关数据记入表 2.2.1～表 2.2.4 内，并与实际实验得到的相应数据做比较，验证仿真实验的正确性。

七、实验报告

① 列表整理测量结果，并把实测的静态工作点、电压放大倍数、输入电阻、输出电阻的值与理论计算值比较（取一组数据进行比较），分析产生误差的原因。

② 总结 R_C、R_L 及静态工作点对放大器电压放大倍数、输入电阻、输出电阻的影响。

③ 讨论静态工作点变化对放大器输出波形的影响。

④ 分析讨论在调试过程中出现的问题。

⑤ 比较仿真实验与实际实验的数据，说明仿真实验的效果与指导意义。

八、预习要求

① 阅读教材中有关单管放大电路的内容并估算实验电路的性能指标。

假设：3DG6 的 $\beta=100$、$R_{B1}=20\text{k}\Omega$、$R_{B2}=60\text{k}\Omega$、$R_C=2.4\text{k}\Omega$、$R_L=2.4\text{k}\Omega$。

估算放大器的静态工作点，电压放大倍数 A_u，输入电阻 R_i 和输出电阻 R_o。

② 阅读实验附录中有关放大器干扰和自激振荡消除内容。

③ 能否用直流电压表直接测量晶体管的 U_{BE}？为什么实验中要采用测 U_B、U_E，再间接算出 U_{BE} 的方法？

④ 怎样测量 R_{B2} 阻值？

⑤ 当调节偏置电阻 R_{B2}，使放大器输出波形出现饱和或截止失真时，晶体管的管压降 U_{CE} 怎样变化？

⑥ 改变静态工作点对放大器的输入电阻 R_i 有无影响？改变外接电阻 R_L 对输出电阻 R_o 有无影响？

⑦ 在测试 A_u、R_i 和 R_o 时怎样选择输入信号的大小和频率？为什么信号频率一般选 1kHz，而不选 100kHz 或更高？

⑧ 测试中，如果将函数信号发生器、交流毫伏表、示波器中任一仪器的两个测试端子接线换位（即各仪器的接地端不再连在一起），将会出现什么问题？

⑨ 阅读第五篇第五章 Multisim 10 相关内容。

实验三　差动放大器

一、实验目的
① 加深对差动放大器性能及特点的理解。
② 学习差动放大器主要性能指标的测试方法。

二、实验原理
图 2.3.1 是差动放大器的基本结构。它由两个元件参数相同的基本共射放大电路组成。当开关 K 拨向左边时，构成典型的差动放大器。调零电位器 R_P 用来调节 VT_1、VT_2 管的静态工作点，使得输入信号 $U_i=0$ 时，双端输出电压 $U_o=0$。R_E 为两管共用的发射极电阻，它对差模信号无负反馈作用，因而不影响差模电压放大倍数，但对共模信号有较强的负反馈作用，故可以有效地抑制零漂，稳定静态工作点。

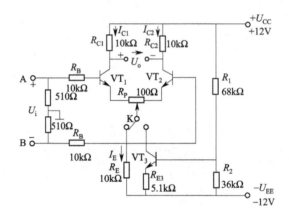

图 2.3.1　差动放大器实验电路

当开关 K 拨向右边时，构成具有恒流源的差动放大器。它用晶体管恒流源代替发射极电阻 R_E，可以进一步提高差动放大器抑制共模信号的能力。

1. 静态工作点的估算

（1）典型电路

$$I_E \approx \frac{|U_{EE}|-U_{BE}}{R_E} \quad （认为 U_{B1}=U_{B2}\approx0）$$

$$I_{C1}=I_{C2}=\frac{1}{2}I_E$$

（2）恒流源电路

$$I_{C3}\approx I_{E3}\approx \frac{\dfrac{R_2}{R_1+R_2}(U_{CC}+|U_{EE}|)-U_{BE}}{R_{E3}}$$

$$I_{C1}=I_{C2}=\frac{1}{2}I_{C3}$$

2. 差模电压放大倍数和共模电压放大倍数

当差动放大器的射极电阻 R_E 足够大，或采用恒流源电路时，差模电压放大倍数 A_d 由输出端方式决定，而与输入方式无关。

（1）双端输出

$R_E = \infty$，R_P 在中心位置时

$$A_d = \frac{\Delta U_o}{\Delta U_i} = -\frac{\beta R_C}{R_B + r_{be} + \frac{1}{2}(1+\beta)R_P}$$

（2）单端输出

$$A_{d1} = \frac{\Delta U_{C1}}{\Delta U_i} = \frac{1}{2}A_d$$

$$A_{d2} = \frac{\Delta U_{C2}}{\Delta U_i} = -\frac{1}{2}A_d$$

当输入共模信号时，若为单端输出，则有

$$A_{c1} = A_{c2} = \frac{\Delta U_{C1}}{\Delta U_i} = \frac{-\beta R_C}{R_B + r_{be} + (1-\beta)\left(\frac{1}{2}R_P + 2R_E\right)} \approx -\frac{R_C}{2R_E}$$

若为双端输出，在理想情况下

$$A_c = \frac{\Delta U_o}{\Delta U_i} = 0$$

实际上由于元件不可能完全对称，因此 A_c 也不会绝对等于零。

3. 共模抑制比 CMRR

为了表征差动放大器对有用信号（差模信号）的放大作用和对共模信号的抑制能力，通常用一个综合指标来衡量，即共模抑制比。

$$CMRR = \left|\frac{A_d}{A_c}\right| \qquad 或\ CMRR = 20\lg\left|\frac{A_d}{A_c}\right|\ (dB)$$

差动放大器的输入信号可采用直流信号也可采用交流信号。本实验由函数信号发生器提供频率 $f = 1\text{kHz}$ 的正弦信号作为输入信号。

三、实验设备与器件

① ±12V 直流电源。

② 函数信号发生器。

③ 双踪示波器。

④ 交流毫伏表。

⑤ 直流电压表。

⑥ 晶体三极管 3DG6×3，要求 VT_1、VT_2 特性参数一致（或 9011×3）。

⑦ 电阻器、电容器若干。

四、实验内容与步骤

1. 典型差动放大器性能测试

按图 2.3.1 连接实验电路，开关 K 拨向左边构成典型差动放大器。

（1）测量静态工作点

①调节放大器零点　信号源不接入。将放大器输入端 A、B 与地短接，接通 ±12V 直流电源，用直流电压表测量输出电压 U_o，调节调零电位器 R_P，使 $U_o = 0$。调节要仔细，力求准确。

②测量静态工作点　零点调好以后，用直流电压表测量 VT_1、VT_2 各电极电位及射极电阻 R_E 两端电压 U_{RE}，记入表 2.3.1。

表 2.3.1 数据记录表 1

测量值	U_{C1}/V	U_{B1}/V	U_{E1}/V	U_{C2}/V	U_{B2}/V	U_{E2}/V	U_{RE}/V
计算值	I_C/mA			I_B/mA		U_{CE}/V	

（2）测量差模电压放大倍数　断开直流电源，将函数信号发生器的输出端接放大器输入端 A、地端接放大器输入端 B，构成单端输入方式。调节输入的正弦信号频率为 $f=1\text{kHz}$，用示波器监视输出端（集电极 C_1 或 C_2 与地之间）。

接通 ±12V 直流电源，逐渐增大输入电压 U_i（约 100mV），在输出波形无失真的情况下，用交流毫伏表测 U_i、U_{C1}、U_{C2}，记入表 2.3.2 中，并观察 u_i、u_{C1}、u_{C2} 之间的相位关系及 U_{RE} 随 U_i 改变而变化的情况。

（3）测量共模电压放大倍数　将放大器 A、B 短接，信号源接 A 端与地之间，构成共模输入方式，调节输入信号 $f=1\text{kHz}$，$U_i=1\text{V}$，在输出电压无失真的情况下，测量 U_{C1}、U_{C2} 的值记入表 2.3.2，并观察 u_i、u_{C1}、u_{C2} 之间的相位关系及 U_{RE} 随 U_i 改变而变化的情况。

表 2.3.2 数据记录表 2

	典型差动放大电路		具有恒流源差动放大电路	
	单端输入	共模输入	单端输入	共模输入
U_i	100mV	1V	100mV	1V
U_{C1}/V				
U_{C2}/V				
$A_{d1}=\dfrac{U_{C1}}{U_i}$		—		—
$A_d=\dfrac{U_o}{U_i}$				
$A_{c1}=\dfrac{U_{C1}}{U_i}$	—		—	
$A_c=\dfrac{U_o}{U_i}$	—		—	
$CMRR=\left|\dfrac{A_{d1}}{A_{c1}}\right|$				

2. 具有恒流源的差动放大电路性能测试

将图 2.3.1 电路中开关 K 拨向右边，构成具有恒流源的差动放大电路。重复实验内容与步骤 1 中（2）、（3）的要求，记入表 2.3.2。

五、Multisim 仿真内容与步骤

① 创建如图 2.3.2 所示的仿真电路。

② 在 Multisim 10 环境下，实现上述实验内容与步骤中的第 1~2 项实验内容，即典型差动放大器性能测试和具有恒流源的差动放大电路性能测试。将测试的相关数据记入表 2.3.1、表 2.3.2 内，并与实际实验得到的相应数据做比较。

六、实验报告

（1）整理实验数据，列表比较实验结果和理论估算值，分析误差原因。

① 静态工作点和差模电压放大倍数。

② 典型差动放大电路单端输出时的 CMRR 实测值与理论值比较。

③ 典型差动放大电路单端输出时的 CMRR 实测值与具有恒流源的差动放大器 CMRR 实测值比较。

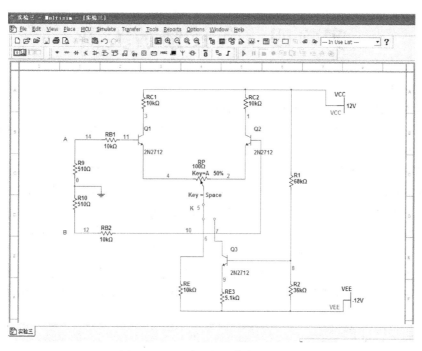

图 2.3.2 差动放大器仿真实验电路

（2）比较 u_i、u_{C1} 和 u_{C2} 之间的相位关系。

（3）根据实验结果，总结电阻 R_E 和恒流源的作用。

（4）比较仿真实验与实际实验两组数据，说明仿真实验的正确性。

七、预习要求

① 根据实验电路参数，估算典型差动放大器和具有恒流源的差动放大器的静态工作点及差模电压放大倍数（取 $\beta_1 = \beta_2 = 100$）。

② 测量静态工作点时，放大器输入端 A、B 与地应如何连接？

③ 实验中怎样获得双端和单端输入差模信号？怎样获得共模信号？画出 A、B 端与信号源之间的连接图。

④ 怎样进行静态调零点？用什么仪表测 U_o？

⑤ 怎样用交流毫伏表测双端输出电压 U_o？

实验四　负反馈放大器

一、实验目的
① 学习负反馈放大电路主要性能指标的测试方法。
② 加深理解放大电路中引入负反馈的方法和负反馈对放大器各项性能指标的影响。

二、实验原理
负反馈在电子电路中有着非常广泛的应用，虽然它使放大器的放大倍数降低，但能在多方面改善放大器的动态指标，如稳定放大倍数，改变输入、输出电阻，减小非线性失真和展宽通频带等。因此，几乎所有的实用放大器都带有负反馈。

负反馈放大器有四种组态，即电压串联、电压并联、电流串联、电流并联。本实验以电压串联负反馈为例，分析负反馈对放大器各项性能指标的影响。

(1) 图 2.4.1 为带有负反馈的两级阻容耦合放大电路，在电路中通过 R_f 把输出电压 u_o 引回到输入端，加在晶体管 VT_1 的发射极上，在发射极电阻 R_{F1} 上形成反馈电压 u_f。根据反馈的判断方法可知，它属于电压串联负反馈。

主要性能指标如下。

① 闭环电压放大倍数

$$A_{vf} = \frac{A_v}{1 + A_v F_V}$$

式中　$A_v = U_o/U_i$——基本放大器（无反馈）的电压放大倍数，即开环电压放大倍数；
　　　$1 + A_v F_V$——反馈深度，它的大小决定了负反馈对放大器性能改善的程度。

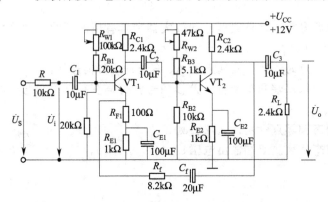

图 2.4.1　带有电压串联负反馈的两级阻容耦合放大器

② 反馈系数

$$F_V = \frac{R_{F1}}{R_f + R_{F1}}$$

③ 输入电阻

$$R_{if} = (1 + A_v F_V) R_i$$

式中　R_i——基本放大器的输入电阻。

④ 输出电阻

$$R_{of} = \frac{R_o}{1 + A_{vo} F_V}$$

式中 R_o——基本放大器的输出电阻；

A_{vo}——基本放大器 $R_L = \infty$ 时的电压放大倍数。

（2）本实验还需要测量基本放大器的动态参数，怎样实现无反馈而得到基本放大器呢？不能简单地断开反馈支路，而是要去掉反馈作用，但又要把反馈网络的影响（负载效应）考虑到基本放大器中去。

① 在画基本放大器的输入回路时，因为是电压负反馈，所以可将负反馈放大器的输出端短路，即令 $u_o = 0$，此时 R_f 相当于并联在 R_{F1} 上。

② 在画基本放大器的输出回路时，由于输入端是串联负反馈，因此需将反馈放大器的输入端（VT_1 管的射极）开路，此时 $R_f + R_{F1}$ 相当于并接在输出端。可近似认为 R_f 并接在输出端。

根据上述规律，就可得到所要求的如图 2.4.2 所示的基本放大器。

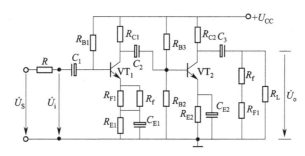

图 2.4.2 基本放大器

三、实验设备与器件

① +12V 直流电源。

② 函数信号发生器。

③ 双踪示波器。

④ 频率计。

⑤ 交流毫伏表。

⑥ 直流电压表。

⑦ 晶体三极管 3DG6×2（$\beta = 50 \sim 100$）或 9011×2。

⑧ 电阻器、电容器若干。

四、实验内容与步骤

1. 测量静态工作点

按图 2.4.1 连接实验电路，取 $U_{CC} = +12V$，$U_i = 0$，用直流电压表分别测量第一级、第二级的静态工作点，记入表 2.4.1。

表 2.4.1 数据记录表 1

	U_B/V	U_E/V	U_C/V	I_C/mA（计算）
第一级				
第二级				

2. 测试基本放大器的各项性能指标

将实验电路按图 2.4.2 改接，即把 R_f 断开后分别并在 R_{F1} 和 R_L 上，其他连线不动。

（1）测量中频电压放大倍数 A_v，输入电阻 R_i 和输出电阻 R_o。

① 以 $f = 1kHz$，U_S 约 5mV 正弦信号输入放大器，用示波器监视输出波形 u_o，在 u_o

不失真的情况下，用交流毫伏表测量 U_S、U_i、U_L，记入表 2.4.2。

表 2.4.2　数据记录表 2

类　　型	测　　　量　　　值					计　算　值	
基本放大器	U_S /mV	U_i /mV	U_L /V	U_o /V	A_v	R_i /kΩ	R_o /kΩ
负反馈放大器	U_S /mV	U_i /mV	U_L /V	U_o /V	A_{vf}	R_{if} /kΩ	R_{of} /kΩ

② 保持 U_S 不变，断开负载电阻 R_L（注意，R_f 不要断开），测量空载时的输出电压 U_o，记入表 2.4.2。

(2) 测量通频带。接上 R_L，保持 U_S 不变，然后增加和减小输入信号的频率，找出上、下限频率 f_H 和 f_L，记入表 2.4.3。

3. 测试负反馈放大器的各项性能指标

将实验电路恢复为图 2.4.1 的负反馈放大电路。适当加大 U_S（约 10mV），在输出波形不失真的条件下，测量负反馈放大器的 A_{vf}、R_{if} 和 R_{of}，记入表 2.4.2；测量 f_{Hf} 和 f_{Lf}，记入表 2.4.3。

表 2.4.3　数据记录表 3

基本放大器	f_L/kHz	f_H/kHz	Δf/kHz
负反馈放大器	f_{Lf}/kHz	f_{Hf}/kHz	Δf_f/kHz

*4. 观察负反馈对非线性失真的改善

(1) 实验电路改接成基本放大器形式，在输入端加入 $f = 1$kHz 的正弦信号，输出端接示波器，逐渐增大输入信号的幅度，使输出波形开始出现失真，记下此时的波形和输出电压的幅度。

(2) 再将实验电路改接成负反馈放大器形式，增大输入信号幅度，使输出电压幅度的大小与 (1) 相同，比较有负反馈时输出波形的变化。

五、Multisim 仿真内容与步骤

① 创建如图 2.4.3 所示的仿真电路。

② 在 Multisim 10 环境下，实现上述实验内容与步骤中的第 1~4 项实验内容，将测试的相关数据记入表 2.4.1~表 2.4.3 内，并与实际实验得到的相应数据做比较。

六、实验报告

① 将基本放大器和负反馈放大器动态参数的实测值和理论估算值列表进行比较。

② 根据实验结果，总结电压串联负反馈对放大器性能的影响。

③ 比较仿真实验与实际实验两组数据，说明仿真实验的正确性。

七、预习要求

① 复习教材中有关负反馈放大器的内容。

② 按实验电路图 2.4.1 估算放大器的静态工作点（取 $\beta_1 = \beta_2 = 100$）。

③ 怎样把负反馈放大器改接成基本放大器？为什么要把 R_f 并接在输入和输出端？

④ 估算基本放大器的 A_v、R_i 和 R_o，估算负反馈放大器的 A_{vf}、R_{if} 和 R_{of}，并验算它

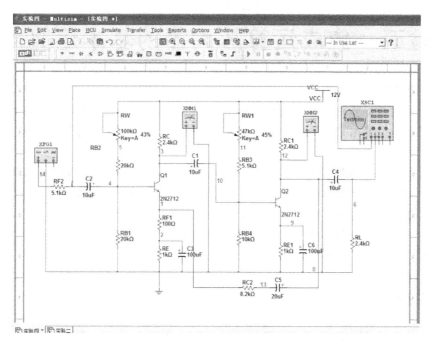

图 2.4.3　带有电压串联负反馈的两级阻容耦合放大器仿真实验电路

们之间的关系。

⑤ 如按深负反馈估算，则闭环电压放大倍数 A_{vf} 等于多少？和测量值是否一致？为什么？

⑥ 如输入信号存在失真，能否用负反馈来改善？

⑦ 怎样判断放大器是否存在自激振荡？如何进行消振？

实验五 集成运算放大器的基本运算电路

一、实验目的
① 研究由集成运算放大器组成的比例、加法、减法和积分等基本运算电路的功能。
② 正确理解运算电路中各元件参数之间的关系和"虚短"、"虚断"、"虚地"的概念。

二、设计要求
① 设计反相比例运算电路，要求 $|A_{uf}|=10$，$R_i \geqslant 10\text{k}\Omega$，确定外接电阻元件的值。
② 设计同相比例运算电路，要求 $|A_{uf}|=11$，确定外接电阻元件值。
③ 设计加法运算电路，满足 $U_o = -(10U_{i1}+5U_{i2})$ 的运算关系。
④ 设计差动放大电路（减法器），要求差模增益为 10，$R_i > 40\text{k}\Omega$。
⑤ 应用 Multisim 10 进行仿真，然后在实验设备上实现。

三、实验原理
1. 理想运算放大器特性
集成运算放大器是一种具有高电压放大倍数的直接耦合多级放大电路。当外部接入不同的元器件组成负反馈电路时，可以实现比例、加法、减法、积分、微分等模拟运算电路。

理想运放是将运放的各项技术指标理想化，满足下列条件的运算放大器称为理想运放。
① 开环电压增益：$A_{ud}=\infty$。
② 输入阻抗：$r_i=\infty$。
③ 输出阻抗：$r_o=0$。
④ 带宽：$f_{BW}=\infty$。
⑤ 失调与漂移均为零。

理想运放在线性应用时的两个重要特性如下。
① 输出电压 U_o 与输入电压之间满足关系式 $U_o=A_{ud}(U_+ -U_-)$。由于 $A_{ud}=\infty$，而 U_o 为有限值，因此，$U_+ -U_- \approx 0$，即 $U_+ \approx U_-$，称为"虚短"。
② 由于 $r_i=\infty$，故流进运放两个输入端的电流可视为零，即 $I_{iB}=0$，称为"虚断"。这说明运放对其前级吸取电流极小。

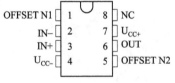

图 2.5.1 741 的引脚图

上述两个特性是分析理想运放应用电路的基本原则，可简化运放电路的计算。741 的引脚图见图 2.5.1。

2. 基本运算电路
(1) 反相比例运算电路 电路如图 2.5.2 所示。对于理想运放，该电路的输出电压与输入电压之间的关系为

$$U_o = -\frac{R_F}{R_1}U_i$$

为了减小输入级偏置电流引起的运算误差，在同相输入端应接入平衡电阻 $R_2=R_1 /\!/ R_F$。

(2) 反相加法电路 电路如图 2.5.3 所示，输出电压与输入电压之间的关系为

$$U_o = -\left(\frac{R_F}{R_1}U_{i1}+\frac{R_F}{R_2}U_{i2}\right), \quad R_3=R_1 /\!/ R_2 /\!/ R_F$$

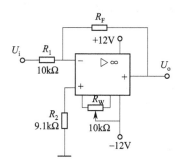

图 2.5.2 反相比例运算电路

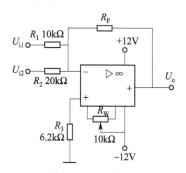

图 2.5.3 反相加法运算电路

（3）同相比例运算电路 图 2.5.4(a) 是同相比例运算电路，它的输出电压与输入电压之间的关系为

$$U_o = \left(1 + \frac{R_F}{R_1}\right)U_i, \quad R_2 = R_1 /\!/ R_F$$

当 $R_1 \to \infty$ 时，$U_o = U_i$，即得到如图 2.5.4(b) 所示的电压跟随器。图中 $R_2 = R_F$，用以减小漂移和起保护作用。一般 R_F 取 10kΩ，R_F 太小起不到保护作用，太大则影响跟随性。

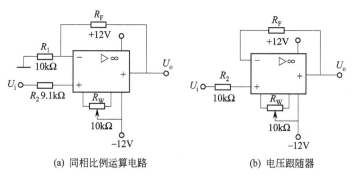

(a) 同相比例运算电路   (b) 电压跟随器

图 2.5.4 同相比例运算电路

（4）差动放大电路（减法器） 对于图 2.5.5 所示的减法运算电路，当 $R_1 = R_2$，$R_3 = R_F$ 时，有如下关系式。

$$U_o = \frac{R_F}{R_1}(U_{i2} - U_{i1})$$

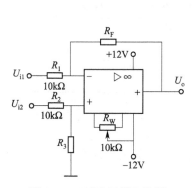

图 2.5.5 减法运算电路图

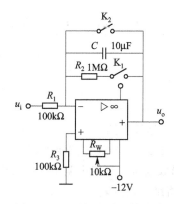

图 2.5.6 反相积分运算电路

（5）积分运算电路　　反相积分电路如图 2.5.6 所示。在理想化条件下，输出电压 u_o 等于

$$u_o(t) = -\frac{1}{R_1 C} \int_0^t u_i(t) \mathrm{d}t + u_C(0)$$

式中，$u_C(0)$ 是 $t=0$ 时刻电容 C 两端的电压值，即初始值。

如果 $u_i(t)$ 是幅值为 E 的阶跃电压，并设 $u_C(0)=0$，则

$$u_o(t) = -\frac{1}{R_1 C} \int_0^t E \mathrm{d}t = -\frac{E}{R_1 C} t$$

即输出电压 $u_o(t)$ 随时间增长而线性下降。显然 RC 的数值越大，达到给定的 U_o 值所需的时间就越长。积分输出电压所能达到的最大值受集成运放最大输出范围的限制。

在进行积分运算之前，首先应对运放调零。为了便于调节，将图中 K_1 闭合，即通过电阻 R_2 的负反馈作用帮助实现调零。但在完成调零后，应将 K_1 打开，以免因 R_2 的接入造成积分误差。K_2 的设置一方面为积分电容放电提供通路，同时可实现积分电容初始电压 $u_C(0)=0$；另一方面，可控制积分起始点，即在加入信号 u_i 后，只要 K_2 一打开，电容就将被恒流充电，电路也就开始进行积分运算。

四、实验设备与器件

① ±12V 直流电源。

② 函数信号发生器。

③ 交流毫伏表。

④ 直流电压表。

⑤ 集成运算放大器 μA741×1。

⑥ 电阻器、电容器若干。

五、实验内容与步骤

实验前按设计要求选择运算放大器、电阻等元件的参数，看清运放组件各引脚的位置；切忌正、负电源极性接反和输出端短路，否则将会损坏集成块。

1. 反相比例运算电路

① 参照图 2.5.2 连接实验电路，接通 ±12V 电源，输入端对地短路，进行调零和消振。

② 适当选取电路中反馈电阻 R_F 的阻值，使得电路的电压放大倍数为 $A_u=-10$。

③ 输入 $f=100\mathrm{Hz}$，$U_i=0.5\mathrm{V}$ 的正弦交流信号，测量相应的 U_o，并用示波器观察 u_o 和 u_i 的相位关系，记入表 2.5.1。

表 2.5.1　数据记录表 1　$U_i=0.5\mathrm{V}$，$f=100\mathrm{Hz}$

U_i/V	U_o/V	u_i 波形	u_o 波形	A_u	
				实测值	计算值

2. 同相比例运算电路

① 参照图 2.5.4(a) 连接实验电路。

② 适当选取电路中反馈电阻 R_F 的阻值，使得电路的电压放大倍数为 $A_u=11$。实验步骤同内容 1，将结果记入表 2.5.2。

③ 将图 2.5.4(a) 中的 R_1 断开，得图 2.5.4(b) 电路，重复内容 1。

表 2.5.2 数据记录表 2 $U_i = 0.5V$ $f = 100Hz$

U_i/V	U_o/V	u_i 波形	u_o 波形	A_v	
				实测值	计算值
		O t	O t		

3. 反相加法运算电路

① 参照图 2.5.3 连接实验电路。调零和消振。

② 适当选取电路中反馈电阻 R_F 的阻值，使得电路的输出电压为 $U_o = -(10U_{i1} + 5U_{i2})$。

③ 输入信号采用直流信号，实验时要注意选择合适的直流信号幅度以确保集成运放工作在线性区。用直流电压表测量输入电压 U_{i1}、U_{i2} 及输出电压 U_o，记入表 2.5.3。

表 2.5.3 数据记录表 3 单位：V

U_{i1}				
U_{i2}				
U_o				

4. 减法运算电路

① 参照图 2.5.5 连接实验电路。调零和消振。

② 适当选取电路中电阻 R_F、R_3 的阻值，使得电路的输出电压为 $U_o = 10(U_{i2} - U_{i1})$

③ 采用直流输入信号，实验步骤同反相加法运算电路③，记入表 2.5.4。

表 2.5.4 数据记录表 4 单位：V

U_{i1}				
U_{i2}				
U_o				

5. 积分运算电路

实验电路如图 2.5.6 所示。

① 打开 K_2，闭合 K_1，对运放输出进行调零。

② 调零完成后，再打开 K_1，闭合 K_2，使 $u_C(0) = 0$。

③ 预先调好直流输入电压 $U_i = 0.5V$，接入实验电路，再打开 K_2，然后用直流电压表测量输出电压 U_o，每隔 5s 读一次 U_o，记入表 2.5.5，直到 U_o 不继续明显增大为止。

表 2.5.5 数据记录表 5

t/s	0	5	10	15	20	25	30	……
测量 U_o/V								
计算 U_o/V								

六、Multisim 仿真内容与步骤

① 创建如图 2.5.7 和图 2.5.8 所示的仿真电路。

② 在 Multisim 10 环境下，实现上述实验内容与步骤中的第 1～5 项实验内容，将测试的相关数据记入表 2.5.1～表 2.5.5 内，并与实际实验得到的相应数据做比较。

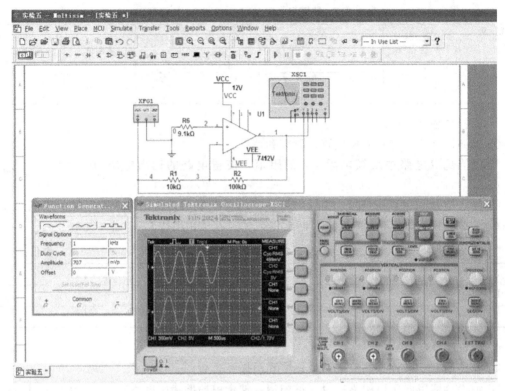

图 2.5.7　反相比例运算的仿真实验电路

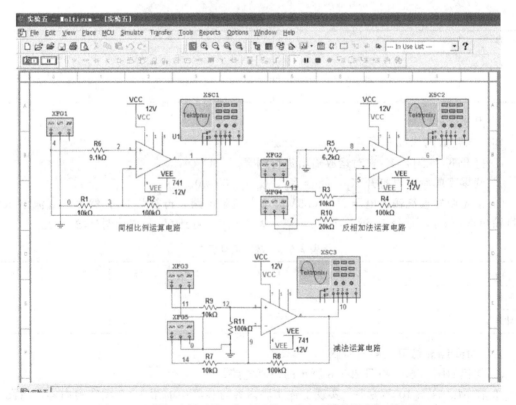

图 2.5.8　同相比例运算、加法运算、减法运算的仿真实验电路

七、实验报告

① 整理实验数据，画出波形图（注意波形间的相位关系）。

② 将理论计算结果和实测数据相比较，分析产生误差的原因。

③ 分析讨论实验中出现的现象和问题。

④ 比较仿真实验与实际实验两组数据，说明仿真实验的正确性。

八、预习要求

① 复习集成运放线性应用部分内容，并根据实验电路参数计算各电路输出电压的理论值。

② 在反相加法器中，如 U_{i1} 和 U_{i2} 均采用直流信号，并选定 $U_{i2} = -1V$，当考虑到运算放大器的最大输出幅度（±12V）时，$|U_{i1}|$ 的大小不应超过多少伏？

③ 在积分电路中，如 $R_1 = 100k\Omega$，$C = 4.7\mu F$，求时间常数。假设 $U_i = 0.5V$，问要使输出电压 U_o 达到 5V，需多长时间 [设 $u_C(0) = 0$]？

④ 为了不损坏集成块，实验中应注意什么问题？

实验六　有源滤波器

一、实验目的

① 熟悉用运放、电阻和电容组成有源低通滤波器、高通滤波器和带通、带阻滤波器。

② 学会测量有源滤波器的幅频特性。

二、实验原理

由 RC 元件与运算放大器组成的滤波器称为 RC 有源滤波器，其功能是让一定频率范围内的信号通过，抑制或急剧衰减此频率范围以外的信号，可用在信息处理、数据传输、抑制干扰等方面，但因受运算放大器频带限制，这类滤波器主要用于低频范围。根据对频率范围的选择不同，可分为低通（LPF）、高通（HPF）、带通（BPF）与带阻（BEF）等四种滤波器，它们的幅频特性如图 2.6.1 所示。

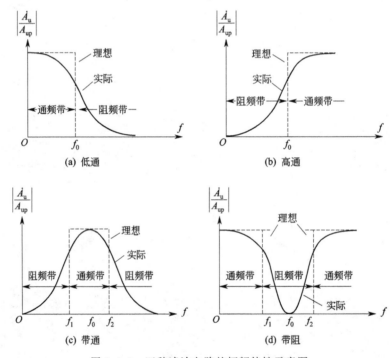

图 2.6.1　四种滤波电路的幅频特性示意图

具有理想幅频特性的滤波器是很难实现的，只能用实际的幅频特性去逼近理想的。一般来说，滤波器的幅频特性越好，其相频特性越差，反之亦然。滤波器的阶数越高，幅频特性衰减的速率越快，但 RC 网络的节数越多，元件参数计算越烦琐，电路调试越困难。任何高阶滤波器均可以用较低的二阶 RC 有源滤波器级联实现。

1. 低通滤波器（LPF）

低通滤波器用来通过低频信号衰减或抑制高频信号。

如图 2.6.2(a) 所示为典型的二阶有源低通滤波器。它由两级 RC 滤波环节与同相比例运算电路组成，其中第一级电容 C 接至输出端，引入适量的正反馈，以改善幅频特性。

图 2.6.2(b) 为二阶低通滤波器幅频特性曲线。

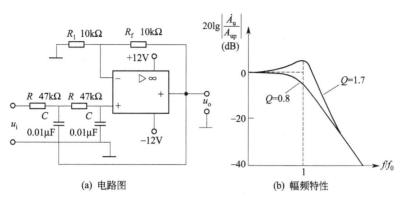

(a) 电路图　　　　(b) 幅频特性

图 2.6.2　二阶有源低通滤波器

电路性能参数：

$A_{up} = 1 + \dfrac{R_f}{R_1}$　　二阶低通滤波器的通带增益。

$f_0 = \dfrac{1}{2\pi RC}$　　截止频率，它是二阶低通滤波器通频带与阻频带的界限频率。

$Q = \dfrac{1}{3 - A_{up}}$　　品质因数，它的大小影响低通滤波器在截止频率处幅频特性的形状。

2．高通滤波器（HPF）

与低通滤波器相反，高通滤波器用来通过高频信号衰减或抑制低频信号。

只要将图 2.6.2 低通滤波电路中起滤波作用的电阻、电容互换，即可变成二阶有源高通滤波器，如图 2.6.3（a）所示。高通滤波器性能与低通滤波器相反，其频率响应和低通滤波器是"镜像"关系，仿照 LPF 分析方法，不难求得 HPF 的幅频特性。

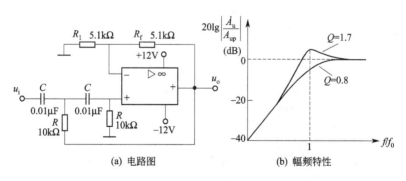

(a) 电路图　　　　(b) 幅频特性

图 2.6.3　二阶高通滤波器

电路性能参数 A_{up}、f_0、Q 各量的涵义同二阶低通滤波器。

图 2.6.3（b）为二阶高通滤波器的幅频特性曲线，可见它与二阶低通滤波器的幅频特性曲线有"镜像"关系。

3．带通滤波器（BPF）

这种滤波器的作用是只允许在某一个通频带范围内的信号通过，而比通频带下限频率低和比上限频率高的信号均加以衰减或抑制。

典型的带通滤波器可以在二阶低通滤波器中将其中一级改成高通而成。如图 2.6.4（a）所示。

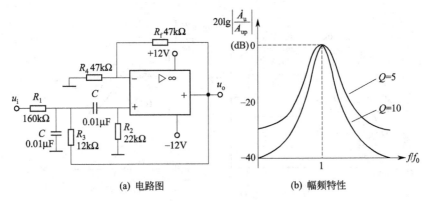

(a) 电路图　　　　　　　　(b) 幅频特性

图 2.6.4　二阶带通滤波器

电路性能参数：

通频带增益

$$A_{up} = \frac{R_4 + R_f}{R_4 R_1 CB}$$

中心频率

$$f_0 = \frac{1}{2\pi} \sqrt{\frac{1}{R_2 C^2}\left(\frac{1}{R_1} + \frac{1}{R_3}\right)}$$

通频带宽度

$$B = \frac{1}{C}\left(\frac{1}{R_1} + \frac{2}{R_2} - \frac{R_f}{R_3 R_4}\right)$$

选择性

$$Q = \frac{\omega_0}{B}$$

此电路的优点是改变 R_f 和 R_4 的比例就可改变频宽而不影响中心频率。

4. 带阻滤波器（BEF）

如图 2.6.5(a) 所示，这种电路的性能和带通滤波器相反，即在规定的频带内，信号不能通过（或受到很大衰减或抑制），而在其余频率范围，信号则能顺利通过。

在双 T 网络后加一级同相比例运算电路就构成了基本的二阶有源 BEF。

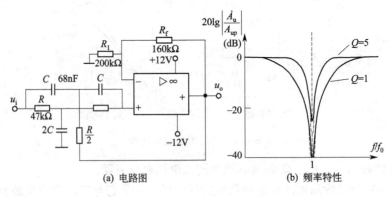

(a) 电路图　　　　　　　　(b) 频率特性

图 2.6.5　二阶带阻滤波器

电路性能参数：

通频带增益

$$A_{up} = 1 + \frac{R_f}{R_1}$$

中心频率

$$f_0 = \frac{1}{2\pi RC}$$

阻频带宽度

$$B = 2(2 - A_{up}) f_0$$

选择性

$$Q = \frac{1}{2\,(2 - A_{up})}$$

三、实验设备与器件

① ±12V 直流电源。

② 交流毫伏表。

③ 函数信号发生器。

④ 频率计。

⑤ 双踪示波器。

⑥ $\mu A741 \times 1$，电阻器、电容器若干。

四、实验内容与步骤

1. 二阶低通滤波器

实验电路如图 2.6.2(a) 所示。

① 粗测。接通 ±12V 电源，u_i 接函数信号发生器，令其输出为 $U_i = 1V$ 的正弦波信号，在滤波器截止频率附近改变输入信号频率，用示波器或交流毫伏表观察输出电压幅度的变化是否具备低通特性，如不具备，应排除电路故障。

② 在输出波形不失真的条件下，选取适当幅度的正弦输入信号，在维持输入信号幅度不变的情况下，逐点改变输入信号频率。测量输出电压，记入表 2.6.1 中，描绘频率特性曲线。

表 2.6.1　数据记录表 1

f/Hz	
U_o/V	

2. 二阶高通滤波器

实验电路如图 2.6.3(a) 所示。

① 粗测。输入 $U_i = 1V$ 正弦波信号，在滤波器截止频率附近改变输入信号频率，观察电路是否具备高通特性。

② 测绘高通滤波器的幅频特性曲线，记入表 2.6.2。

表 2.6.2　数据记录表 2

f/Hz	
U_o/V	

3. 带通滤波器

实验电路如图 2.6.4(a) 所示，测量其频率特性，记入表 2.6.3。

① 实测电路的中心频率 f_0。

② 以实测中心频率为中心，测绘电路的幅频特性。

表 2.6.3　数据记录表 3

f/Hz	
U_o/V	

4. 带阻滤波器

实验电路如图 2.6.5(a) 所示。

① 实测电路的中心频率 f_0。

② 测绘电路的幅频特性，记入表 2.6.4。

表 2.6.4　数据记录表 4

f/Hz	
U_o/V	

五、Multisim 仿真内容与步骤

① 创建如图 2.6.6 所示的仿真电路。

② 在 Multisim 10 环境下，实现上述实验内容与步骤中的第 1～4 项实验内容，将测试的相关数据记入表 2.6.1～表 2.6.4 内，并与实际实验得到的相应数据做比较。

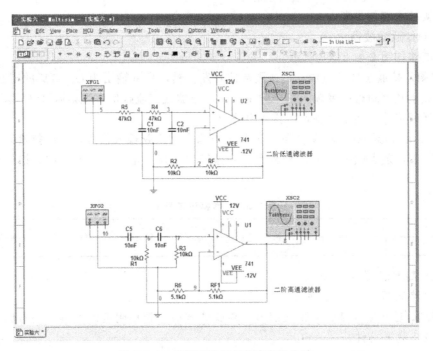

图 2.6.6　有源滤波器的仿真实验电路

六、实验报告

① 整理实验数据，画出各电路实测的幅频特性。

② 根据实验曲线，计算截止频率、中心频率、带宽及品质因数。

③ 总结有源滤波电路的特性。

④ 比较仿真实验与实际实验两组数据，说明仿真实验的正确性。

七、预习要求

① 复习教材有关滤波器的内容。

② 分析图 2.6.2～图 2.6.5 所示电路，写出它们的增益特性表达式。

③ 计算图 2.6.2、图 2.6.3 的截止频率，图 2.6.4、图 2.6.5 的中心频率。

④ 画出上述四种电路的幅频特性曲线。

实验七　电压比较器

一、实验目的
① 掌握电压比较器的电路构成及工作原理。
② 学会测试比较器的方法。

二、实验原理
电压比较器是集成运放非线性应用电路。常用的电压比较器有过零比较器、滞回比较器、双限比较器（又称窗口比较器）等。

1. 过零比较器
如图 2.7.1 所示电路为加限幅电路的过零比较器，VZ 为限幅稳压管。信号从运放的反相输入端输入，参考电压为零，从同相端输入。当 $U_i > 0$ 时，输出 $U_o = -(U_Z + U_D)$，当 $U_i < 0$ 时，$U_o = +(U_Z + U_D)$。其电压传输特性如图 2.7.1(b) 所示。

过零比较器结构简单，灵敏度高，但抗干扰能力差。

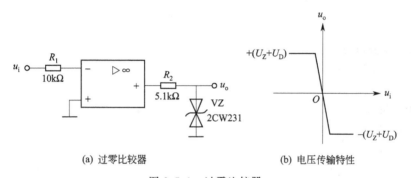

(a) 过零比较器　　　　　(b) 电压传输特性

图 2.7.1　过零比较器

2. 滞回比较器
图 2.7.2 为具有滞回特性的过零比较器。过零比较器在实际工作时，如果 u_i 恰好在过零值附近，则由于零点漂移的存在，u_o 将不断由一个极限值转换到另一个极限值，这在控制系统中对执行机构将是很不利的。为此，就需要输出特性具有滞回现象。如图 2.7.2 所示，从输出端引一个电阻分压正反馈支路到同相输入端，若 u_o 改变状态，Σ 点也随着改变电位，使过零点离开原来位置。当 u_o 为正（记作 U_+），则当 $u_i > U_\Sigma$ 后，u_o 即由正变负（记作 U_-），此时 U_Σ 变为 $-U_\Sigma$。故只有当 u_i 下降到 $-U_\Sigma$ 以下，才能使 u_o 再度回升到 U_+，于是出现图 7-2(b)

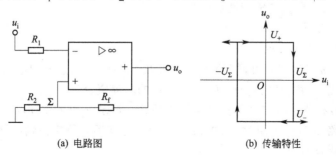

(a) 电路图　　　　　(b) 传输特性

图 2.7.2　滞回比较器

中所示的滞回特性。$-U_\Sigma$ 与 U_Σ 的差称为回差。改变 R_2 的数值可以改变回差的大小。

3. 窗口（双限）比较器

简单的比较器仅能鉴别输入电压 u_i 比参考电压 U_R 高或低的情况，窗口比较电路是由两个简单比较器组成，如图 2.7.3 所示，它能指示出 u_i 值是否处于 U_R^+ 和 U_R^- 之间。如 $U_R^- < U_i < U_R^+$，窗口比较器的输出电压 U_o 等于运放的正饱和输出电压（$+U_{omax}$）；如果 $U_i < U_R^-$ 或 $U_i > U_R^+$，则输出电压 U_o 等于运放的负饱和输出电压（$-U_{omax}$）。

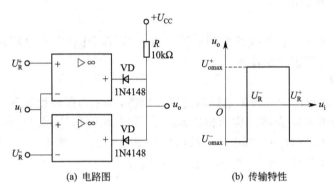

(a) 电路图　　　　　　(b) 传输特性

图 2.7.3　由两个简单比较器组成的窗口比较器

三、实验设备与器件

① ±12V 直流电源。

② 函数信号发生器。

③ 双踪示波器。

④ 直流电压表。

⑤ 交流毫伏表。

⑥ 运算放大器 $\mu A741 \times 2$。

⑦ 稳压管 2CW231×1。

⑧ 二极管 4148×2、电阻器等。

四、实验内容与步骤

1. 过零比较器

实验电路如图 2.7.1 所示。

① 接通 ±12V 电源。

② 测量 u_i 悬空时的 U_o 值。

③ u_i 输入 500Hz、幅值为 2V 的正弦信号，观察 $u_i \rightarrow u_o$ 波形并记录。

④ 改变 u_i 幅值，测量传输特性曲线。

2. 反相滞回比较器

实验电路如图 2.7.4 所示。

① 按图接线，u_i 接 +5V 可调直流电源，测出 u_o 由 $+U_{omax} \rightarrow -U_{omax}$ 时 u_i 的临界值。

② 同上，测出 u_o 由 $-U_{omax} \rightarrow +U_{omax}$ 时 u_i 的临界值。

③ u_i 接 500Hz、峰值为 2V 的正弦信号，观察并记录 $u_i \rightarrow u_o$ 波形。

④ 将分压支路 100kΩ 电阻改为 200kΩ，重复上述实验，测定传输特性。

3. 同相滞回比较器

实验线路如图 2.7.5 所示。

① 参照 2，自拟实验步骤及方法。

② 将结果与 2 进行比较。

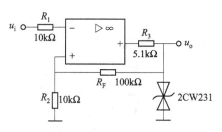

图 2.7.4　反相滞回比较器

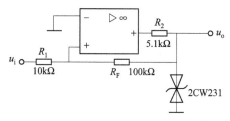

图 2.7.5　同相滞回比较器

4．窗口比较器

参照图 2.7.3 自拟实验步骤和方法测定其传输特性。

五、Multisim 仿真内容与步骤

① 创建如图 2.7.6 和图 2.7.7 所示的仿真电路。

② 在 Multisim 10 环境下，实现上述实验内容与步骤中的第 1～4 项实验内容，并与实际实验结果做比较，验证仿真实验的正确性。

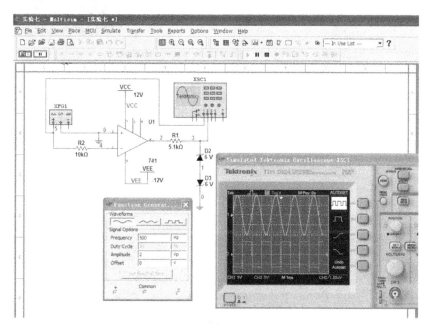

图 2.7.6　过零比较器的实验电路

六、实验报告

① 整理实验数据，绘制各类比较器的传输特性曲线。

② 总结几种比较器的特点，阐明它们的应用。

③ 比较仿真实验与实际实验两种情况下的结果，说明仿真实验的正确性。

七、预习要求

① 复习教材有关比较器的内容。

② 画出各类比较器的传输特性曲线。

③ 若要将图 2.7.3 窗口比较器的电压传输曲线高、低电平对调，应如何改动比较器电路。

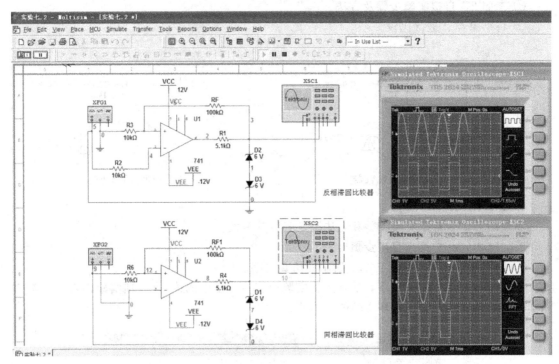

图 2.7.7　反相、同相滞回比较器的实验电路

实验八　波形发生器

一、实验目的

① 进一步理解用集成运放构成的正弦波、方波和三角波发生器的工作原理。

② 学习波形发生器的调整和主要性能指标的测试方法。

二、实验原理

1. RC 桥式正弦波振荡器（文氏电桥振荡器）

图 2.8.1 为 RC 桥式正弦波振荡器。其中 RC 串、并联电路构成正反馈支路，同时兼作选频网络，R_1、R_2、R_W 及二极管等元件构成负反馈和稳幅环节。调节电位器 R_W，可以改变负反馈深度，以满足振荡的振幅条件和改善波形。利用两个反向并联二极管 VD_1、VD_2 正向电阻的非线性特性来实现稳幅。VD_1、VD_2 采用硅管（温度稳定性好），且要求特性匹配，才能保证输出波形正、负半周对称。R_3 的接入是为了削弱二极管非线性的影响，以改善波形失真。

电路的振荡频率

$$f_0 = \frac{1}{2\pi RC}$$

起振的幅值条件

$$A_f = 1 + \frac{R_f}{R_1} \geqslant 3$$

式中，$R_f = R_W + R_2 + R_3 /\!/ r_D$；$r_D$ 为二极管正向导通电阻。

调整反馈电阻 R_f（调 R_W），使电路起振，且波形失真最小。如不能起振，则说明负反馈太强，应适当加大 R_f。如波形失真严重，则应适当减小 R_f。

改变选频网络的参数 C 或 R，即可调节振荡频率。一般采用改变电容 C 做频率量程切换，而调节 R 作量程内的频率细调。

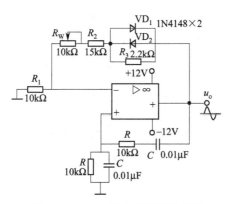

图 2.8.1　RC 桥式正弦波振荡器

2. 三角波和方波发生器

如图 2.8.2 所示，电路由同相滞回比较器 A_1 和反相积分器 A_2 构成。比较器 A_1 输出的方波经积分器 A_2 积分可得到三角波 U_o，U_o 经电阻 R_1 为比较器 A_1 提供输入信号，形成正反馈，即构成三角波、方波发生器。图 2.8.3 为方波、三角波发生器输出波形图。由于采用运放组成的积分电路，因此可实现恒流充电，使三角波线性大大改善。

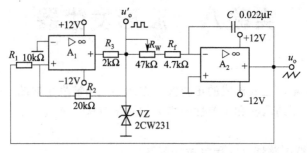

图 2.8.2　三角波、方波发生器

滞回比较器的阈值电压　　　　　$U_T = \pm \dfrac{R_1}{R_2} U_Z$

电路振荡频率　　　　　$f_0 = \dfrac{R_2}{4 R_1 (R_f + R_W) C_f}$

方波幅值　　　　　$U'_{om} = \pm U_Z$

三角波幅值　　　　　$U_{om} = \dfrac{R_1}{R_2} U_Z$

调节 R_W 可以改变振荡频率，改变比值 $\dfrac{R_1}{R_2}$ 可调节三角波的幅值。

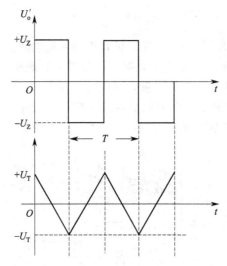

图 2.8.3　方波、三角波发生器输出波形图

三、实验设备与器件

① ±12V 直流电源。

② 双踪示波器。

③ 交流毫伏表。

④ 频率计。

⑤ 集成运算放大器 μA741×2。

⑥ 二极管 1N4148×2。

⑦ 稳压管 2CW231×1，电阻器、电容器若干。

四、实验内容与步骤

1. RC 桥式正弦波振荡器

按图 2.8.1 连接实验电路。

① 接通 ±12V 电源，调节电位器 R_W，使输出波形从无到有，从正弦波到出现失真。描绘 u_o 的波形，记下临界起振、正弦波输出及失真情况下的 R_W 值记入表 2.8.1，分析负反馈强弱对起振条件及输出波形的影响。

表 2.8.1 数据记录表 1

项 目	临界起振	正弦波输出	失真
$R_W/\text{k}\Omega$			
输出波形	U_o O	U_o O	U_o O

② 调节电位器 R_W，使输出电压 u_o 幅值最大且不失真，用交流毫伏表分别测量输出电压 U_o、反馈电压 U_+ 和 U_-，分析研究振荡的幅值条件，记入表 2.8.2 第一行。

表 2.8.2 数据记录表 2

项 目	输出电压 U_o	反馈电压 U_+	反馈电压 U_-
连接 VD_1、VD_2			
断开 VD_1、VD_2			

③ 用示波器或频率计测量振荡频率 f_0，然后在选频网络的两个电阻 R 上并联同一阻值电阻，观察记录振荡频率的变化情况，记入表 2.8.3，并与理论值进行比较。

表 2.8.3 数据记录表 3

项 目	测量值	计算值
振荡频率 f_0		
并联后 f_0		

④ 断开二极管 VD_1、VD_2，重复②的内容，将测试结果记入表 2.8.2 第二行，并与②进行比较，分析 VD_1、VD_2 的稳幅作用。

*⑤ RC 串并联网络幅频特性观察。将 RC 串并联网络与运放断开，由函数信号发生器注入 3V 左右正弦信号，并用双踪示波器同时观察 RC 串并联网络输入、输出波形。保持输入幅值（3V）不变，从低到高改变频率，当信号源达某一频率时，RC 串并联网络输出将达最大值（约 1V），且输入、输出同相位。此时的信号源频率

$$f = f_0 = \frac{1}{2\pi RC}$$

2. 三角波和方波发生器

按图 2.8.2 连接实验电路。

① 将电位器 R_W 调至合适位置，用双踪示波器观察并描绘三角波输出 u_o 及方波输出 u'_o，测其幅值、频率及 R_W 值，记入表 2.8.4。

② 改变 R_W 的位置，观察对 u'_o、u_o 幅值及频率的影响，记入表 2.8.4。

③ 改变 R_1（或 R_2），观察对 u'_o、u_o 幅值及频率的影响，记入表 2.8.4。

表 2.8.4　数据记录表 4

项　　目		$R_W=$	R_W 变小	R_1 变大	R_2 变小	输出波形
三角波输出 u_o	U_m					（U_o 对 t 坐标图）
	f					
方波输出 u_o'	U_m					（U_o' 对 t 坐标图）
	f					

五、Multisim 仿真内容与步骤

① 创建如图 2.8.4 和图 2.8.5 所示的仿真电路。

② 在 Multisim 10 环境下，实现上述实验内容与步骤中的第 1、2 项实验内容，将仿真结果与实际实验结果做比较，验证仿真实验的正确性。

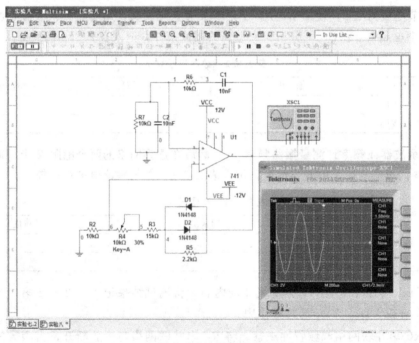

图 2.8.4　RC 桥式正弦波振荡器的仿真实验电路

六、实验报告

（1）正弦波发生器

① 列表整理实验数据，画出波形，把实测频率与理论值进行比较。

② 根据实验分析 RC 振荡器的振幅条件。

③ 讨论二极管 VD_1、VD_2 的稳幅作用。

（2）三角波和方波发生器

① 整理实验数据，把实测频率与理论值进行比较。

② 在同一坐标纸上，按比例画出三角波及方波的波形，并标明时间和电压幅值。

③ 分析电路参数变化（R_1、R_2 和 R_W）对输出波形频率及幅值的影响。

（3）比较仿真实验与实际实验两种情况下的结果，说明仿真实验的正确性。

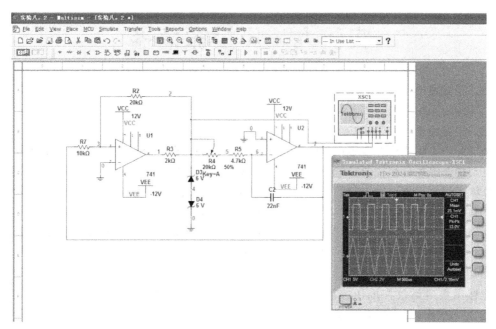

图 2.8.5　三角波、方波发生器的仿真实验电路

七、预习要求

① 复习有关 RC 正弦波振荡器、三角波及方波发生器的工作原理，并估算图 2.8.1、图 2.8.2 电路的振荡频率。

② 为什么在 RC 正弦波振荡电路中要引入负反馈支路？为什么要增加二极管 VD_1 和 VD_2？它们是怎样稳幅的？

③ 电路参数变化对图 2.8.2 产生的方波和三角波频率及电压幅值有什么影响？（或者怎样改变图 2.8.2 电路中方波及三角波的频率及幅值？）

④ 在波形发生器各电路中，"相位补偿"和"调零"是否需要？为什么？

⑤ 怎样测量非正弦波电压的幅值？

实验九 压控振荡器

一、实验目的

了解压控振荡器的组成及调试方法。

二、实验原理

调节可变电阻或可变电容可以改变波形发生电路的振荡频率，一般是通过手动调节的。而在自动控制等场合往往要求能自动地调节振荡频率。常见的情况是给出一个控制电压（例如计算机通过接口电路输出的控制电压），要求波形发生电路的振荡频率与控制电压成正比。这种电路称为压控振荡器，又称为 VCO 或 u-f 转换电路。

利用集成运放可以构成精度高、线性度好的压控振荡器。下面介绍这种电路的构成和工作原理，并求出振荡频率与输入电压的函数关系。

1. 电路的构成及工作原理

怎样用集成运放构成压控振荡器呢？大家知道积分电路输出电压变化的速率与输入电压的大小成正比，如果积分电容充电使输出电压达到一定程度后，设法使它迅速放电，然后输入电压再给它充电，如此周而复始，产生振荡，其振荡频率与输入电压成正比，即为压控振荡器。图 2.9.1 就是实现上述意图的压控振荡器（它的输入电压 $U_i > 0$）。

图 2.9.1 所示电路中 A_1 是积分电路，A_2 是同相输入滞回比较器，它起开关作用。当它的输出电压 $u_{o1} = +U_Z$ 时，二极管 VD 截止，输入电压（$U_i > 0$）经电阻 R_1 向电容 C 充电，输出电压 u_o 逐渐下降，当 u_o 下降到零，再继续下降使滞回比较器 A_2 同相输入端电位略低于零，u_{o1} 由 $+U_Z$ 跳变为 $-U_Z$，二极管 VD 由截止变导通，电容 C 放电，由于放电回路的等效电阻比 R_1 小得多，因此放电很快，u_o 迅速上升，使 A_2 的 u_+ 很快上升到大于零，u_{o1} 很快从 $-U_Z$ 跳回到 $+U_Z$，二极管又截止，输入电压经 R_1 再向电容充电。如此周而复始，产生振荡。

图 2.9.2 所示为压控振荡器 u_o 和 u_{o1} 的波形图。

2. 振荡频率与输入电压的函数关系

$$f = \frac{1}{T} \approx \frac{1}{T_1} = \frac{R_4}{2R_1 R_3 C} \frac{U_i}{U_Z}$$

可见，振荡频率与输入电压成正比。

上述电路实际上就是一个方波、锯齿波发生电路，只不过这里是通过改变输入电压 U_i 的大小来改变输出波形频率，从而将电压参量转换成频率参量。

压控振荡器的用途较广。为了使用方便，一些厂家将压控振荡器做成模块，有的压控振荡器模块输出信号的频率与输入电压幅值的非线性误差小于 0.02%，但振荡频率较低，一般在 100kHz 以下。

三、实验设备与器件

① ±12V 直流电源。

② 双踪示波器。

③ 交流毫伏表。

④ 直流电压表。

⑤ 频率计。

⑥ 运算放大器 μA741×2、稳压管 2CW231×1、二极管 1N4148×1。

⑦ 电阻器、电容器若干。

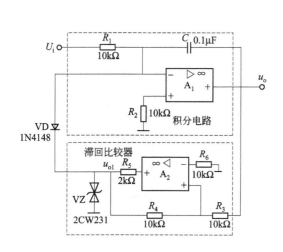

图 2.9.1 压控振荡器实验电路

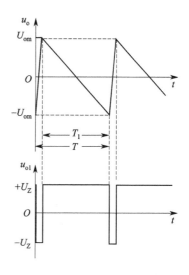

图 2.9.2 压控振荡器波形图

四、实验内容与步骤

① 按图 2.9.1 接线,用示波器监视输出波形。

② 按表 2.9.1 的内容,测量电路的输入电压与振荡频率的转换关系。

③ 用双踪示波器观察并描绘 u_o、u_{o1} 波形。

表 2.9.1 数据记录表 1

输入电压	U_i/V	1	2	3	4	5	6
用示波器测得	T/ms						
	f/Hz						
用频率计测得	f/Hz						

五、Multisim 仿真内容与步骤

① 创建如图 2.9.3 所示的仿真电路。

② 在 Multisim 10 环境下,实现上述实验内容与步骤中的实验内容,将仿真实验结果与实际实验结果做比较,验证仿真实验的正确性。

六、实验报告

① 作出电压-频率关系曲线,并讨论其结果。

② 比较仿真实验与实际实验两种情况下的结果,说明仿真实验的正确性。

七、预习要求

① 指出图 2.9.1 中电容器 C 的充电和放电回路。

② 定性分析用可调电压 U_i 改变 u_o 频率的工作原理。

③ 电阻 R_3 和 R_4 的阻值如何确定? 当要求输出信号幅值为 $12V_{oPP}$,输入电压值为 3V,输出频率为 3000Hz,计算出 R_3、R_4 的值。

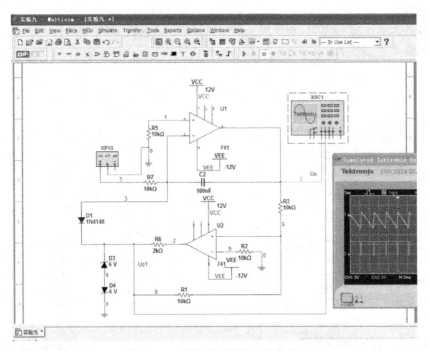

图 2.9.3　压控振荡器的实验电路

实验十 低频功率放大器
——OTL 功率放大器

一、实验目的
① 进一步理解 OTL 功率放大器的工作原理。
② 学会 OTL 电路的调试及主要性能指标的测试方法。

二、实验原理
图 2.10.1 所示为 OTL 低频功率放大器。其中由晶体三极管 VT_1 组成推动级（也称前置放大级），VT_2、VT_3 是一对参数对称的 NPN 和 PNP 型晶体三极管，它们组成互补推挽 OTL 功放电路。由于每一个管子都接成射极输出器形式，因此具有输出电阻低、负载能力强等优点，适合于作功率输出级。VT_1 管工作于甲类状态，它的集电极电流 I_{C1} 由电位器 R_{W1} 进行调节。I_{C1} 的一部分流经电位器 R_{W2} 及二极管 VD，给 VT_2、VT_3 提供偏压。调节 R_{W2}，可以使 VT_2、VT_3 得到合适的静态电流而工作于甲、乙类状态，以克服交越失真。

静态时要求输出端中点 A 的电位 $U_A = \dfrac{1}{2}U_{CC}$，可以通过调节 R_{W1} 来实现，又由于 R_{W1} 的一端接在 A 点，因此在电路中引入交、直流电压并联负反馈，一方面能够稳定放大器的静态工作点，同时也改善了非线性失真。

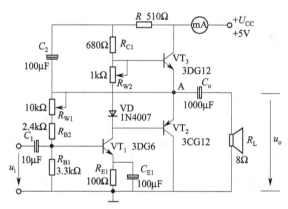

图 2.10.1　OTL 功率放大器实验电路

当输入正弦交流信号 u_i 时，经 VT_1 放大、倒相后同时作用于 VT_2、VT_3 的基极，u_i 的负半周使 VT_2 管导通（VT_3 管截止），有电流通过负载 R_L，同时向电容 C_0 充电，在 u_i 的正半周，VT_3 导通（VT_2 截止），则已充好电的电容器 C_0 起着电源的作用，通过负载 R_L 放电，这样在 R_L 上就得到完整的正弦波。

C_2 和 R 构成自举电路，用于提高输出电压正半周的幅度，以得到大的动态范围。

OTL 电路的主要性能指标

1. 最大不失真输出功率 P_{om}

理想情况下，$P_{om} = \dfrac{1}{8}\dfrac{U_{CC}^2}{R_L}$，在实验中可通过测量 R_L 两端的电压有效值来求得实际的

$$P_{om} = \dfrac{U_o^2}{R_L}。$$

2. 效率 η

$$\eta = \frac{P_{om}}{P_E} \times 100\%$$

式中，P_E 为直流电源供给的平均功率。

理想情况下，$\eta_{max} = 78.5\%$。在实验中，可测量电源供给的平均电流 I_{dC}，从而求得 $P_E = U_{CC} I_{dC}$，负载上的交流功率已用上述方法求出，因而也就可以计算实际效率了。

3. 频率响应

详见本篇实验二有关部分内容。

4. 输入灵敏度

输入灵敏度是指输出最大不失真功率时，输入信号 U_i 之值。

三、实验设备与器件

① +5V 直流电源。

② 直流电压表。

③ 函数信号发生器。

④ 直流毫安表。

⑤ 双踪示波器。

⑥ 频率计。

⑦ 交流毫伏表。

⑧ 晶体三极管 3DG6（9011）、3DG12（9013）、3CG12（9012），晶体二极管 1N4007。

⑨ 8Ω 扬声器，电阻器、电容器若干。

四、实验内容与步骤

在整个测试过程中，电路不应有自励现象。

1. 静态工作点的测试

按图 2.10.1 连接实验电路，将输入信号旋钮旋至零（$U_i = 0$）电源进线中串入直流毫安表，电位器 R_{W2} 置最小值，R_{W1} 置中间位置。接通 +5V 电源，观察毫安表指示，同时用手触摸输出级管子，若电流过大，或管子温升显著，应立即断开电源检查原因（如 R_{W2} 开路，电路自励，或输出管性能不好等）。如无异常现象，可开始调试。

（1）调节输出端中点电位 U_A　调节电位器 R_{W1}，用直流电压表测量 A 点电位，使 $U_A = \frac{1}{2} U_{CC}$。

（2）调整输出级静态电流及测试各级静态工作点　调节 R_{W2}，使 VT_2、VT_3 管的 $I_{C2} = I_{C3} = 5 \sim 10\text{mA}$。从减小交越失真角度而言，应适当加大输出级静态电流，但该电流过大，会使效率降低，所以一般以 $5 \sim 10\text{mA}$ 为宜。由于毫安表是串在电源进线中，因此测得的是整个放大器的电流，但一般 VT_1 的集电极电流 I_{C1} 较小，从而可以把测得的总电流近似当作末级的静态电流。如要准确得到末级静态电流，则可从总电流中减去 I_{C1} 值。

调整输出级静态电流的另一方法是动态调试法。先使 $R_{W2} = 0$，在输入端接入 $f = 1\text{kHz}$ 的正弦信号 u_i。逐渐加大输入信号的幅值，此时，输出波形应出现较严重的交越失真（注意：没有饱和和截止失真），然后缓慢增大 R_{W2}，当交越失真刚好消失时，停止调节 R_{W2}，恢复 $u_i = 0$，此时直流毫安表读数即为输出级静态电流，一般数值也应在 $5 \sim 10\text{mA}$ 左右，如过大，则要检查电路。

输出极电流调好以后，测量各级静态工作点，记入表 2.10.1。

表 2.10.1 数据记录表 1 $I_{C2}=I_{C3}=$ mA $U_A=2.5V$ 单位：V

三极管	VT_1	VT_2	VT_3
U_B			
U_C			
U_E			

注意：

① 在调整 R_{W2} 时，一是要注意旋转方向，不要调得过大，更不能开路，以免损坏输出管。

② 输出管静态电流调好，如无特殊情况，不得随意旋动 R_{W2} 的位置。

2. 最大输出功率 P_{om} 和效率 η 的测试

(1) 测量 P_{om} 输入端接 $f=1kHz$ 的正弦信号 u_i，输出端用示波器观察输出电压 u_o 波形。逐渐增大 u_i，使输出电压达到最大不失真输出，用交流毫伏表测出负载 R_L 上的电压 U_{om}，则

$$P_{om}=\frac{U_{om}^2}{R_L}$$

(2) 测量 η 当输出电压为最大不失真输出时，读出直流毫安表中的电流值，此电流即为直流电源供给的平均电流 I_{dC}（有一定误差），由此可近似求得 $P_E=U_{CC}I_{dC}$，再根据前面测得的 P_{om} 即可求出 $\eta=\dfrac{P_{om}}{P_E}$。

3. 输入灵敏度测试

根据输入灵敏度的定义，只要测出输出功率 $P_o=P_{om}$ 时的输入电压值 U_i 即可。

4. 频率响应的测试

测试方法同实验二。记入表 2.10.2。

表 2.10.2 数据记录表 2 $U_i=$ mV

		f_L	f_0	f_H	
f/Hz			1000		
U_o/V					
A_u					

在测试时，为保证电路的安全，应在较低电压下进行，通常取输入信号为输入灵敏度的 50%。在整个测试过程中，应保持 U_i 为恒定值，且输出波形不得失真。

5. 研究自举电路的作用

① 测量自举电路且 $P_o=P_{omax}$ 时的电压增益 $A_u=\dfrac{U_{om}}{U_i}$。

② 将 C_2 开路、R 短路（无自举），再测量 $P_o=P_{omax}$ 的 A_u。

用示波器观察①、②两种情况下的输出电压波形，并将以上两项测量结果进行比较，分析研究自举电路的作用。

6. 噪声电压的测试

测量时将输入端短路（$u_i=0$），观察输出噪声波形，并用交流毫伏表测量输出电压，即噪声电压 U_N，本电路若 $U_N<15mV$，则满足要求。

7. 试听

输入信号改为录音机输出，输出端接试听音箱及示波器。开机试听，并观察语言和音乐信号的输出波形。

五、Multisim 仿真内容与步骤

① 创建如图 2.10.2 所示的仿真电路。

② 在 Multisim 10 环境下，实现上述实验内容与步骤中的第 1～4 项实验内容，将仿真结果与实际实验得到的结果做比较，验证仿真实验的正确性。

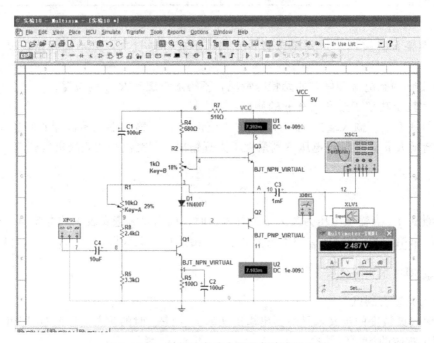

图 2.10.2　低频功率放大器的仿真实验电路

六、实验报告

① 整理实验数据，计算静态工作点、最大不失真输出功率 P_{om}、效率 η 等，并与理论值进行比较。画频率响应曲线。

② 分析自举电路的作用。

③ 讨论实验中发生的问题及解决办法。

④ 比较仿真实验与实际实验两组数据，说明仿真实验的正确性。

七、预习要求

① 复习有关 OTL 工作原理部分内容。

② 为什么引入自举电路能够扩大输出电压的动态范围？

③ 交越失真产生的原因是什么？怎样克服交越失真？

④ 电路中电位器 R_{W2} 如果开路或短路，对电路工作有何影响？

⑤ 为了不损坏输出管，调试中应注意什么问题？

⑥ 如电路有自励现象，应如何消除？

实验十一　集成稳压器

一、实验目的

① 研究集成稳压器的特点和性能指标的测试方法。

② 了解集成稳压器扩展性能的方法。

二、实验原理

随着半导体工艺的发展，稳压电路也制成了集成器件。由于集成稳压器具有体积小、外接线路简单、使用方便、工作可靠和通用性强等优点，因此在各种电子设备中应用十分普遍，基本上取代了由分立元件构成的稳压电路。集成稳压器的种类很多，应根据设备对直流电源的要求来进行选择。对于大多数电子仪器、设备和电子电路来说，通常是选用串联线性集成稳压器。而在这种类型的器件中，又以三端式稳压器应用最为广泛。

W7800、W7900 系列三端式集成稳压器的输出电压是固定的，在使用中不能进行调整。W7800 系列三端式稳压器输出正极性电压，一般有 5V、6V、9V、12V、15V、18V 、24V 七个挡，输出电流最大可达 1.5A（加散热片）。同类型 78M 系列稳压器的输出电流为 0.5A，78L 系列稳压器的输出电流为 0.1A。若要求负极性输出电压，则可选用 W7900 系列稳压器。

图 2.11.1 为 W7800 系列的外形和接线图。

它有三个引出端。

输入端（不稳定电压输入端）　　标以"1"

输出端（稳定电压输出端）　　标以"3"

公共端　　标以"2"

除固定输出三端稳压器外，还有可调式三端稳压器，后者可通过外接元件对输出电压进行调整，以适应不同的需要。

本实验所用集成稳压器为三端固定正稳压器 W7812，它的主要参数为：输出直流电压 $U_o=+12V$；输出电流 L 为 0.1A、M 为 0.5A，电压调整率 10mV/V，输出电阻 $R_o=0.15\Omega$，输入电压 U_i 的范围 15～17V 。一般 U_i 要比 U_o 大 3～5V 才能保证集成稳压器工作在线性区。

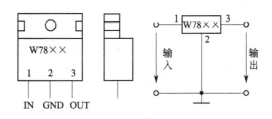

图 2.11.1　W7800 系列外形及接线图

图 2.11.2 是用三端式稳压器 W7812 构成的单电源电压输出串联型稳压电源的实验电路图。其中整流部分采用了由四个二极管组成的桥式整流器成品（又称桥堆），型号为 2W06（或 KBP306），内部接线和外部引脚引线如图 2.11.3 所示。滤波电容 C_1、C_2 一般选取几百

至几千微法。当稳压器距离整流滤波电路比较远时，在输入端必须接入电容器 C_3（数值为 $0.33\mu F$），以抵消线路的电感效应，防止产生自励振荡。输出端电容 C_4（$0.1\mu F$）用以滤除输出端的高频信号，改善电路的暂态响应。

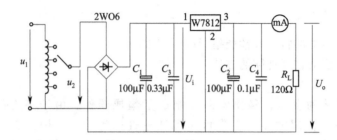

图 2.11.2　由 W7812 构成的串联型稳压电源

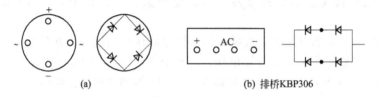

图 2.11.3　桥堆引脚图

图 2.11.4 为正、负双电压输出电路，例如需要 $U_{o1}=+15V$，$U_{o2}=-15V$，则可选用 W78×× 和 W79×× 三端稳压器，这时的 U_i 应为单电压输出时的两倍。

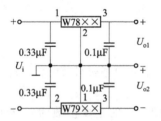

图 2.11.4　正、负双电压输出电路

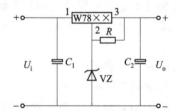

图 2.11.5　输出电压扩展电路

当集成稳压器本身的输出电压或输出电流不能满足要求时，可通过外接电路来进行性能扩展。图 2.11.5 是一种简单的输出电压扩展电路。如 W7812 稳压器的 3、2 端间输出电压为 12V，因此只要适当选择 R 的值，使稳压管 VZ 工作在稳压区，则输出电压 $U_o=12+U_Z$，可以高于稳压器本身的输出电压。

图 2.11.6 是通过外接晶体管 VT 及电阻 R_1 来进行电流扩展的电路。电阻 R_1 的阻值由外接晶体管的发射结导通电压 U_{BE}、三端式稳压器的输入电流 I_i（近似等于三端稳压器的输出电流 I_{o1}）和 VT 的基极电流 I_B 来决定，即

$$R_1=\frac{U_{BE}}{I_R}=\frac{U_{BE}}{I_i-I_B}=\frac{U_{BE}}{I_{o1}-\dfrac{I_C}{\beta}}$$

式中，I_C 为晶体管 VT 的集电极电流，它应等于 $I_C=I_o-I_{o1}$；β 为 VT 的电流放大系数；对于锗管 U_{BE} 可按 0.3V 估算，对于硅管 U_{BE} 按 0.7V 估算。

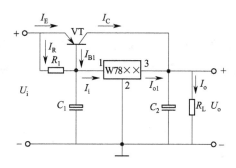

图 2.11.6　输出电流扩展电路

注：① 图 2.11.7 为 W7900 系列（输出负电压）外形及接线图。

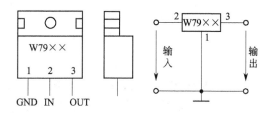

图 2.11.7　W7900 系列外形及接线图

② 图 2.11.8 为可调输出正三端稳压器 W317 外形及接线图。

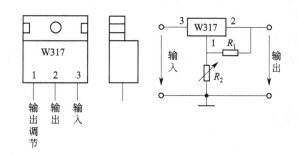

图 2.11.8　可调输出正三端稳压器 W317 外形及接线图

输出电压计算公式　　　　　　$U_o \approx 1.25\left(1+\dfrac{R_2}{R_1}\right)$

最大输入电压　　　　　　　　$U_{im} - 40\text{V}$

输出电压范围　　　　　　　　$U_o = 1.2 \sim 37\text{V}$

三、实验设备与器件

① 可调工频电源。

② 双踪示波器。

③ 交流毫伏表。

④ 直流电压表。

⑤ 直流毫安表。

⑥ 三端稳压器 W7812、W7815、W7915。

⑦ 桥堆 2WO6（或 KBP306），电阻器、电容器若干。

四、实验内容与步骤

1. 整流滤波电路测试

按图 2.11.9 连接实验电路，取可调工频电源 14V 电压作为整流电路输入电压 u_2。接通工频电源，测量输出端直流电压 U_L 及纹波电压 $\tilde{U}_L$，用示波器观察 u_2、u_L 的波形，把数据及波形记入自拟表格中。

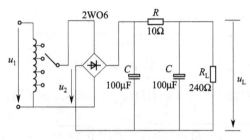

图 2.11.9　整流滤波电路

2. 集成稳压器性能测试

断开工频电源，按图 2.11.2 改接实验电路，取负载电阻 R_L＝120Ω。

（1）初测　接通工频 14V 电源，测量 U_2 值；测量滤波电路输出电压 U_i（稳压器输入电压），集成稳压器输出电压 U_o，它们的数值应与理论值大致符合，否则说明电路出了故障。设法查找故障并加以排除。

电路经初测进入正常工作状态后，才能进行各项指标的测试。

（2）各项性能指标测试

① 输出电压 U_o 和最大输出电流 I_{omax} 的测量。

在输出端接负载电阻 R_L＝120Ω，由于 W7812 输出电压 U_o＝12V，因此流过 R_L 的电流 $I_{omax}=\dfrac{12}{120}=100\text{mA}$。这时 U_o 应基本保持不变，若变化较大则说明集成块性能不良。

② 稳压系数 S 的测量。

③ 输出电阻 R_o 的测量。

④ 输出纹波电压的测量。

②、③、④的测试方法同本篇实验六，把测量结果记入自拟表格中。

*（3）集成稳压器性能扩展　根据实验器材，选取图 2.11.4、图 2.11.5 或图 2.11.6 中各元器件，并自拟测试方法与表格，记录实验结果。

五、Multisim 仿真内容与步骤

① 创建如图 2.11.10 和图 2.11.11 所示的仿真电路。

② 在 Multisim 10 环境下，实现上述实验内容与步骤中的第 1、2 项实验内容，将仿真实验结果与实际实验得到的结果做比较，验证仿真实验的正确性。

六、实验报告

① 整理实验数据，计算 S 和 R_o，并与手册上的典型值进行比较。

② 分析讨论实验中发生的现象和问题。

③ 比较仿真实验与实际实验两种情况下的结果，说明仿真实验的正确性。

七、预习要求

① 复习教材中有关集成稳压器部分内容。

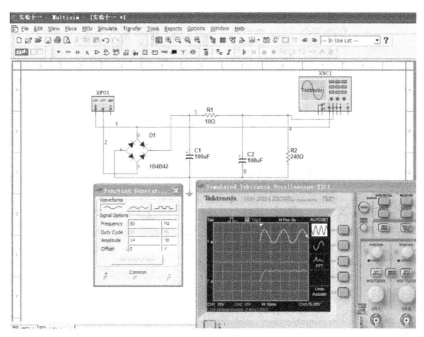

图 2.11.10   整流滤波仿真实验电路

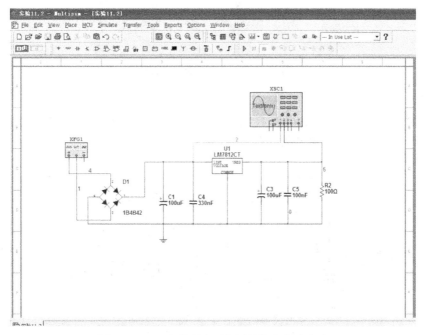

图 2.11.11   串联型稳压电源的仿真实验电路

② 列出实验内容中所要求的各种表格。

③ 在测量稳压系数 S 和内阻 R_o 时，应怎样选择测试仪表？

实验十二　光电报警器

一、设计任务

在给定电源电压为±6V 的条件下，设计一个光电报警器，达到以下两项要求之一。

① 有光照时，在一个 1/4W、8Ω 的喇叭上发出音频（例如 1000Hz 左右）报警信号；无光照时不发信号。

② 无光照时发出音频报警信号；有光照时不发信号。

二、设计指导

为了产生所需的音频信号，就必须有一个振荡器；为了有足够的功率去推动喇叭，就必须有一个功率放大器；为了用光照来进行控制，就必须用一个光电管以及与之有关的一些线路。可以用光电管线路来控制振荡器是否振荡，也可以用光电管线路来控制振荡器的输出是否加到功率放大器上去，这样可以得到两种形式的方框图，如图 2.12.1 所示。究竟采用哪一种方框图，由设计者自己决定，也可以用其他方式实现要求。

图 2.12.1　光电报警器方框图

三、参考电路

这里提供一个无光照时发出音频报警信号，有光照时不发信号的参考电路，如图 2.12.2 所示，可用作光电报警器的实验电路。

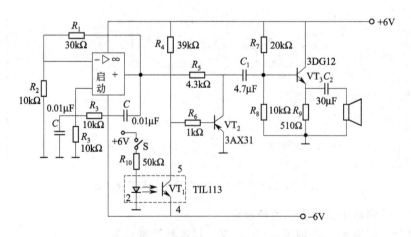

图 2.12.2　光电报警器参考电路图

参考电路的测试要点如下。

由运放构成正弦波振荡电路，可以产生一定频率的正弦波；光电转换器件可采用普通光电管，在参考电路中用的是光电耦合器。另外，可用开关 S 控制是否有光照，不用另置光源，这样实验比较方便。由三极管 VT_3 构成功率放大器放大音频信号，使喇叭发声。

工作时，如开关断开，这相当于无光照，则使 VT_1、VT_2 同时截止，正弦波振荡电路产生的音频信号可以送到后端的功放进行放大并发声报警；如开关闭合，相当于有光照，则会使 VT_1、VT_2 同时饱和导通，正弦波振荡电路产生的音频信号就不能送到后端的功放进行放大，也就不能发声报警。

四、元件选择

集成运算放大器应选择输入失调小、输入电阻大、输出电阻小的。而外电路的元件参数主要有以下几个。

① 振荡电路中的 C、R_1、R_2 和 R_3 的选择。

根据设计要求的振荡频率 f_0，确定出 RC 之积为

$$RC = \frac{1}{2\pi f_0}$$

为了使选频网络的选频特性尽量不受集成运算放大器的输入电阻 R_i 和输出电阻 R_o 的影响，应使 R_3 满足下列关系式：$R_i \gg R \gg R_o$。R_1、R_2 和 R_3 的阻值应由起振的振幅条件来确定，既可以保证起振，也不致于产生严重的波形失真。

选择 R_1/R_2 略大于 2 时，呈现出比较好的正弦波，可把 R_1 选得大些以便更易于起振，R_1、R_2 和 R_3 的阻值不宜选得过小，否则将使集成运放负载加重，甚至过载。

② 光控电路中的 R_4、R_5、R_6 和 R_{10} 的选择。

根据光电耦合器的指标要求来选择限流电阻 R_{10} 的值；由 VT_1 管及 VT_2 管饱和导通的要求计算、选择其他电阻阻值。

③ 功放电路中的 R_7、R_8 和 R_9 的阻值。

由 VT_3 管组成的功放电路，电阻 R_7、R_8 和 R_9 可按射级输出器电路的设计计算、选择阻值。

④ 电容 C_1 和 C_2 的选择。

由于本设计中，信号频率仅为 1000Hz，因此可选择较大容量的电解电容。

五、安装调试要求

① 在实验板上组装电路并调试。

② 测试出音频振荡器的频率、功放的静态工作点，光控电路在有光照和无光照两种情况下电路的工作状态。

③ 观察振荡器的输出波形以及功放输出波形。

六、Multisim 仿真内容与步骤

① 创建如图 2.12.3 所示的仿真电路。

② 在 Multisim 10 环境下，实现上述要求的功能，将仿真结果与实际实验得到的结果做比较，验证仿真实验的正确性。

七、设计报告要求

① 按照设计任务要求画出电路图，写明电路参数以及必要的计算过程。

② 写出电路工作原理及使用说明。

③ 总结设计、组装调试及仿真实验过程中的收获、体会。

④ 比较仿真实验与实际实验两种情况下的结果，说明仿真实验的正确。

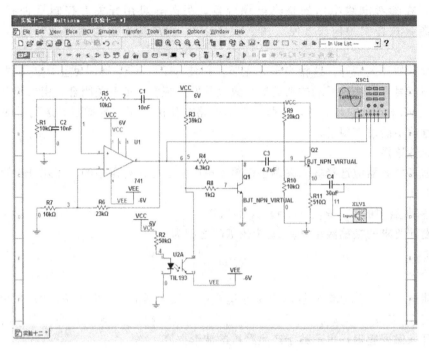

图 2.12.3 光电报警器的仿真实验电路

第三篇　数字电子技术实验

实验一　TTL 集成逻辑门的参数测试

一、实验目的

① 了解 TTL 与非门各参数的意义。

② 学会使用简单的测试方法鉴别门电路的优劣。

③ 掌握 TTL 与非门的主要参数的测试方法。

④ 掌握 TTL 与非门电压传输特性的测试方法。

二、实验原理

用万用表鉴别门电路质量的方法：利用门的逻辑功能判断，根据有关资料掌握电路组件引脚排列，尤其是电源和地这两个引脚。按资料规定的电源电压值接好（5V±10%）。在对 TTL 与非门判断时，输入端全悬空，即全"1"，则输出端用万用表测应为 0.4V 以下，即逻辑"0"。若将其中一输入端接地，输出端应在 3.6V 左右（逻辑"1"），此门为合格门。

按国家标准的数据手册所示电参数进行测试：现以手册中 74LS20 双四输入与非门电参数规范为例，说明参数规范值和测试条件。见表 3.1.1。74LS20 的电路图如图 3.1.1(a) 所示、逻辑符号如图 3.1.1(b) 所示及引脚排列如图 3.1.1(c) 所示。

表 3.1.1　74LS20 主要电参数规范

直流参数名称及符号		规范值 74LS20	单位	测试条件
高电平输出电压	V_{OH}	≥3.40	V	$V_{CC}=5V$，输入端 $V_{IL}=0.8V$，输出端 $I_{OH}=400\mu A$
低电平输出电压	V_{OL}	<0.30	V	$V_{CC}=5V$，输入端 $V_{IH}=2.0V$，输出端 $I_{OL}=12.8mA$
最大输入电压时输入电流	I_I	≤1	mA	$V_{CC}=5V$，输入端 $V_I=5V$，输出端空载
高电平输入电流	I_{IH}	<50	μA	$V_{CC}=5V$，输入端 $V_I=2.4V$，输出端空载
低电平输入电流	I_{IL}	≤1.4	mA	$V_{CC}=5V$，输入端接地，输出端空载
高电平输出时电源电流	I_{CCH}	<14	mA	$V_{CC}=5V$，输入端接地，输出端空载
低电平输出时电源电流	I_{CCL}	<7	mA	$V_{CC}=5V$，输入端悬空，输出端空载
扇出系数	N_0	4～8	—	同 V_{OH} 和 V_{OL}

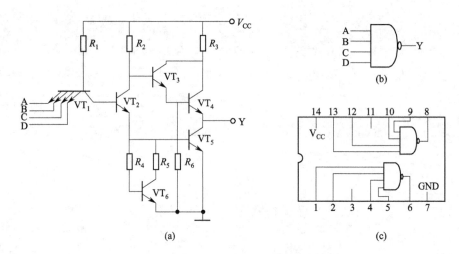

图 3.1.1　74LS20 电路图、逻辑符号及引脚排列

TTL与非门的主要参数有以下几项。

1. 空载导通电源电流 I_{CCL}（或对应的空载导通功耗 P_{ON}）

与非门处于不同的工作状态，电源提供的电流是不同的。I_{CCL} 是指输入端全部悬空（相当于输入全1），与非门处于导通状态，输出端空载时电源提供的电流。将空载导通电源电流 I_{CCL} 乘以电源电压就得到空载导通功耗 P_{ON}，即 $P_{ON} = I_{CCL} \times V_{CC}$。

① 测试方法如图 3.1.2(a) 所示。

② 测试条件：输入端悬空，输出空载，$V_{CC} = 5V$。

通常对典型与非门要求 $P_{ON} < 50mW$，其典型值为 30 多毫瓦。

2. 空载截止电源电流 I_{CCH}（或对应的空载截止功耗 P_{OFF}）

I_{CCH} 是指输入端接低电平，输出端开路时电源提供的电流。空载截止功耗 P_{OFF} 为空载截止电源电流 I_{CCH} 与电源电压之积，即 $P_{OFF} = I_{CCH} \times V_{CC}$。注意：该片的另外一个门的输入也要接地。

① 测试方法如图 3.1.2(b) 所示。

② 测试条件：$V_{CC} = 5V$，$V_I = 0$，空载。

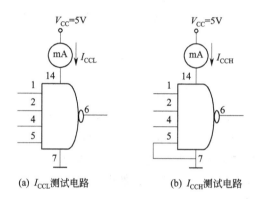

(a) I_{CCL}测试电路　　　　　　　(b) I_{CCH}测试电路

图 3.1.2　电源电流参数测试

对典型与非门要求 $P_{OFF} < 25mW$。

通常人们希望器件的功耗越小越好，速度越快越好，但往往速度高的门电路功耗也较大。

3. 输出高电平 V_{OH}

输出高电平是指与非门有一个以上输入端接地或接低电平的输出电平。空载时，输出高电平必须大于标准高电压（$V_{SH} = 2.4V$）；接有拉电流负载时，输出高电平将下降。

测试方法如图 3.1.3(a) 所示。

4. 输出低电平 V_{OL}

输出低电平是指与非门所有输入端接高电平时的输出电平。空载时，输出低电平必须低于标准低电压（$V_{SL} = 0.4V$）；接有灌电流负载时，输出低电平将上升。

测试方法如图 3.1.3(b) 所示。

5. 低电平输入电流 I_{IS}（I_{IL}）

I_{IS} 是指输入端接地、输出端空载时，由被测输入端流出的电流值，又称低电平输入短路电流，它是与非门的一个重要参数，因为入端电流就是前级门电路的负载电流，其大小直接影响前级电路带动的负载个数，因此希望 I_{IS} 小些。

① 测试方法如图 3.1.3(c) 所示。

② 测试条件：$V_{CC} = 5V$，被测某个输入端通过电流表接地，其余各输入端悬空，输出空载。

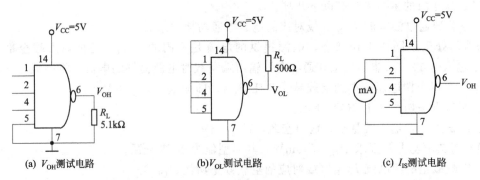

(a) V_{OH}测试电路　　　　(b) V_{OL}测试电路　　　　(c) I_{IS}测试电路

图 3.1.3　输出电平和输入电流参数测试

通常典型与非门的 I_{IS} 为 1.4mA。

6. 电压传输特性

电压传输特性是指输出电压随输入电压变化的关系曲线 $V_O = f(V_I)$。它能够充分地显示与非门的逻辑关系，即：当输入 V_I 为低电平时，输出 V_O 为高电平；当输入 V_I 为高电平时，输出 V_O 为低电平。在 V_I 由低电平向高电平过渡的过程中，V_O 也由高电平向低电平转化。

测试方法如图 3.1.4 所示。

通常对典型 TTL 与非门电路要求 $V_{OH} > 3V$（典型值为 3.5V）、$V_{OL} < 0.35V$、$V_{ON} = 1.4V$、$V_{OFF} = 1.0V$。

7. 扇出系数 N_0

扇出系数 N_0 是指输出端最多能带同类门的个数，它反映了与非门的最大负载能力。TTL 与非门有两种不同性质的负载，即灌电流负载和拉电流负载，因此有两种扇出系数，即低电平扇出系数 N_{0L} 和高电平扇出系数 N_{0H}。通常 $I_{IH} < I_{IL}$，则 $N_{0H} > N_{0L}$，故常以 N_{0L} 作为门的扇出系数。扇出系数可用输出为低电平（$\leqslant 0.35V$）时的允许灌入的最大灌入负载电流 I_{Omax} 与输入短路电流 I_{IS} 之比求得，即 $N_0 = I_{Omax}/I_{IS}$。一般 $N_0 > 8$ 被认为合格。

注意：测量时，I_{Omax} 最大不要超过 20mA，以防止损坏器件。

测试方法如图 3.1.5 所示。

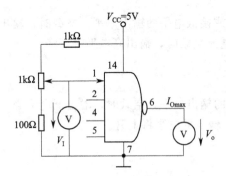

图 3.1.4　电压传输特性的测试电路　　　　图 3.1.5　扇出系数 N_0 的测试电路

三、实验仪器与设备

① THD-4 型数字电路实验箱。

② GOS-620 示波器。

③ MS8215 数字万用表。

④ 74LS20 双四输入与非门。

四、实验内容与步骤

在合适的位置选取一个 14P 插座，按定位标记插好 74LS20 集成块。

1. 空载导通电源电流 I_{CCL} 和空载截止电源电流 I_{CCH} 的测试

测试方法如图 3.1.2 所示。将测试数据填入表 3.1.2 中。

表 3.1.2　数据记录表 1

I_{CCL}	I_{CCH}	$P_{ON} = I_{CCL} V_{CC}$	$P_{OFF} = I_{CCH} V_{CC}$

2. 输出高电平 V_{OH} 和输出低电平 V_{OL} 的测试

测试方法如图 3.1.3(a) 和图 3.1.3(b) 所示。将测试数据填入表 3.1.3 中。

3. 低电平输入电流 I_{IS}（I_{IL}）的测试

测试方法如图 3.1.3(c) 所示。将测试数据填入表 3.1.3 中。

4. 扇出系数 N_0 的测试

测试方法如图 3.1.5 所示。

调整 R_L 值，使输出电压 $V_{OL} = 3.5V$，测出此时的负载电流 I_{Omax}，它就是允许灌入的最大负载电流，根据公式 $N_0 = I_{Omax}/I_{IS}$ 即可计算出扇出系数 N_0。一般 $N_0 = 8 \sim 10$，产品规格要求 $N_0 > 8$。

注意：测量时，I_{Omax} 最大不要超过 20mA，以防止损坏器件。将测试数据填入表 3.1.3 中。

表 3.1.3　数据记录表 2

V_{OH}	V_{OL}	I_{Omax}	I_{IS}	$N_0 = I_{Omax}/I_{IS}$

5. 电压传输特性的测试

测试方法如图 3.1.4 所示。

利用电位器调节被测输入电压，按表 3.1.4 的要求逐点测出输出电压 V_O，将结果记入表 3.1.4 中，再根据实测数据绘出电压传输特性曲线，从曲线上读出 V_{OH}（标准输出高电平）、V_{OL}（标准输出低电平）、V_{ON}（开门电平）和 V_{OFF}（关门电平）。

表 3.1.4　电压传输特性测试数据表　　　　单位：V

V_O	0	0.3	0.6	1.0	1.2	1.3	1.35	1.4	1.5	2.0	2.4	3.0
V_I												

五、预习要求

① 熟悉集成门电路的结构和使用方法。

② 了解 TTL 与非门主要参数的定义和意义。

③ 熟悉各测试电路，了解测试原理和方法。

六、实验报告

① 记录实验测得的与非门的主要参数。

② 计算出 P_{ON}、P_{OFF} 及扇出系数 N_0。

③ 用方格纸画出电压传输特性曲线，并从曲线中读出有关参数值。

④ 为什么 TTL 与非门的输入端悬空相当于逻辑 1？

⑤ 集成电路有的引脚规定接逻辑 1，而在实际电路中为什么不能悬空？

⑥ 测量扇出系数 N_0 的原理是什么？

实验二 基本逻辑门逻辑功能测试及应用

一、实验目的

① 掌握基本逻辑门的功能及验证方法。

② 学习 TTL 基本门电路的实际应用。

③ 了解 CMOS 基本门电路的功能。

④ 掌握逻辑门多余输入端的处理方法。

二、实验原理

数字电路中，最基本的逻辑门可归结为与门、或门和非门。实际应用时，它们可以独立使用，但用得更多的是经过逻辑组合组成的复合门电路。目前广泛使用的门电路有 TTL 门电路和 CMOS 门电路。

TTL 门电路在数字集成电路中应用最广泛，由于其输入端和输出端的结构形式都采用了半导体三极管，所以一般称它为晶体管-晶体管逻辑电路，或称为 TTL 电路。这种电路的电源电压为 +5V，高电平典型值为 3.6V（≥2.4V 合格）；低电平典型值为 0.3V（≤0.45 合格）。常见的复合门有与非门、或非门、与或非门和异或门。

有时门电路的输入端多余无用，因为对 TTL 电路来说，悬空相当于"1"，所以对不同的逻辑门，其多余输入端处理方法不同。

1. TTL 与门、与非门的多余输入端的处理

如图 3.2.1 所示为四输入端与非门，若只需用两个输入端 A 和 B，那么另两个多余输入端的处理方法是并联、悬空或通过电阻接高电平使用，这是 TTL 型与门、与非门的特定要求，但要在使用中考虑到：并联使用时，增加了门的输入电容，对前级增加容性负载和增加输出电流，使该门的抗干扰能力下降；悬空使用时，逻辑上可视为"1"，但该门的输入端输入阻抗高，易受外界干扰；相比之下，多余输入端通过串接限流电阻接高电平的方法较好。

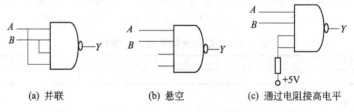

(a) 并联   (b) 悬空   (c) 通过电阻接高电平

图 3.2.1 TTL 与门、与非门多余输入端的处理

2. TTL 或门、或非门的多余输入端的处理

如图 3.2.2 所示为四输入端或非门，若只需用两个输入端 A 和 B，那么另两个多余输入端的处理方法是：并联、接低电平或接地。

3. 异或门的输入端处理

异或门是由基本逻辑门组合成的复合门电路。如图 3.2.3 所示为二输入端异或门，一输入端为 A，若另一输入端接低电平，则输出仍为 A；若另一输入端接高电平，则输出为 $\overline{A}$，此时的异或门称为可控反相器。

在门电路的应用中，常用到把它们"封锁"的概念。如果把与非门的任一输入端接地，则该与非门被封锁；如果把或非门的任一输入端接高电平，则该或非门被封锁。

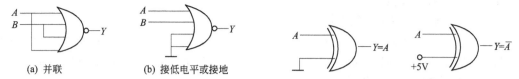

(a) 并联	(b) 接低电平或接地	

图 3.2.2　TTL 或门、或非门多余输入端的处理　　　　图 3.2.3　异或门的输入端处理

由于 TTL 电路具有比较高的速度、比较强的抗干扰能力和足够大的输出幅度，再加上带负载能力比较强，因此在工业控制中得到了最广泛的应用，但由于 TTL 电路的功耗较大，目前还不适合作大规模集成电路。

4. CMOS 门电路

CMOS 门电路是由 NMOS 和 PMOS 管组成，初态功耗只有毫瓦级，电源电压变化范围达 3～18V。它的集成度很高，易制成大规模集成电路。

由于 CMOS 电路输入阻抗很高，容易接受静电感应而造成极间击穿，形成永久性的损坏，因此，在工艺上除了在电路输入端加保护电路外，使用时应注意以下几点。

① 器件应在导电容器内存放，器件引线可用金属导线、导电泡沫等将其一并短路。

② V_{DD} 接电源正极，V_{SS} 接电源负极（通常接地），不允许反接。同样在装接电路，拔插集成电路时，必须切断电源，严禁带电操作。

③ 多余输入端不允许悬空，应按逻辑要求处理接电源或地，否则将会使电路的逻辑混乱并损坏器件。

④ 器件的输入信号不允许超出电源电压范围，或者说输入端的电流不得超过 10mA。

⑤ CMOS 电路的电源电压应先接通，再接入信号，否则会破坏输入端的结构。工作结束时，应先断输入信号再切断电源。

⑥ 输出端所接电容负载不能大于 500pF，否则输出级功耗过大而损坏电路。

⑦ CMOS 电路不能以线与方式进行连接。

另外，CMOS 门不使用的输入端，不能闲置呈悬空状态，应根据逻辑功能的不同，采用下列方法处理。

① 对于 CMOS 与门、与非门，多余端的处理方法有两种：多余端与其他有用的输入端并联使用；将多余输入端接高电平。如图 3.2.4 所示。

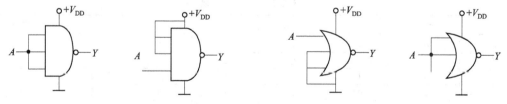

图 3.2.4　CMOS 与非门多余输入端的处理　　　　图 3.2.5　CMOS 或非门多余输入端的处理

② 对于 CMOS 或非门，多余输入端的处理方法也有两种：多余端与其他有用的输入端并联使用；将多余输入端接地。如图 3.2.5 所示。

三、实验仪器与设备

① THD-4 型数字电路实验箱。

② GOS-620 示波器。

③ 74LS00 四-2 输入与非门、74LS54 2-3-3-2 输入与或非门、74LS86 四-2 输入异或门。

四、实验内容与步骤

1. TTL 与非门的逻辑功能及应用

芯片的引脚号查法是面对芯片有字的正面，从缺口处的下方（左下角），逆时针从 1 数起。芯片要能工作，必须接电源和地。本实验所用与非门集成芯片为 74LS00 四-2 输入与非门，其引脚排列如图 3.2.6 所示。

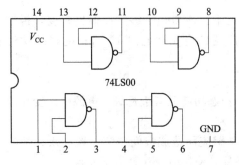
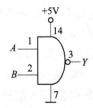

图 3.2.6　74LS00 引脚排列　　　　图 3.2.7　与非门逻辑功能测试图

（1）测试 74LS00 四-2 输入与非门的逻辑功能　选中 74LS00 一个与非门，将其输入端 A 和 B 分别接至电平输出器插孔，由电平输出控制开关控制所需电平值，扳动开关给出四种输入组合。将输出端接至发光二极管的输入插孔，并通过发光二极管的亮和灭来观察门的输出状态。如图 3.2.7 所示，其逻辑函数式为 $Y=\overline{AB}$。将观测结果填入表 3.2.1 中。

（2）用 74LS00 实现或逻辑　$Y=A+B$，写出转换过程逻辑函数式，画出标明引脚的逻辑电路图，测试其逻辑功能，将观测结果填入表 3.2.2 中。

表 3.2.1　与非门逻辑功能测试表

输入		输出
A	B	Y
0	0	
0	1	
1	0	
1	1	

表 3.2.2　或逻辑功能测试表

输入		输出
A	B	Y
0	0	
0	1	
1	0	
1	1	

表 3.2.3　逻辑函数表

输入			输出	输入			输出
A	B	C	Y	A	B	C	Y
0	0	0	0	1	0	0	0
0	0	1	0	1	0	1	0
0	1	0	0	1	1	0	1
0	1	1	1	1	1	1	1

（3）用 74LS00 实现表 3.2.3 所示的逻辑函数　写出设计函数式，画出标明引脚的逻辑电路图并验证。

2. TTL 与或非门的逻辑功能及应用

① 测试 74LS54 是 2-3-3-2 输入与或非门的逻辑功能。74LS54 引脚排列如图 3.2.8 所示。

逻辑表达式为

$$Y=\overline{AB+CDE+FGH+IJ}$$

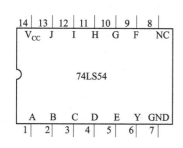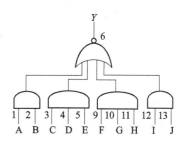

图 3.2.8　74LS54 引脚排列

现要求利用 74LS54 芯片实现逻辑函数式为：$Y=\overline{AB+CD}$。画出标明引脚的逻辑电路图，用开关改变输入变量 A、B、C、D 的状态，给出 16 种组合输入，通过发光二极管观测输出端 Y 的状态，将观测结果填入表 3.2.4 中。

表 3.2.4　与或非逻辑功能测试表

输入				输出	输入				输出
A	B	C	D	Y	A	B	C	D	Y
0	0	0	0		1	0	0	0	
0	0	0	1		1	0	0	1	
0	0	1	0		1	0	1	0	
0	0	1	1		1	0	1	1	
0	1	0	0		1	1	0	0	
0	1	0	1		1	1	0	1	
0	1	1	0		1	1	1	0	
0	1	1	1		1	1	1	1	

② 用 74LS54 和 74LS00 实现表 3.2.3 所示的逻辑函数。写出设计逻辑函数式，画出标明引脚的逻辑电路图并验证。

3. TTL 异或门的逻辑功能及应用

① 测试 74LS86 四-2 输入异或门的逻辑功能。

74LS86 引脚排列如图 3.2.9 所示。

功能测试图如图 3.2.10 所示，用开关改变输入变量 A、B 的状态，通过发光二极管观测输出端 Y 的状态，将观测结果填入表 3.2.5 中。

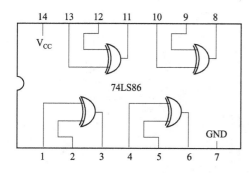

图 3.2.9　74LS86 引脚排列

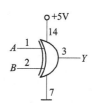

图 3.2.10　异或门逻辑功能测试图

表 3.2.5　异或门逻辑功能测试表

输　　入		输　　出
A	B	Y
0	0	
0	1	
1	0	
1	1	

② 用 74LS86 设计一个四位二进制取反电路。写出设计函数式，列出功能表，画出标明引脚的逻辑电路图，并通过实验验证。

五、Multisim 仿真

1. 74LS00 功能测试仿真电路

创建仿真电路如图 3.2.11 所示。改变变量 A、B 的值，观测输出变量 Y 的值。与实验结果进行比较。

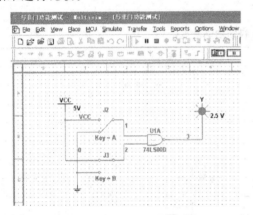

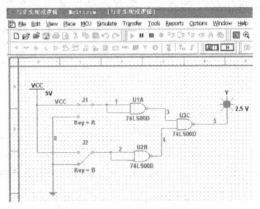

图 3.2.11　74LS00 功能测试　　　　　　　图 3.2.12　或逻辑电路

2. 74LS00 实现或逻辑仿真

创建仿真电路如图 3.2.12 所示。改变变量 A、B 的值，观测输出变量 Y 的值。与实验结果进行比较。

3. 74LS00 实现表 3.2.3 函数仿真电路

如图 3.2.13 所示。

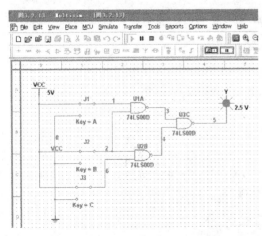

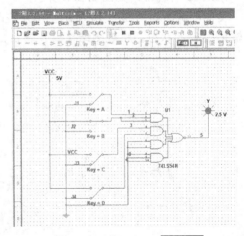

图 3.2.13　74LS00 实现表 3.2.3 函数仿真电路　　　图 3.2.14　74LS54 实现函数式 $Y=\overline{AB+CD}$ 仿真电路

4. 74LS54 实现函数式 $Y=\overline{AB+CD}$　仿真电路

如图 3.2.14 所示。

5. 74LS86 功能测试仿真电路

创建仿真电路如图 3.2.15 所示。改变变量 A、B 的值，观测输出变量 Y 的值。与实验结果进行比较。

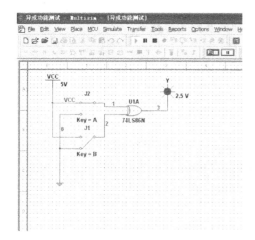

图 3.2.15　74LS86 功能测试

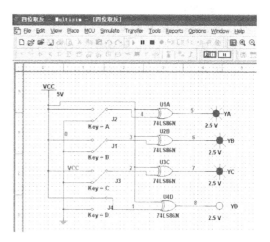

图 3.2.16　四位二进制取反电路

6. 四位二进制取反电路仿真

创建仿真电路如图 3.2.16 所示，验证逻辑关系。

六、预习要求

① 了解 THD-4 数字电路实验箱的基本功能及使用方法。

② 复习教材中基本门电路的逻辑功能和结构原理。

③ 了解在使用 TTL 和 CMOS 门电路时，与非门和与或非门多余输入端分别如何处理。

④ 按实验内容要求设计逻辑电路，写出逻辑函数式。

⑤ 熟悉 Multisim 10 仿真软件。

七、思考问题

① TTL 与非门的输入端悬空可视为逻辑"1"吗？有何缺点？

② 如果与非门的一个输入端接连续脉冲，其余端是何状态允许脉冲通过？是何状态禁止脉冲通过？

③ 欲使一个异或门实现非逻辑，电路将如何连接？为什么说异或门是可控反相器？

八、实验报告

① 将实验结果填入各相应表中，总结各门电路的逻辑功能。

② 总结 TTL 门电路和 CMOS 门电路的多余输入端的处理方法。

③ 通过本次实验总结 TTL 及 CMOS 器件的特点及使用的收获和体会。

④ 回答思考问题。

实验三　集电极开路门电路及三态门电路的研究

一、实验目的
① 熟悉集电极开路 OC 门及三态 TS 门的逻辑功能和使用方法。
② 掌握三态门构成总线的特点及方法。
③ 掌握集电极负载电阻 R_L 对 OC 门电路输出的影响。

二、实验原理
集电极开路门和三态输出门电路是两种特殊 TTL 门电路。

1. 集电极开路门
在数字系统中，有时需要将两个或两个以上集成逻辑门的输出端相连，从而实现输出相与（线与）的功能，这样在使用门电路组合各种逻辑电路时，可以很大程度地简化电路。由于推拉式输出结构的 TTL 门电路不允许将不同逻辑门的输出端直接并接使用，为使 TTL 门电路实现"线与"功能，常把电路中的输出级改为集电极开路结构，简称 OC（Open Collector）结构。

本实验所用 OC 门为四-2 输入与非门 74LS01，电路结构如图 3.3.1(a) 所示，引脚排列如图 3.3.1(b) 所示。

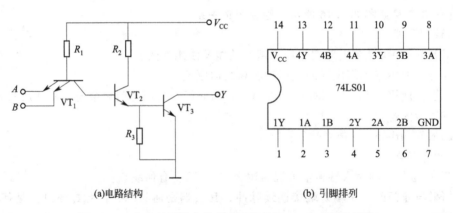

(a)电路结构　　　　　　　　　　(b) 引脚排列

图 3.3.1　集电极开路与非门电路结构及 74LS01 引脚排列

从图 3.3.1 可见，集电极开路门电路与推拉式输出结构的 TTL 门电路区别在于：当输出三极管 VT$_3$ 管截止时，OC 门的输出端 Y 处于高阻状态，而推拉式输出结构 TTL 门的输出为高电平。所以，实际应用时，若希望 VT$_3$ 管截止时 OC 门也能输出高电平，必须在输出端外接上拉电阻 R_L 到电源 V_{CC1}。电阻 R_L 和电源 V_{CC1} 的数值选择必须保证 OC 门输出的高、低电平符合后级电路的逻辑要求，同时 VT$_3$ 的灌电流负载不能过大，以免造成 OC 门受损。

假设将 n 个 OC 门的输出端并联"线与"，负载是 m 个 TTL 与非门的输入端，为了保证 OC 门的输出电平符合逻辑要求，OC 门外接上拉电阻 R_L 的数值应介于 R_{Lmax} 和 R_{Lmin} 所规定的范围之内。其中，上拉电阻最大值

$$R_{Lmax} = \frac{V_{CC1} - V_{OHmin}}{nI_{OH} + mI_{IH}}$$

上拉电阻最小值

$$R_{Lmin} = \frac{V_{CC1} - V_{OLmax}}{I_{OLmax} - m_1 I_{IL}}$$

式中　　V_{OH}——OC 门输出高电平；

　　　　V_{OL}——OC 门输出低电平；

　　　　V_{CC1}——负载电阻 R_L 所接的外接电源电压；

　　　　m_1——接入电路的负载门个数；

　　　　n——"线与"输出的 OC 门的个数；

　　　　I_{IH}——负载门高电平输入电流；

　　　　I_{IL}——负载门低电平输入电流；

　　　I_{OLmax}——OC 门导通时输出端允许的最大电流；

　　　　I_{OH}——OC 门输出截止时的漏电流。

　　R_L 值不能选得过大，否则 OC 门的输出高电平可能小于 V_{OHmin}；R_L 值也不可太小，否则 OC 门输出低电平时的电流可能超过最大允许的负载电流 I_{OLmax}。

　　OC 门电路应用的范围广泛，利用电路的"线与"特性，可以方便地实现某些特殊的逻辑功能，例如，把两个以上 OC 结构的与非门"线与"可完成"与或非"的逻辑功能，实现电平的转换等任务。

　　2. 三态输出门

　　三态输出门（简称三态门）的电路结构是在普通门电路的基础上附加控制电路构成的。本实验采用的三态门 74LS125 三态输出四总线同相缓冲器，图 3.3.2 为 74LS125 的引脚排列图，表 3.3.1 为其功能表。

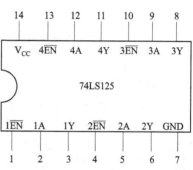

图 3.3.2　74LS125 引脚排列

表 3.3.1　三态门的功能表

输　　　　　入		输　　　出
$\overline{EN}$	A	Y
0	0	0
0	1	1
1	0	高阻态
1	1	高阻态

　　从表 3.3.1 中可以看出，在三态使能端 $\overline{EN}$ 的控制下，输出端 Y 有三种可能出现的状态，高阻态、关态（高电平）、开态（低电平）。当 $\overline{EN} = 1$ 时，电路输出 Y 呈现高阻状态，当 $\overline{EN} = 0$ 时，实现 $Y = A$ 的逻辑功能，即 EN 为低电平有效 。

　　在数字系统中，为了能在同一条线路上分时传递若干个门电路的输出信号，减少各个单元电路之间连线数目，常采用总线结构，如图 3.3.3 所示。

　　三态门电路的主要应用之一就是实现总线传输，只要在工作时控制各个三态门的 $\overline{EN}$ 端轮流有效，且在任何时刻仅有一个有效，就可以把 A_1，A_2，A_3，…，A_n 信号分别轮流通过总线进行传递。

三、实验仪器与设备

　　① THD-4 型数字电路实验箱。

　　② GOS-620 示波器。

　　③ MS8215 数字万用表。

④ 函数信号发生器。

⑤ 74LS01 集电极开路与非门、74LS125 三态输出门。

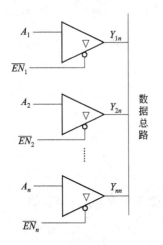

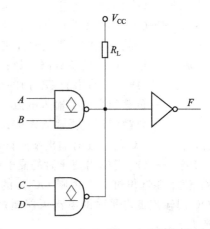

图 3.3.3　三态门接成总路线结构电路原理图　　图 3.3.4　OC 门实现"线"与逻辑电路原理图

四、实验内容与步骤

1. OC 门应用

（1）TTL 集电极开路与非门 74LS01 负载电阻 R_L 的确定。

按图 3.3.4 连接实验电路，用两个电极开路与非门"线与"后驱动一个 TTL 非门，负载电阻 R_L 用一只 200Ω 电阻和 100kΩ 电位器串联而成，用实验方法确定 R_{Lmax} 和 R_{Lmin} 的阻值，并和理论计算值相比较，填入表 3.3.2 中。

表 3.3.2　负载电阻 R_L 的测定　　　　　　　　　　　　　　单位：Ω

负载电阻		理论值	测量值
R_L	R_{Lmax}		
	R_{Lmin}		

（2）按图 3.3.4 连接电路，验证逻辑功能。

（3）用 OC 门电路做 TTL-CMOS 电路接口的研究，按图 3.3.5 接线，实现电平转换。

① 用电路输入端加不同的逻辑电平值，用万用表测量与非门输出端 C 端、OC 门输出端 D 端及 CMOS 输出端 F 端的电压值，并将测量结果填入表 3.3.3 中。

表 3.3.3　电平测试数据表　　　　　　　　　　　　　　单位：V

输　　入		V_C	V_D	V_F
A	B			
0	0			
0	1			
1	0			
1	1			

② 在电路输入端加 1kHz 的方波信号，用示波器观察 C、D、F 各点的波形记录。

2. 三态输出门

① 按表 3.3.1 验证 74LS125 三态输出门的逻辑功能。

将三态门输入端接数字逻辑实验箱上的逻辑开关，使能端 $\overline{EN}$ 接单脉冲源，输出端接 LED 指示器，按表 3.3.1 逐项测试其逻辑功能。

② 试用 74LS125 实现总线传输。

实验电路原理如图 3.3.6 所示，先将三个三态门的使能端都接高电平"1"，Y 端输出，然后分别将使能端接低电平"0"，观察总线的逻辑状态。

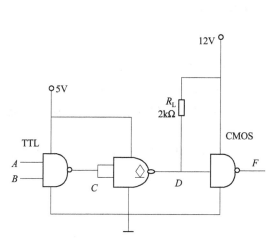

图 3.3.5　OC 门实现电平转换电路原理图

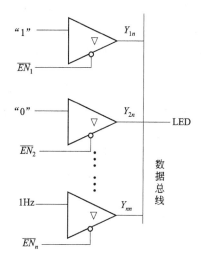

图 3.3.6　三态门实现总线传输电路原理图

3. 实验参考电路

（1）OC 门实现"线与"逻辑，如图 3.3.4 所示。

（2）OC 门实现电平转换，如图 3.3.5 所示。

（3）三态门实现总线传输，如图 3.3.6 所示。

五、Multisim 仿真

创建仿真电路如图 3.3.7 所示，验证总线传输功能。

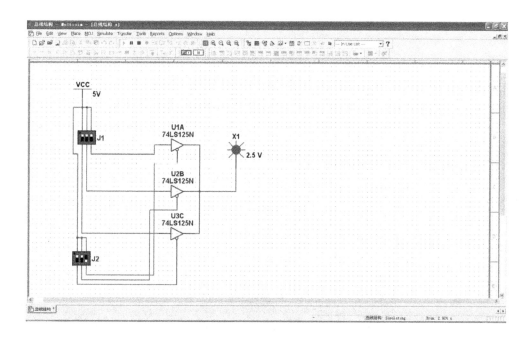

图 3.3.7　总线传输电路

六、预习要求

① 复习 TTL 集电极开路门和三态输出门的工作原理及应用。

② 了解 74LS01、74LS125 的功能及外部接线。

③ 分析图 3.3.4 中 OC 门的上接电阻的阻值范围，确定实验所选电阻值。

④ 试用 74LS01 OC 门电路实现函数 $F=AB+CD+EF$。

⑤ 完成各项实验内容中 R_L 值的理论计算。

七、注意事项

① 在进行 OC 门"线与"实验时，一定要先计算出 R_L 值，再继续实验。

② 在进行电平转换实验时，不能将 OC 门的工作电源接到 12V 上，以免烧件。

③ 在进行三态门实现总线实验时，3 个三态门的使能端不能同时有一个以上同时接低电平，否则会使电路出错。

④ CMOS 集成电路的多余输入端绝对不能悬空，否则会引入干扰，导致电路输出状态不确定。

八、思考问题

① 用 OC 门时是否需要外接其他元件？如需要，此元件应该如何取值？

② 几个 OC 门的输出端是否允许连接在一起？

③ 几个 TS 门的输出端是否允许接在一起？有无条件限制？应该注意什么问题？

九、实验报告

① 整理实验数据，分析实验结果，按要求填写表格。

② 将示波器观察到的波形画在坐标纸上，要求输入、输出波形画在同一个相位平面上，比较两者的相位关系。

③ 完成思考问题。

实验四　组合逻辑电路设计

一、实验目的
① 掌握组合逻辑电路的设计方法。
② 掌握实现组合逻辑电路的连接和调试方法。
③ 通过验证功能锻炼解决实际问题的能力。

二、实验任务
① 用基本门电路设计一个四变量的多数表决电路。
② 设计一个车间开工启动控制电路。
③ 设计一个可控加减器。
④ 设计一个 8421BCD 码的检码电路。
⑤ 用 Multisim 10 进行仿真，并对仿真结果进行分析。

三、实验原理

组合逻辑电路是数字系统中逻辑电路形式的一种，它的特点是：电路任何时刻的输出状态只取决于该时刻输入信号（变量）的组合，而与电路的历史状态无关。组合逻辑电路的设计是在给定问题（逻辑命题）情况下，通过逻辑设计过程，选择合适的标准器件，搭接成实验给定问题（逻辑命题）功能的逻辑电路。

通常，设计组合逻辑电路按下述步骤进行。其流程如图 3.4.1 所示。

① 列真值表。设计的要求一般是用文字来描述的。设计者很难由文字描述的逻辑命题直接写出逻辑函数表达式。由于真值表在四种逻辑函数表示方法中，表示逻辑功能最为直观，故设计的第一步为列真值表。首先，对命题的因果关系进行分析，"因"为输入，"果"为输出，即"因"为逻辑变量，"果"为逻辑函数。其次，对逻辑变量赋值，即用逻辑 0 和逻辑 1 分别表示两种不同状态。最后，对命题的逻辑关系进行分析，确定有几个输入，几个输出，按逻辑关系列出真值表。

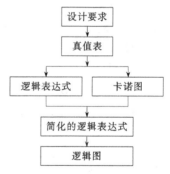

图 3.4.1　组合逻辑电路设计流程图

② 由真值表写出逻辑函数表达式。

③ 对逻辑函数进行化简。若由真值表写出的逻辑函数表达式不是最简，应利用公式法或卡诺图法进行逻辑函数化简，得出最简式。如果对所用器件有要求，还需将最简式转换成相应的形式。

④ 按最简式画出逻辑电路图。

通常情况下的逻辑设计都是在理想情况下进行的，但是由于半导体参数的离散性以及电路存在过渡过程，造成信号在传输过程中通过传输线或器件都需要一个响应时间——延迟。所以，在理想情况下设计出的电路有时在实际应用中会出现一些错误，这就是组合逻辑电路中的竞争与冒险，应在逻辑设计中要特别注意的。当设计出一个组合逻辑电路后，首先应进行静态测试，也即先按真值表依次改变输入变量，测得相应的输出逻辑值，检验逻辑功能是否正确。然后进行动态测试，观察是否存在竞争冒险。对于不影响电路功能的冒险可以不必消除，而对于影响电路工作的冒险，在分析属于何种类型冒险后，设法给予消除。

　　总之，组合逻辑电路设计的最佳方案，应在级数允许的条件下，使用器件少，电路简单。而且随着科学技术的发展，各种规模的集成电路不断出现，给逻辑设计提供了多种可能的条件，所以在设计中应在条件许可和满足经济效益的前提下尽可能采用性能好的器件。

四、实验设备与仪器

① THD-4 型数字电路实验箱。

② GOS-620 示波器。

③ 74LS00 四-2 输入与非门、74LS54 2-3-3-2 输入与或非门、74LS86 四-2 输入异或门。

五、实验内容与步骤

① 设计一个四变量的多数表决电路。当输入变量 A、B、C、D 有三个或三个以上为 1 时，输出 Y 为 1；否则为 0。提供"异或"门（74LS86）、"与非"门（74LS00）、"与或非"门（74LS54）各一片。画出逻辑图。在实验仪器上进行验证。用 Multisim 10 进行仿真，分析仿真结果。

② 某工厂有三个车间 A、B、C，有一个自备电站，站内有两台发电机 M 和 N，N 的发电能力是 M 的两倍。如果一个车间开工，启动 M 就可以满足要求；如果两个车间开工，启动 N 就可以满足要求；如果三个车间同时开工，同时启动 M、N 才能满足要求。试用异或门和与非门设计一个控制电路，因车间开工情况来控制 M 和 N 的启动。画出逻辑图。在实验仪器上进行验证。用 Multisim 10 进行仿真，分析仿真结果。

③ 设计一个加减器。即在附加变量 M 控制下，既能做加法运算又能做减法运算。操作数为两个一位二进制数与低位的进位/借位。用异或门、与非门和与或非门实现。画出逻辑图。在实验仪器上进行验证。用 Multisim 10 进行仿真，分析仿真结果。

④ 试设计一个 8421BCD 码的检码电路。要求当输入变量 $ABCD \leqslant 2$，或 $\geqslant 7$ 时，电路输出 Y 为高电平，否则为低电平。用异或门、与非门和与或非门实现。画出逻辑图。在实验仪器上进行验证。用 Multisim 10 进行仿真，分析仿真结果。

六、Multisim 仿真

1. 四变量多数表决仿真电路

创建仿真电路如图 3.4.2 所示，验证逻辑功能。

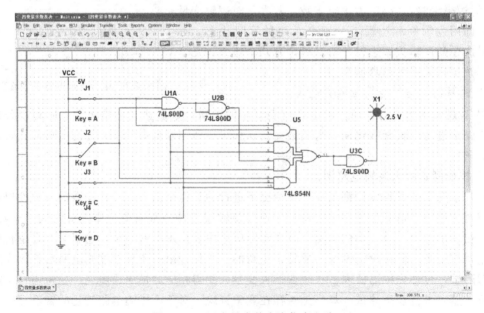

图 3.4.2　四变量多数表决仿真电路

2. 车间开工启动控制控制仿真电路

创建仿真电路如图 3.4.3 所示，验证逻辑功能。

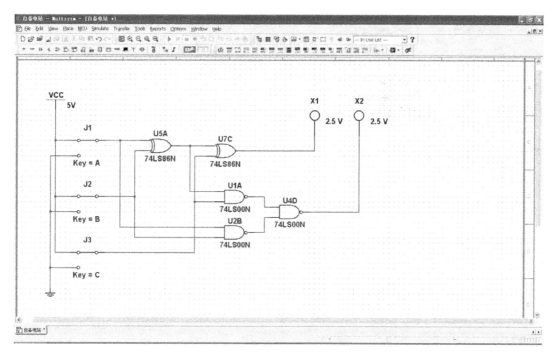

图 3.4.3 车间开工启动控控制电路

3. 可控加减器仿真电路

创建仿真电路如图 3.4.4 所示，验证逻辑功能。

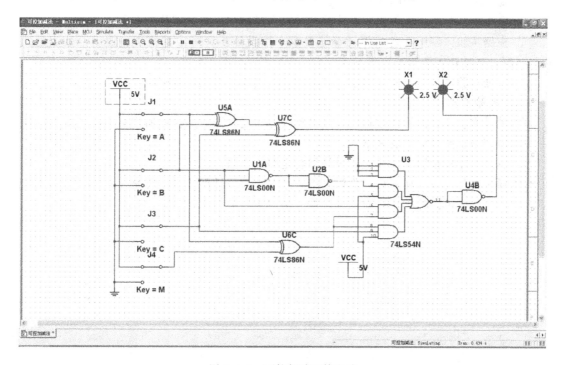

图 3.4.4 可控加减运算电路

4. 8421BCD 码的检码仿真电路

创建仿真电路如图 3.4.5 所示，验证逻辑功能。

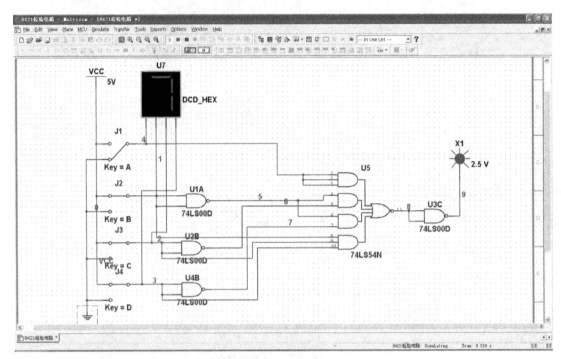

图 3.4.5　检码电路

七、预习要求

① 复习组合逻辑电路的设计方法。

② 熟悉本实验所用各种集成芯片的型号及引脚排列。熟悉芯片功能测试方法。

③ 根据实验内容所给定的设计命题要求，按设计步骤写出真值表、输出函数表达式、化简过程，并按指定逻辑写出表达式。

④ 根据实验要求画出标有集成电路的型号及引脚号的逻辑电路图。

八、实验报告

① 列写实验任务的设计过程，画出设计的逻辑电路图，并注明所用集成电路的引脚号。

② 拟定记录测量结果的表格。

③ 总结用小规模数字集成电路设计组合电路的方法。

④ 通过具体的设计体验后，你认为组合逻辑电路设计的关键步骤是什么？

⑤ 对比仿真电路的结果，对实验数据、现象进行分析、讨论。

实验五 全加器、译码器及数码显示电路

一、实验目的

① 掌握全加器逻辑功能，熟悉集成加法器功能及其使用方法。

② 掌握用七段译码器和七段数码管显示十进制数的方法。

③ 掌握中规模集成电路译码器的工作原理及其逻辑功能。

二、实验任务

① 用 74LS283 设计一个码制转换电路，并完成译码显示功能。

② 用 3 线-8 线译码器 74LS138 设计一位全加器。

③ 用 Multisim 10 进行仿真，并对仿真结果进行分析。

三、实验原理

1. 全加器

全加器是一种由被加数、加数和来自低位的进位数三者相加的运算器。基本功能是实现二进制加法。

全加器的功能表见表 3.5.1。

表 3.5.1　全加器的功能表

输　入			输　出		输　入			输　出	
C_I	A	B	S	C_O	C_I	A	B	S	C_O
0	0	0	0	0	1	0	0	1	0
0	0	1	1	0	1	0	1	0	1
0	1	0	1	0	1	1	0	0	1
0	1	1	0	1	1	1	1	1	1

逻辑表达式

$$S = A \oplus B \oplus C_I$$
$$C_O = (A \oplus B)C_I + AB$$

目前普遍应用的全加器的集成电路是 74LS283，它是由超前进位电路构成的快速进位的四位全加器电路，可实现两个四位二进制的全加。其集成芯片引脚图如图 3.5.1 所示。加进位输入 C_I 和进位输出 C_O 主要用来扩大加法器字长，作为组间行波进位之用。由于它采用超前进位方式，所以进位传送速度快，主要用于高速数字计算机、数据处理及控制系统。

若某一逻辑函数的输出恰好等于输入代码所表示的数加上另一常数或另一组输入代码时，则用全加器实现非常方便。

由于全加器的输出是输入信号的异或逻辑，所以利用这个功能可以组成二进制代码的奇偶校验电路和四位原码/反码发生器。

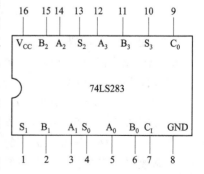

图 3.5.1　74LS283 集成芯片引脚图

应用全加器还可以把 8421BCD 码转换成余 3 码。首先用全加器构成四位二进制并行加法器，由于"余 3 码"是 8421BCD 码加上 3，所以把四位并行加法器的加数输入固定数码

（0011），则从被加数输入端输出 8421BCD 码时，输出便为余 3 码。

2. 译码器

译码器是一个多输入、多输出的组合逻辑电路。它的作用是把给定的代码进行"翻译"，变成相应的状态，使输出通道中相应的一路有信号输出。译码器在数字系统中有广泛的用途，不仅用于代码的转换、终端的数字显示，还用于数据分配、存储器寻址和组合控制信号等。不同的功能可选用不同种类的译码器。

译码器可分为通用译码器和显示译码器两大类。前者又分为变量译码器和代码变换译码器。

（1）变量译码器　变量译码器（又称二进制译码器），用以表示输入变量的状态，如 2 线-4 线、3 线-8 线和 4 线-16 线译码器。若有 n 个输入变量，则有 2^n 个不同的组合状态，就有 2^n 个输出端供其使用。而每一个输出所代表的函数对应于 n 个输入变量的最小项。

图 3.5.2(a)、(b) 分别为 3 线-8 线译码器 74LS138 逻辑图及引脚排列。其中 A_2、A_1、A_0 为地址输入端，$\overline{Y_0} \sim \overline{Y_7}$ 为译码输出端，S_1、$\overline{S_2}$、$\overline{S_3}$ 为使能端。

当 $S_1 = 1$，$\overline{S_2} + \overline{S_3} = 0$ 时，器件使能，地址码所指定的输出端有信号（为 0）输出，其他所有输出端均无信号（全为 1）输出。当 $S_1 = 0$，$\overline{S_2} + \overline{S_3} = X$ 时，或 $S_1 = X$，$\overline{S_2} + \overline{S_3} = 1$ 时，译码器被禁止，所有输出同时为 1。

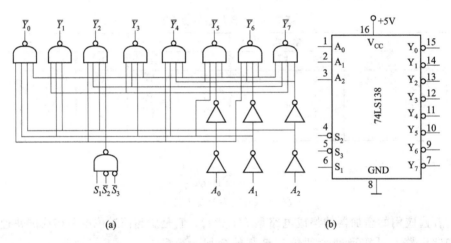

(a)　　　　　　　　　　　　　　　(b)

图 3.5.2　3 线-8 线译码器 74LS138 逻辑图及引脚排列

（2）数码显示译码

① 七段发光二极管（LED）数码管　LED 数码管是目前最常用的数字显示器，图 3.5.3 为共阴管和共阳管的电路和两种不同出线形式的引出脚功能图。一个 LED 数码管可用来显示一位 0～9 十进制数和一个小数点。小型数码管 [0.5 寸（1 寸=1/30m）和 0.36 寸] 每段发光二极管的正向压降，随显示光（通常为红、绿、黄、橙色）的颜色不同略有差别，通常约为 2～2.5V，每个发光二极管的点亮电流在 5～10mA。LED 数码管要显示 BCD 码所表示的十进制数字就需要有一个专门的译码器，该译码器不但要完成译码功能，还要有相当的驱动能力。

② BCD 码七段译码驱动器　此类译码器型号有 74LS47（共阳）、74LS48（共阴）、CC4511（共阴）等，本实验系采用 CC4511 BCD 码锁存/七段译码/驱动器驱动共阴极 LED 数码管。图 3.5.4 为 CC4511 引脚排列。

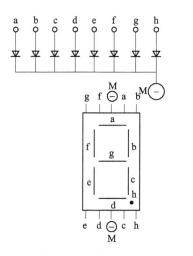

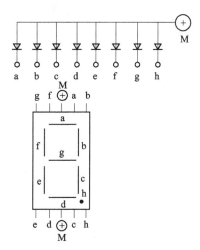

(a) 共阴连接("1"电平驱动)　　　　　　　(b) 共阳连接("0"电平驱动)

图 3.5.3　LED 数码管

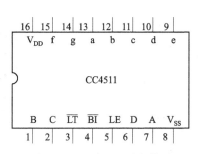

图 3.5.4　CC4511 引脚排列

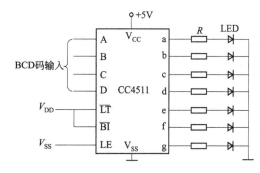

图 3.5.5　CC4511 驱动 1 位 LED 数码管

其中　A、B、C、D——BCD 码输入端；

a、b、c、d、e、f、g——译码输出端，输出"1"有效，用来驱动共阴极 LED 数码管；

$\overline{LT}$——测试输入端，$\overline{LT}=0$ 时，译码输出全为"1"；

$\overline{BI}$——消隐输入端，$\overline{BI}=0$ 时，译码输出全为"0"；

LE——锁定端，LE＝1时译码器处于锁定（保持）状态，译码输出保持在 LE＝0 时的数值，LE＝0 为正常译码。

表 3.5.2 为 CC4511 功能表。CC4511 内接有上拉电阻，故只需在输出端与数码管尾段之间串入限流电阻即可工作。译码器还有拒伪码功能，当输入码超过 1001 时，输出全为"0"，数码管熄灭。

在本数字电路实验装置上已完成了译码器 CC4511 和数码管 BS202 之间的连接。实验时，只要接通＋5V 电源和将十进制数的 BCD 码接至译码器的相应输入端 A、B、C、D 即可显示 0～9 的数字。四位数码管可接受四组 BCD 码输入。CC4511 与 LED 数码管的连接如图 3.5.5 所示。

四、实验仪器与设备

① THD-4 型数字电路实验箱。

② GOS-620 示波器。

表 3.5.2　CC4511 功能表

输　入							输　出							
LE	$\overline{BI}$	$\overline{LT}$	D	C	B	A	A	b	c	d	e	f	g	显示字形
×	×	0	×	×	×	×	1	1	1	1	1	1	1	8
×	0	1	×	×	×	×	0	0	0	0	0	0	0	消隐
0	1	1	0	0	0	0	1	1	1	1	1	1	0	0
0	1	1	0	0	0	1	0	1	1	0	0	0	0	1
0	1	1	0	0	1	0	1	1	0	1	1	0	1	2
0	1	1	0	0	1	1	1	1	1	1	0	0	1	3
0	1	1	0	1	0	0	0	1	1	0	0	1	1	4
0	1	1	0	1	0	1	1	0	1	1	0	1	1	5
0	1	1	0	1	1	0	0	0	1	1	1	1	1	6
0	1	1	0	1	1	1	1	1	1	0	0	0	0	7
0	1	1	1	0	0	0	1	1	1	1	1	1	1	8
0	1	1	1	0	0	1	1	1	1	0	0	1	1	9
0	1	1	1	0	1	0	0	0	0	0	0	0	0	消隐
0	1	1	1	0	1	1	0	0	0	0	0	0	0	消隐
0	1	1	1	1	0	0	0	0	0	0	0	0	0	消隐
0	1	1	1	1	0	1	0	0	0	0	0	0	0	消隐
0	1	1	1	1	1	0	0	0	0	0	0	0	0	消隐
0	1	1	1	1	1	1	0	0	0	0	0	0	0	消隐
1	1	1	×	×	×	×	锁存							锁存

③ 74LS20 二-4 输入与非门、74LS86 四-2 输入异或门、74LS283 四位二进制全加器、74LS138 3 线-8 线译码器。

五、实验内容与步骤

① 验证 74LS283 的功能，并利用 74LS283 对下列几组二进制数进行加法运算。用输入控制被加数 A 和加数 B，其和 S 接发光二极管，记录结果。

$$
\begin{array}{lll}
A\quad 0010 & A\quad 0111 & A\quad 1101 \\
B\quad 1010 & B\quad 0100 & B\quad 0011 \\
\underline{+)\,C_I\qquad 1} & \underline{+)\,C_I\qquad 1} & \underline{+)\,C_I\qquad 0} \\
S & S & S
\end{array}
$$

② 用 74LS283 设计一个码制转换电路，将余 3 码转换成 8421BCD 码。列出真值表，写出表达式，画出逻辑图。在实验仪器上进行验证。用 Multisim 10 进行仿真，分析仿真结果。

③ 在实验内容②基础上，再进一步完成译码显示功能。

将 8421BCD 码的输出分别接至译码/驱动器 CC4511 的对应输入口 D、C、B、A，接上 +5V 显示器的电源，观测 8421BCD 码与 LED 数码管显示的对应数字是否一致，及译码显示是否正常。

④ 74LS138 是 16 引脚芯片，译码地址输入端为 A_2、A_1、A_0，高电平有效。译码输入端为 $\overline{Y}_0 \sim \overline{Y}_7$，低电平有效。只有当使能控制端 $S_1 = 1$，$\overline{S}_2 = \overline{S}_3 = 0$ 时，译码器才能工作，否则八个译码输出全为无效的高电平 1。当 $S_1 = 1$，$\overline{S}_2 = \overline{S}_3 = 0$ 时，按照表 3.5.3 验证芯片

译码功能，将结果填入表格 3.5.3。

表 3.5.3

译码地址			译码输出							
A_2	A_1	A_0	$\overline{Y}_0$	$\overline{Y}_1$	$\overline{Y}_2$	$\overline{Y}_3$	$\overline{Y}_4$	$\overline{Y}_5$	$\overline{Y}_6$	$\overline{Y}_7$
0	0	0								
0	0	1								
0	1	0								
0	1	1								
1	0	0								
1	0	1								
1	1	0								
1	1	1								

⑤ 用 3 线-8 线译码器 74LS138 和门电路设计一位全加器电路，列出真值表，写出表达式，画出逻辑图。在实验仪器上进行验证。用 Multisim 10 进行仿真，分析仿真结果。

六、Multisim 仿真

1. 码制转换及显示仿真电路

创建仿真电路如图 3.5.6 所示，验证逻辑功能。

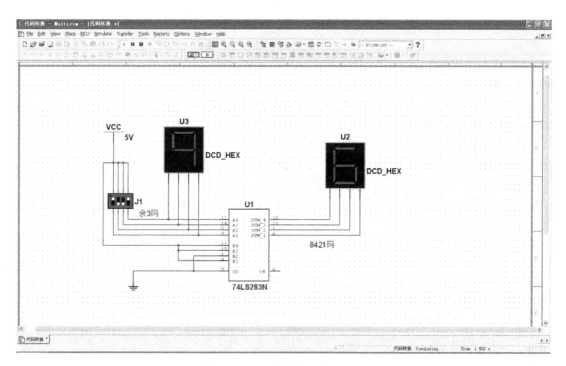

图 3.5.6 码制转换及显示电路

2. 全加器仿真电路

创建仿真电路如图 3.5.7 所示，验证逻辑功能。

七、预习要求

① 复习有关全加器和译码器的原理。

② 复习译码显示电路的工作过程。

③ 根据实验的要求，画出逻辑电路图，拟定记录表格。

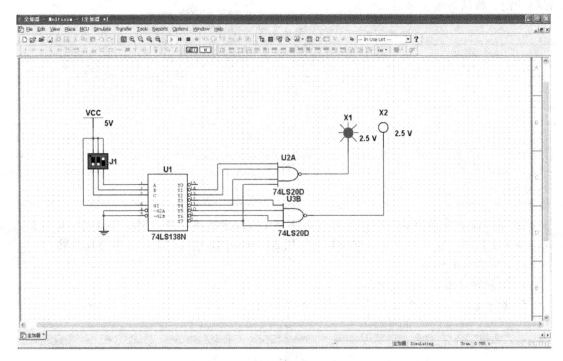

图 3.5.7　全加器电路

八、实验报告

① 列写实验任务的设计过程，画出设计的逻辑电路图，并注明所用集成电路的引脚号。

② 将测量结果记录在表格中。

③ 总结用 74LS138 设计组合电路的方法。

④ 总结用四位二进制全加器 74LS283 设计代码转换电路的方法。

⑤ 如何利用加法器做减法运算。

实验六　数据选择器及应用

一、实验目的
① 掌握数据选择器的工作原理及逻辑功能。
② 熟悉 74LS153 和 74LS151 的引脚排列和测试方法。
③ 学习用数据选择器构成组合逻辑电路的方法。

二、实验任务
① 用双四选一数据选择器 74LS153 实现一位全减器。
② 用双四选一数据选择器 74LS153 设计一个四位奇偶校验器。
③ 用八选一数据选择器 74LS151 设计一个多数表决电路。
④ 用八选一数据选择器 74LS151 设计两位数值比较器电路。
⑤ 用 Multisim 10 进行仿真，并对仿真结果进行分析。

三、实验原理
数据选择器又称多路转换器或多路开关，其功能是在地址码（或叫选择控制）电位的控制下，从几个数据输入中选择一个并将其送到一个公共输出端。数据选择器的功能类似一个多掷开关，如图 3.6.1 所示，图中有四路数据 $D_0 \sim D_3$ 通过选择控制信号 A_1、A_0（地址码）从四路数据中选中某一路数据送至输出端 Y。

一个 n 个地址端的数据选择器，具有 2^n 个数据选择功能。例如：数据选择器（74LS153），$n=2$，可完成四选一的功能；数据选择器（74LS151），$n=3$，可完成八选一的功能。

1. 双四选一数据选择器 74LS153

所谓双四选一数据选择器就是在一块集成芯片上有两个四选一数据选择器。集成芯片引脚排列如图 3.6.2 所示，功能如表 3.6.1 所示。

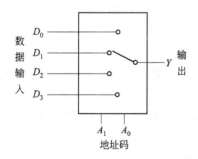

图 3.6.1　四选一数据选择器示意图

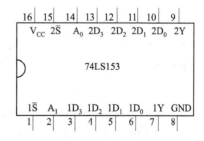

图 3.6.2　74LS153 引脚排列

表 3.6.1　74LS153 功能表

输　入			输　出
$\overline{S}$	A_1	A_0	Y
1	$\times$	$\times$	0
0	0	0	D_0
0	0	1	D_1
0	1	0	D_2
0	1	1	D_3

$1\overline{S}$、$2\overline{S}$ 为两个独立的使能端；A_1、A_0 为公用的地址输入端；$1D_0 \sim 1D_3$ 和 $2D_0 \sim 2D_3$ 分别为两个四选一数据选择器的数据输入端；$1Y$、$2Y$ 为两个输出端。

① 当使能端 $1\overline{S}(2\overline{S})=1$ 时，多路开关被禁止，无输出，$Y=0$。

② 当使能端 $1\overline{S}(2\overline{S})=0$ 时，多路开关正常工作，根据地址码 A_1、A_0 的状态，将相应的数据 $D_0 \sim D_3$ 送到输出端 Y。例如：

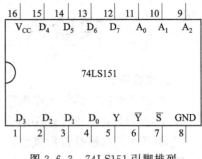

图 3.6.3　74LS151 引脚排列

$A_1 A_0 = 00$，则选择 D_0 数据到输出端，即 $Y=D_0$；

$A_1 A_0 = 01$，则选择 D_1 数据到输出端，即 $Y=D_1$，其余类推。

数据选择器的用途很多，例如多通道传输，数码比较，并行码变串行码，以及实现逻辑函数等。

2. 八选一数据选择器 74LS151

74LS151 为互补输出的八选一数据选择器，集成芯片引脚排列如图 3.6.3 所示，功能如表 3.6.2 所示。

选择控制端（地址端）为 $A_2 \sim A_0$，按二进制译码，从 8 个输入数据 $D_0 \sim D_7$ 中选择一个需要的数据送到输出端 Y，$\overline{S}$ 为使能端，低电平有效。

表 3.6.2　74LS151 功能表

输　　入				输　　出	
$\overline{S}$	A_2	A_1	A_0	Y	$\overline{Y}$
1	×	×	×	0	1
0	0	0	0	D_0	$\overline{D_0}$
0	0	0	1	D_1	$\overline{D_1}$
0	0	1	0	D_2	$\overline{D_2}$
0	0	1	1	D_3	$\overline{D_3}$
0	1	0	0	D_4	$\overline{D_4}$
0	1	0	1	D_5	$\overline{D_5}$
0	1	1	0	D_6	$\overline{D_6}$
0	1	1	1	D_7	$\overline{D_7}$

① 使能端 $\overline{S}=1$ 时，不论 $A_2 \sim A_0$ 状态如何，均无输出（$Y=0$，$\overline{Y}=1$），多路开关被禁止。

② 使能端 $\overline{S}=0$ 时，多路开关正常工作，根据地址码 A_2、A_1、A_0 的状态选择 $D_0 \sim D_7$ 中某一个通道的数据输送到输出端 Y。例如：

$A_2 A_1 A_0 = 000$，则选择 D_0 数据到输出端，即 $Y=D_0$；

$A_2 A_1 A_0 = 001$，则选择 D_1 数据到输出端，即 $Y=D_1$，其余类推。

3. 数据选择器的应用

数据选择器的应用很广，它可以作二进制比较器、二进制发生器、图形发生电路、顺序选择电路等。在应用中，设计电路时可以根据给定变量个数的需要，选择合适的多路选择器来完成，具体设计步骤如下。

① 根据所给出组合逻辑函数的变量数，选择合适的多路选择器。一般是两个变量的函数选双输入多路选择器，三变量的函数选四输入多路选择器，四变量的函数选八输入多路选择器……

② 画出逻辑函数的卡诺图，确定多路选择器输入端和控制端与变量的连接形式，画出

组合电路图。

四、实验仪器与设备

① THD-4 型数字电路实验箱。

② GOS-620 示波器。

③ 74LS00 四-2 输入与非门、74LS32 四-2 输入或门、74LS86 四-2 输入异或门、74LS153 双四选一数据选择器、74LS151 八选一数据选择器。

五、实验内容与步骤

① 用双四选一数据选择器 74LS153 实现一位全减器。输入为被减数、减数和来自低位的借位；输出为两数之差和向高位的借位信号。写出设计过程，画出逻辑图。在实验仪器上进行验证。用 Multisim 10 进行仿真，分析仿真结果。

② 用双四选一数据选择器 74LS153 设计一个四位奇偶校验器。要求：四位输入中含有奇数 1 时，输出为"1"，含有偶数个 1 时（包含 0000）输出为"0"。写出设计过程，画出逻辑图。在实验仪器上进行验证。用 Multisim 10 进行仿真，分析仿真结果。

③ 用八选一数据选择器 74LS151 设计一个多数表决电路。该电路有三个输入端 A、B、C，分别代表三个人的表决情况。"同意"为 1 态，"不同意"为 0 态，当多数同意时，输出为1 态，否则输出为 0 态。写出设计过程，画出逻辑图。在实验仪器上进行验证。用 Multisim 10进行仿真，分析仿真结果。

④ 用八选一数据选择器 74LS151 设计两位数值比较器电路。将数据 $X_1 X_0$ 与数据$Y_1 Y_0$ 进行比较，当 $X_1 X_0 \geqslant Y_1 Y_0$ 时，比较器输出 F 为 1，否则 F 为 0。写出设计过程，画出逻辑图。在实验仪器上进行验证。用 Multisim 10 进行仿真，分析仿真结果。

六、Multisim 仿真

1. 全减器仿真电路

创建仿真电路如图 3.6.4 所示，分析仿真结果，并与实验结果比较。

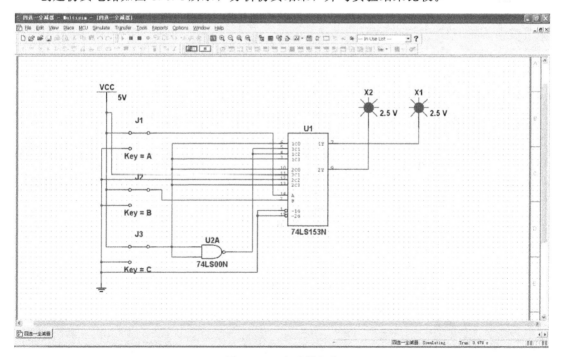

图 3.6.4　全减器电路

2. 四位奇偶校验器仿真电路

创建仿真电路如图 3.6.5 所示，验证电路逻辑功能，与实验结果比较。

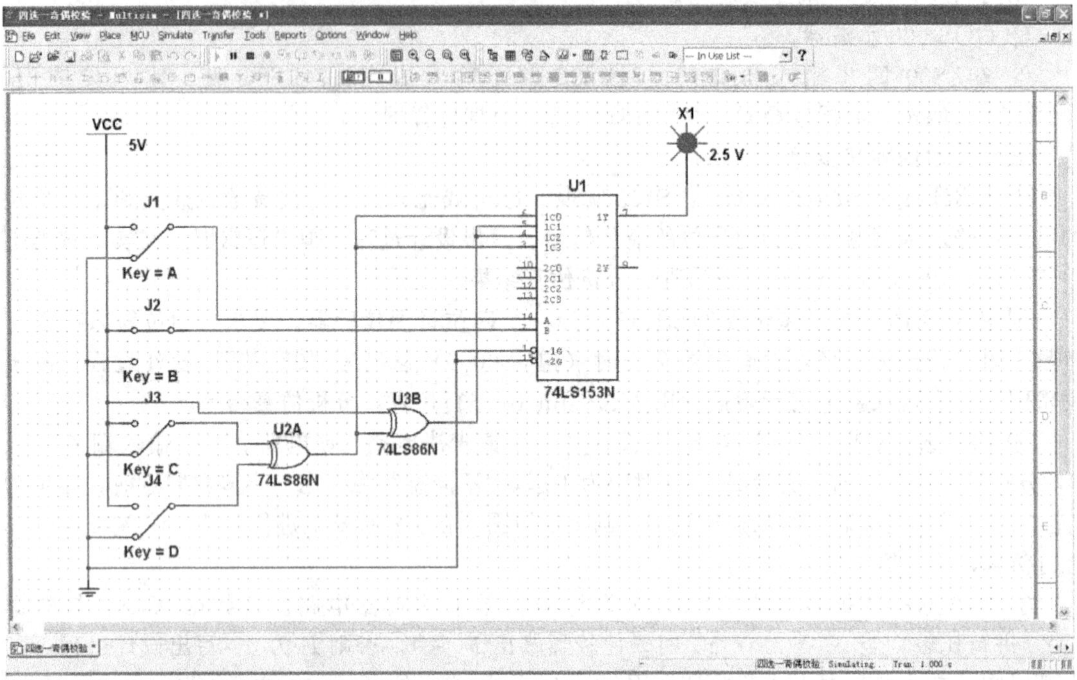

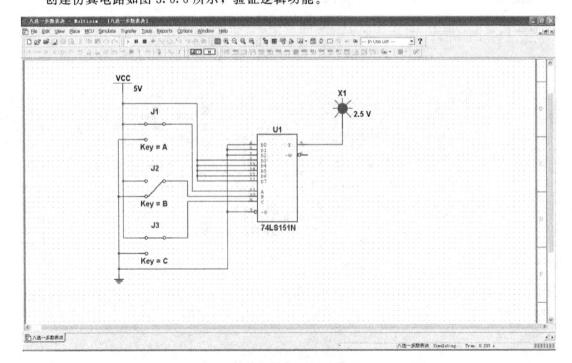

图 3.6.5　四位奇偶校验电路

3. 三变量多数表决仿真电路

创建仿真电路如图 3.6.6 所示，验证逻辑功能。

图 3.6.6　三变量多数表决电路

4. 两位数值比较仿真电路

创建仿真电路如图 3.6.7 所示，记录仿真结果。

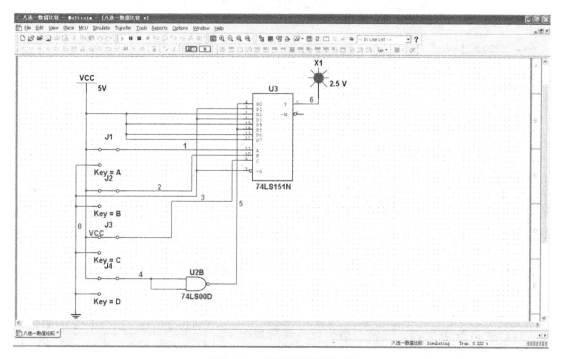

图 3.6.7 两位数值比较电路

七、预习要求

① 复习组合逻辑电路的分析方法及设计方法。

② 了解数据选择器的原理及功能。

③ 按本次实验内容及要求列出表格、设计电路。

八、实验报告

① 列写实验任务的设计过程，画出设计的逻辑电路图，并注明所用集成电路的引脚号。

② 总结 74LS153、74LS151 的逻辑功能和特点。

③ 总结用数据选择器实现组合逻辑电路的方法。

实验七　触发器及其应用

一、实验目的

① 了解触发器构成方法和工作原理。

② 熟悉各类触发器的功能和特性。

③ 熟悉触发器之间相互转换的方法。

④ 掌握和熟练地应用各种集成触发器。

⑤ 学习简单时序逻辑电路的分析和检验方法。

二、实验原理

触发器是一个具有记忆功能的二进制信息存储器件，是组成时序电路的最基本单元，也是数字电路中另一种重要的单元电路，它在数字系统和计算机中有着广泛的应用。触发器具有两个稳定状态，用以表示逻辑状态"1"和"0"，在一定的外界信号作用下，可以从一个稳定状态翻转到另一个稳定状态。触发器有集成触发器和门电路组成的触发器。按其逻辑功能分，有 RS 触发器、JK 触发器、D 触发器、T 触发器、T' 触发器等。

1. 集成触发器

（1）集成 D 触发器。在输入信号为单端的情况下，D 触发器用起来最为方便，其状态方程为 $Q^{n+1}=D$，输出状态的更新发生在 CP 脉冲的上升沿，故又称为上升沿触发的边沿触发器，触发器的状态只取决于时钟到来前 D 端的状态，D 触发器的应用很广，可用作数字信号的寄存，移位寄存，分频和波形发生等。

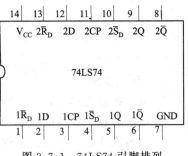

图 3.7.1　74LS74 引脚排列

74LS74 是上升沿触发的双 D 触发器，其引脚排列见图 3.7.1。74LS74 的逻辑功能表见表 3.7.1。

表 3.7.1　74LS74 功能表

输 入				输 出	
$\overline{S}_D$	$\overline{R}_D$	CP	D	Q^{n+1}	$\overline{Q^{n+1}}$
0	1	×	×	1	0
1	0	×	×	0	1
0	0	×	×	φ	φ
1	1	↑	1	1	0
1	1	↑	0	0	1
1	1	↓	×	Q^n	$\overline{Q^n}$

注：×——任意态；↓——高到低电平跳变；↑——低到高电平跳变；Q^n（$\overline{Q^n}$）——现态；Q^{n+1}（$\overline{Q^{n+1}}$）——次态；φ——不定态。

（2）集成 JK 触发器。在输入信号为双端的情况下，JK 触发器是功能完善、使用灵活和通用性较强的一种触发器。双下降沿 JK 触发器 74LS112，在时钟脉冲 CP 的后沿（负跳变）发生翻转，它具有置 0、置 1、计数和保持功能。74LS112 引脚排列如图 3.7.2 所示。功能如表 3.7.2 所示。

表 3.7.2　74LS112 功能表

输　　入					输　　出	
$\overline{S}_D$	$\overline{R}_D$	CP	J	K	Q^{n+1}	$\overline{Q}^{n+1}$
0	1	$\times$	$\times$	$\times$	1	0
1	0	$\times$	$\times$	$\times$	0	1
0	0	$\times$	$\times$	$\times$	φ	φ
1	1	$\downarrow$	0	0	Q^n	$\overline{Q}^n$
1	1	$\downarrow$	1	0	1	0
1	1	$\downarrow$	0	1	0	1
1	1	$\downarrow$	1	1	$\overline{Q}^n$	Q^n
1	1	$\uparrow$	$\times$	$\times$	Q^n	$\overline{Q}^n$

图 3.7.2　74LS112 引脚排列

JK 触发器的状态方程为 $Q^{n+1}=J\overline{Q}^n+\overline{K}Q^n$。

J 和 K 是数据输入端，是触发器状态更新的依据，若 J、K 有两个或两个以上输入端时，组成"与"的关系。Q 与 $\overline{Q}$ 为两个互补输出端。通常把 $Q=0$、$\overline{Q}=1$ 的状态定为触发器"0"状态；而把 $Q=1$、$\overline{Q}=0$ 定为"1"状态。JK 触发器常被用作缓冲存储器、移位寄存器和计数器。

JK 触发器、D 触发器一般都有异步置位、复位端，作用是预置触发器初态。当不使用时，必须接高电平（或接到电源＋5V 上），不允许悬空，否则容易引入干扰信号，使触发器误动作。

（3）T 触发器和 T' 触发器。T 触发器具有计数和保持功能，T' 触发器具有计数功能，它们可以通过 D 触发器或 JK 触发器转换来实现。D 触发器的 D 端与 $\overline{Q}$ 端相连即构成 T' 触发器，在时钟脉冲 CP 的前沿（正跳变）发生翻转。利用下降沿 JK 触发器在其 JK 两端都接 1 时即成为 T' 触发器，在时钟脉冲 CP 的后沿（负跳变）发生翻转。

2. 触发器的功能转换

在集成触发器的产品中，每一种触发器都有自己固定的逻辑功能。但可以利用转换的方法获得具有其他功能的触发器。即要用一种类型触发器代替另一种类型触发器，这就需要进行触发器的功能转换。转换方法见表 3.7.3。

表 3.7.3　触发器的功能转换表

原触发器	转　　换　　成				
	T 触发器	T' 触发器	D 触发器	JK 触发器	RS 触发器
D 触发器	$D=T\oplus Q^n$	$D=\overline{Q}^n$		$D=J\overline{Q}^n+\overline{K}Q^n$	$D=S+\overline{R}Q^n$
JK 触发器	$J=K=T$	$J=K=1$	$J=D,K=\overline{D}$		$J=S,K=R$ 约束条件：$SR=0$
RS 触发器	$R=TQ^n$ $S=T\overline{Q}^n$	$R=Q^n$ $S=\overline{Q}^n$	$R=\overline{D}$ $S=D$	$R=KQ^n$ $S=J\overline{Q}^n$	

3. 触发器的应用

（1）用触发器组成计数器。触发器具有 0 和 1 两种状态，因此用一个触发器就可以表示一位二进制数。如果把 n 个触发器串起来，就可以表示 n 位二进制数。对于十进制计数器，它的 10 个数码要求有 10 个状态，要用四位二进制数来构成。如图 3.7.3 所示是由 D 触发器组成的四位异步二进制加法计数器。

（2）用触发器组成移位寄存器。不论哪种触发器都有两个互相对立的状态"1"和"0"，

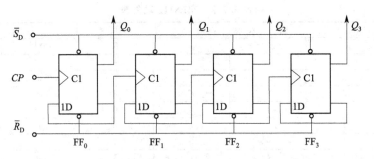

图 3.7.3　D 触发器组成的四位异步二进制加法计数器

而且在触发器翻转之后，都能保持原状态，所以可把触发器看作一个能存一位二进制数的存储单元，又由于它只是用于暂时存储信息，故称为寄存器。

以移位寄存器为例，它是一种由触发器链形连接构成同步时序电路，每个触发器的输出连到下一级触发器的控制输入端，在时钟脉冲的作用下，将存储在移位寄存器中的信息逐位地左移或右移。

下面是一种由 D 触发器构成的单向移位寄存器，如图 3.7.4 所示。可把信号从串入端输入，在时钟脉冲 CP 的作用下，按高位先入、低位后入的顺序进行。这种电路有两种输出方式，即串出和并出，取的输出位置是不一样的，应特别注意。

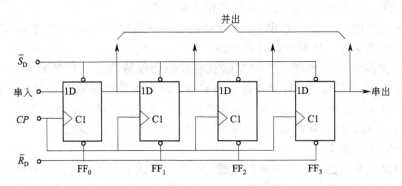

图 3.7.4　用 D 触发器构成的单向移位寄存器

三、实验仪器与设备

① THD-4 型数字电路实验箱。

② GOS-620 示波器。

③ 74LS112 双下降沿 JK 触发器、74LS74 双上升沿 D 触发器。

四、实验内容与步骤

1. 集成 JK 触发器的逻辑功能测试

（1）测试 $\overline{R}_D$、$\overline{S}_D$ 的复位、置位功能。在双下降沿 JK 触发器 74LS112 上任取一只 JK 触发器，$\overline{R}_D$、$\overline{S}_D$、J、K 端接逻辑开关输出插口，CP 端接单次脉冲源，Q、$\overline{Q}$ 端接至逻辑电平显示输入插口。要求改变 $\overline{R}_D$、$\overline{S}_D$（J、K、CP 处于任意状态），并在 $\overline{R}_D=0(\overline{S}_D=1)$ 或 $\overline{S}_D=0$（$\overline{R}_D=1$）作用期间任意改变 J、K 及 CP 的状态，观察 Q、$\overline{Q}$ 状态。自拟表格并记录。

（2）测试 JK 触发器的逻辑功能。按表 3.7.4 的要求改变 J、K、CP 端状态，观察 Q、$\overline{Q}$ 状态变化，观察触发器状态更新是否发生在 CP 脉冲的下降沿（即 CP 由 1→0），并记录。

表 3.7.4 JK 触发器的逻辑功能测试表

J	K	CP	Q^{n+1}		J	K	CP	Q^{n+1}	
			$Q^n=0$	$Q^n=1$				$Q^n=0$	$Q^n=1$
0	0	0→1			1	0	0→1		
		1→0					1→0		
0	1	0→1			1	1	0→1		
		1→0					1→0		

（3）将 JK 触发器的 J、K 端连在一起，构成 T 触发器，测试逻辑功能。

在 CP 端输入 1Hz 连续脉冲，观察 Q 端的变化。

在 CP 端输入 1kHz 连续脉冲，用双踪示波器观察 CP、Q、$\overline{Q}$ 端波形，注意相位关系，并描绘。

2. 集成 D 触发器的逻辑功能测试

（1）测试 $\overline{R}_D$、$\overline{S}_D$ 的复位、置位功能。测试方法同实验内容与步骤 1 中的（1），自拟表格记录。

（2）测试 D 触发器的逻辑功能。按表 3.7.5 要求进行测试，并观察触发器状态更新是否发生在 CP 脉冲的上升沿（即由 0→1），并记录。

表 3.7.5 D 触发器的逻辑功能测试表

D	CP	Q^{n+1}		D	CP	Q^{n+1}	
		$Q^n=0$	$Q^n=1$			$Q^n=0$	$Q^n=1$
0	0→1			1	0→1		
	1→0				1→0		

（3）将 D 触发器的 $\overline{Q}$ 端与 D 端相连接，构成 T' 触发器，测试逻辑功能。

测试方法同实验内容 1 中（3），并记录。

3. 触发器的应用

（1）用触发器组成双相时钟脉冲电路。用 JK 触发器及与非门构成的双相时钟脉冲电路如图 3.7.5 所示，此电路是用来将时钟脉冲 CP 转换成两相时钟脉冲 CP_A 及 CP_B，其频率相同、相位不同。

分析电路工作原理，并按图 3.7.5 所示电路在实验箱上接线，用双踪示波器同时观察 CP、CP_A，CP、CP_B 及 CP_A、CP_B 波形，并描绘。用 Multisim 10 进行仿真，分析仿真结果。

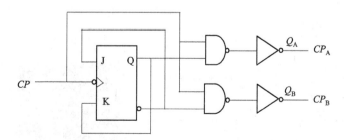

图 3.7.5 双相时钟脉冲电路

（2）用触发器组成数值比较器。如图 3.7.6 所示用 JK 触发器组成的电路。在 C_r 端执行清"0"后，串行送入 A 和 B 两数（先送高位），输出端即可表明两数 A、B 的大小。将观察结果记入表 3.7.6 中。用 Multisim 10 进行仿真，分析仿真结果。

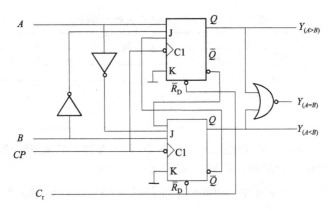

图 3.7.6　用 JK 触发器构成的数值比较器

表 3.7.6　用 JK 触发器构成的数值比较器测试表

输　　　入				输　　　出		
C_r	A	B	CP	$Y_{(A>B)}$	$Y_{(A=B)}$	$Y_{(A<B)}$
1	0	0	↓			
1	0	1	↓			
1	1	0	↓			
1	1	1	↓			
0	×	×	↓			

（3）用触发器组成计数器　按图 3.7.3 所示电路，用 Multisim 10 进行仿真，分析仿真结果，并按图 3.7.3 所示电路在实验箱上接线，首先将 $Q_3Q_2Q_1Q_0$ 置成 0000，然后依次加入 16 个 CP 脉冲，将观察到的 $Q_3Q_2Q_1Q_0$ 的状态填入自拟表格中，说明其功能。

五、Multisim 仿真

1. 双相时钟脉冲仿真电路

创建仿真电路如图 3.7.7 所示，观测 CP 与 CP_A、CP_B 波形，与实验结果进行比较。

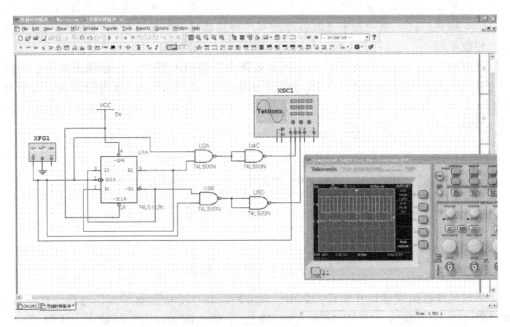

图 3.7.7　双相时钟脉冲电路

2. 触发器组成数值比较器仿真电路

创建仿真电路如图 3.7.8 所示，记录数据填入表 3.7.6，并与实验结果相比较。

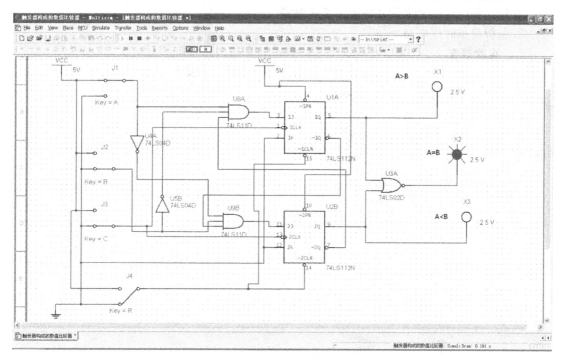

图 3.7.8　触发器组成数值比较器电路

3. 触发器组成计数器仿真电路

创建仿真电路如图 3.7.9 所示，记录状态转换关系，与实验结果进行比较。

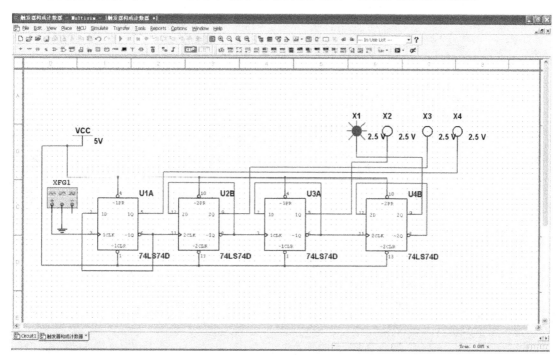

图 3.7.9　触发器组成计数器电路

六、预习要求

① 复习触发器的基本类型及其逻辑功能。

② 按实验内容的要求设计并画出逻辑电路。

③ 分析简单时序电路。

七、实验报告

① 列写 D 触发器、JK 触发器的逻辑功能及应用测试结果。

② 总结观测到的波形，说明触发器的触发方式。

③ 体会触发器的应用。

④ 整理实验记录，并对结果进行分析。

实验八　计数器及其应用

一、实验目的

① 熟悉中规模集成计数器的逻辑功能及使用方法。

② 掌握用 74LS160/74LS161 构成任意进制计数器的方法。

二、实验任务

① 测试 74LS161 或 74LS160 的逻辑功能。

② 利用 74LS161 设计十二进制计数器，要求用置零法和置数法两种方法实现。

③ 利用 74LS161 设计可控计数器。

④ 利用多片 74LS161 设计七十二进制计数器，要求用串行、并行两种进位方式实现。

⑤ 用 Multisim 10 进行仿真，并对仿真结果进行分析。

三、实验原理

计数是一种最简单基本的运算，计数器就是实现这种运算的逻辑电路，计数器在数字系统中主要是对脉冲的个数进行计数，以实现测量、计数和控制的功能，同时兼有分频功能，计数器是由基本的计数单元和一些控制门所组成，计数单元则由一系列具有存储信息功能的各类触发器构成，这些触发器有 RS 触发器、T 触发器、D 触发器及 JK 触发器等。计数器在数字系统中应用广泛，如在电子计算机的控制器中对指令地址进行计数，以便顺序取出下一条指令，在运算器中做乘法、除法运算时记下加法、减法次数，又如在数字仪器中对脉冲的计数等。

计数器按计数进制不同，可分为二进制计数器、十进制计数器、其他进制计数器和可变进制计数器，若按计数单元中各触发器所接收计数脉冲和翻转顺序或计数功能来划分，则有异步计数器和同步计数器两大类，以及加法计数器、减法计数器、加/减计数器等，如按预置和清除方式来分，则有并行预置、直接预置、异步清除和同步清除等差别，按权码来分，则有"8421"码、"5421"码、余"3"码等计数器，按集成度来分，有单、双位计数器等。

1. 中规模集成计数器

74LS161 是四位二进制可预置同步计数器，由于它采用 4 个主从 JK 触发器作为记忆单元，故又称为四位二进制同步计数器，其集成芯片引脚如图 3.8.1 所示。

引脚符号说明如下。

V_{CC}：电源正端，接 +5V。

$\overline{RD}$：异步置零（复位）端。

CP：时钟脉冲。

$\overline{LD}$：预置数控制端。

D、C、B、A：数据输入端。

Q_D、Q_C、Q_B、Q_A：输出端。

R_{CO}：进位输出端。

该计数器由于内部采用了快速进位电路，所以具有较高的计数速度。各触发器翻转是靠时钟脉冲

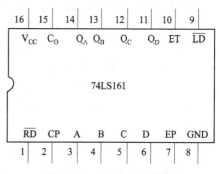

图 3.8.1　74LS161 引脚图

信号的正跳变上升沿来完成的。时钟脉冲每正跳变一次，计数器内各触发器就同时翻转一次，74LS161 的功能表如表 3.8.1 所示。

表 3.8.1　　74LS161 逻辑功能表

输　入								输　出			
$\overline{RD}$	$\overline{LD}$	ET	EP	CP	D	C	B	A	Q_D	Q_C	Q_B	Q_A
0	×	×	×	×	×	×	×	×	0	0	0	0
1	0	×	×	↑	d	c	b	a	d	c	b	a
1	1	1	1	↑	×	×	×	×	计　数			
1	1	0	×	×	×	×	×	×	保　持($R_{CO}=0$)			
1	1	×	0	×	×	×	×	×	保　持			

2. 计数器的级联使用

以 74LS161 为例,若所要求的进制已超过 16,则可通过几个 74LS161 进行级联来实现,在满足计数条件的情况下有如下进位方式。

(1) 并行进位方式。CP 是两片共用的,只是把第一级的进位输出 R_{CO} 接到下一级的 ET 和 EP 端即可,当 (1) 片没记满十六进制数时,$R_{CO}=0$,则计数器 (2) 不能工作,当第一级计满时,$R_{CO}=1$,最后一个 CP 使计数器 (1) 清零,同时计数器 (2) 计一个数,这种接法速度不快,不论多少级相联,CP 的脉宽只要大于每一级计数器延迟时间即可。其框图如图 3.8.2 所示。

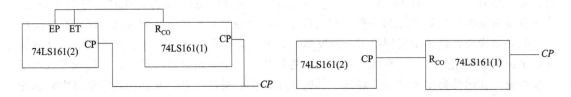

图 3.8.2　并行进位方式框图　　　　　图 3.8.3　串行进位方式框图

(2) 串行进位方式。把第一级的进位输出端 R_{CO} 接到下一级的 CP 端,当 (1) 片没记满十六进制数时,$R_{CO}=0$,则计数器 (2) 因没有计数脉冲而不能工作,当第一级计满时,$R_{CO}=1$,出现由 0 到 1 的上升沿,此上升沿控制计数器 (2) 工作,开始第 1 个数,这种接法速度慢,若多级相联,其总的计数延迟时间为各个计数器延迟时间之和。其框图如图 3.8.3 所示。

3. 实现任意进制计数器

由于 74LS161 的计数容量为 16,即计 16 个脉冲,发生一次进位,所以可以用它构成十六进制以内的各进制计数器,实现的方法有两种:置零法(复位法)和置数法(置位法)。

① 用复位法获得任意进制计数器。假定已有 N 进制计数器,而需要得到一个 M 进制计数器时,只要 $M<N$,用复位法使计数器计数到 M 时置"0",即获得 M 进制计数器。

② 利用预置功能获得 M 进制计数器。置位法与置零法不同,它是通过给计数器重复置入某个数值的跳越 $N-M$ 个状态,从而获得 M 进制计数器的。置数操作可以在电路的任何一个状态下进行。这种方法适用于有预置功能的计数器电路。图 3.8.4 为上述两种方法的原理示意图。

4. 74LS160 与 74LS161 外引脚排列相同

在应用时,注意 74LS160 的有效循环状态为 0000~1001,状态为 1001 时,进位信号 $R_{CO}=1$。

四、实验仪器与设备

① THD-4 型数字电路实验箱。

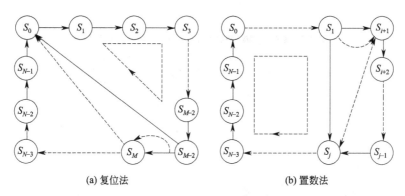

(a) 复位法

(b) 置数法

图 3.8.4 获得任意进制计数器的两种方法

② GOS-620 示波器。

③ CC4011 (74LS00)、CC4012 (74LS20)、74LS161 (74LS160)。

五、实验内容与步骤

① 测试 74LS160 或 74LS161 的逻辑功能。由单次脉冲源提供计数脉冲，清零端 $\overline{RD}$，置数端 $\overline{LD}$、EP、ET，数据输入端 D、C、B、A 分别接逻辑开关，输出端 Q_D、Q_C、Q_B、Q_A 及 R_{CO} 端接逻辑电平指示灯。按照表 3.8.2 所示要求逐项测试，将测试结果填入表格并判断该集成块的功能是否正常。

表 3.8.2 测试 74LS161 或 74LS160 功能表

输　入									输　出				
$\overline{RD}$	$\overline{LD}$	EP	ET	CP	D	C	B	A	Q_D	Q_C	Q_B	Q_A	R_{CO}
0	×	×	×	×	×	×	×	×					
1	0	×	×	↑	d_3	d_2	d_1	d_0					
1	1	1	×	×	×	×	×	×					
1	1	×	1	×	×	×	×	×					
1	1	1	1	↑	×	×	×	×					

② 在熟悉 74LS161 逻辑功能的基础上，利用 74LS161 采用置零法、置数法两种方法设计带进位输出的十二进制计数器。画出电路图及对应的状态转换图，并在实验台验证电路。用 Multisim 10 进行仿真，分析仿真结果。

③ 利用 74LS161 或 74LS160 设计带进位输出的可控计数器。控制信号为 M，当 $M = 0$ 时，为三进制计数器。当 $M = 1$ 时为六进制计数器。画出电路图及对应的状态转换图，并在实验台验证电路。用 Multisim 10 进行仿真，分析仿真结果。

④ 利用两片 74LS161 或 74LS160 设计带进位输出的七十二进制计数器，要求采用串行进位、并行进位两种级联方法设计。画出电路图，并在实验台验证电路。用 Multisim 10 进行仿真，分析仿真结果。

六、Multisim 仿真

① 十二进制计数器（置数法）仿真电路如图 3.8.5 所示。

② 十二进制计数器（置零法）仿真电路如图 3.8.6 所示。

③ 可控计数器仿真电路如图 3.8.7 所示。

④ 七十二进制计数器（并行进位方式）仿真电路如图 3.8.8 所示。

⑤ 七十二进制计数器（串行进位方式）如图 3.8.9 所示。

电路电子技术实验与仿真

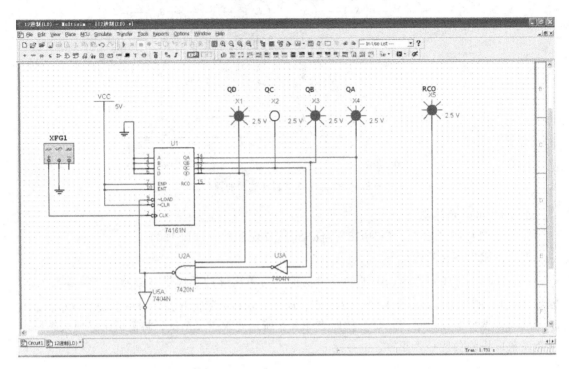

图 3.8.5　十二进制计数器（置数法）

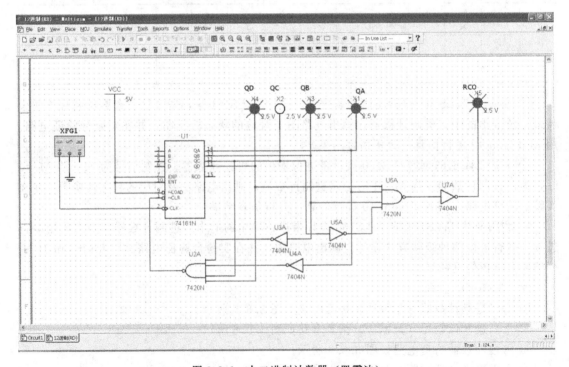

图 3.8.6　十二进制计数器（置零法）

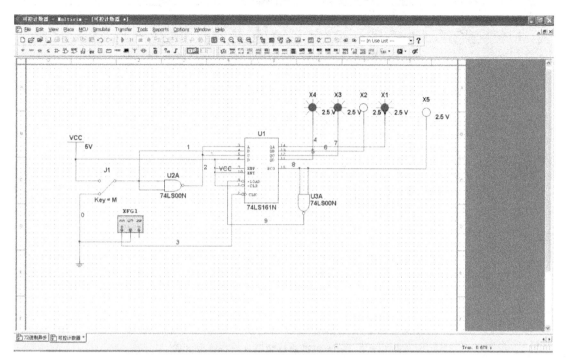

图 3.8.7　可控计数器

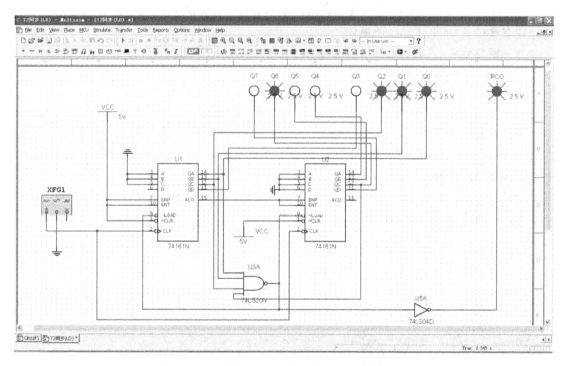

图 3.8.8　七十二进制计数器（并行进位方式）

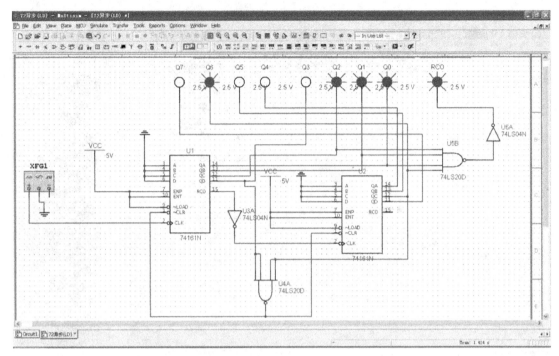

图 3.8.9 七十二进制计数器（串行进位方式）

七、注意事项

① 计数器的输出端 Q_D 为高位，Q_A 为低位。

② 74LS161 或 74LS160 等集成电路所用电源电压不得超过 +5V 或接反，其输出端不得接地或直接接 +5V 电压，以免损坏。

八、预习要求

① 复习计数器的有关内容。

② 阅读实验原理，对照功能表熟悉 74LS160/74LS161 各引脚及其功能。

③ 根据实验要求画出电路图。

九、实验报告

① 画出实验线路图及状态转换图，记录、整理实验现象及实验所观察到的有关波形，并对实验结果进行分析。

② 对所设计电路进行自启动检验？若不能自启动，如何解决？

③ 总结使用集成计数器的体会。

实验九　集成移位寄存器及其应用

一、实验目的
① 了解集成移位寄存器的控制功能。
② 掌握集成移位寄存器的应用。

二、实验原理

移位寄存器的功能是当时钟控制脉冲有效时，寄存器中存储的数码同时顺序向高位（左移）或向低位（右移）移位一位。所以，移位寄存器的各触发器状态必须同时变化，为同步时序电路。

因为数据可以按序逐位从最低位或最高位串行输入移位寄存器，也可以通过置数端并行输入移位寄存器，所以移位寄存器的数据输入、输出方式有并行输入/并行输出、并行输入/串行输出、串行输入/并行输出、串行输入/串行输出。

移位寄存器主要应用于实现数据传输方式的转换（串行到并行或并行到串行）、脉冲分配、序列信号产生以及时序电路的周期性循环控制（计数器）等。

四位移位寄存器 74LS194 的逻辑功能如表 3.9.1 所示。在方式信号 S_1 和 S_0 控制下，74LS194 可以实现右移（串行数据从 S_D 输入）、左移（串行数据从 S_A 输入）、置数（并行数据从 D、C、B、A 输入）及保持（输出不变）功能。

表 3.9.1　四位移位寄存器 74LS194 功能表

C_R	S_1	S_0	S_D	S_A	CP	DCBA	Q_D	Q_C	Q_B	Q_A	功能
0	×	×	×	×	×	×	0	0	0	0	异步复位
1	1	1	×	×	×	dcba	d	c	b	a	同步置数
1	1	1	D_i	×	↑	×	D_i	Q_D	Q_C	Q_B	右移
1	0	1	×	D_i	↑	×	Q_C	Q_B	Q_A	D_i	左移
1	0	0	×	×	↑	×	Q_D	Q_C	Q_B	Q_A	保持

图 3.9.1 为简易乒乓球游戏机电路。输入 R、L 为球拍击球信号，高电平有效，输出 $Q_D \sim Q_A$ 接 4 个发光二极管指示乒乓球的运动轨迹。游戏规则：R 或 L 输入一个正脉冲发球。

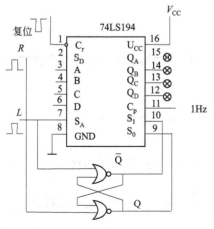

图 3.9.1　乒乓球游戏机电路原理

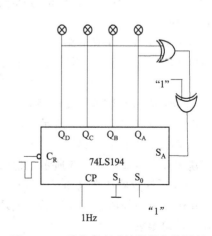

图 3.9.2　移位寄存型计数器电路原理

发光二极管指示球向对方移动，到达对方顶端位置时，对方必须及时接球，使球返回，否则就会失球。输入的移位脉冲频率越高，球的移动轨迹越快，接球难度越大。

实验参考电路：乒乓球游戏机电路原理如图 3.9.1 所示，移位寄存型计数器原理如图 3.9.2 所示。

三、实验仪器与设备

① THD-4 型数字电路实验箱。

② 74LS02 四-2 输入或非门、74LS86 四异或门、74LS194 四位移位寄存器。

四、实验内容与步骤

1. 乒乓球游戏电路实验

① 连接图 3.9.1 电路或非门部分，R 与 L 端接逻辑开关，Q 与 $\overline{Q}$ 端接发光二极管。测试并记录电路的逻辑功能。

② 连接图 3.9.1 电路移位寄存器部分，观察游戏效果。

③ 利用 Multisim 10 仿真电路分析仿真结果。

注意：发球或接球动作是给予 R 或 L 一个正脉冲，即逻辑开关置"1"后必须复"0"，动作必须准确。置"1"的时间过短，发不出球或接不住球；置"1"的时间过长，指示球轨迹的发光二极管可能不是一个而是多个，影响游戏效果。

2. 移位寄存型计数器

连接图 3.9.2 电路。电路复位后输入 1Hz 脉冲，观察电路输出状态是否与理论分析相同。时钟脉冲改为 1kHz，用示波器记录 Q_D 和 Q_C 的输出序列信号的波形。利用 Multisim 10 仿真电路分析仿真结果。

3. 74LS194 构成的四位环形计数器

① 连接电路，输出接发光二极管，时钟接 1Hz，预置控制端接逻辑开关。

② 先预置初值"0001"，然后设置移位工作方式，观察实验结果，记录状态图。

③ 时钟脉冲频率改为 1kHz，用示波器分别观察 4 个输出信号的周期及相位关系，画出波形图。

④ 利用 Multisim 10 仿真电路，分析仿真结果。

4. 四位扭环计数器

连接电路，输出接发光二极管，时钟接 1Hz 脉冲，观察实验效果，记录状态转换关系。利用 Multisim 10 仿真电路，分析仿真结果。

五、Multisim 仿真

1. 乒乓球游戏机仿真电路

创建如图 3.9.3 所示仿真电路，验证乒乓球游戏机电路的逻辑功能，与实验结果进行比较。

2. 移位寄存型计数器仿真电路

创建仿真电路如图 3.9.4 所示，记录状态转换关系，并与实验结果比较。

3. 环形计数器仿真电路

创建仿真电路如图 3.9.5 所示，记录状态转换关系，并与实验结果比较。

4. 扭环形计数器仿真电路

创建仿真电路如图 3.9.6 所示，记录状态转换关系，并与图 3.9.5 进行比较。

六、预习要求

① 分析图 3.9.1 中两个或非门组成什么功能的逻辑电路？说明整个电路的工作原理。

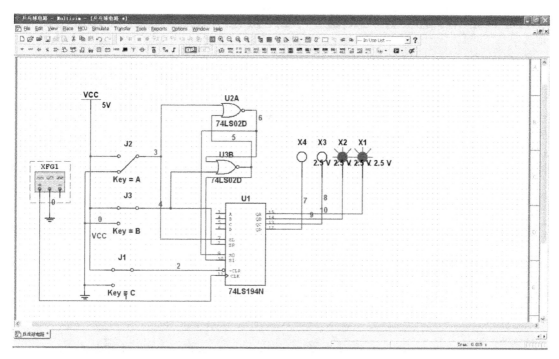

图 3.9.3　乒乓球游戏仿真电路

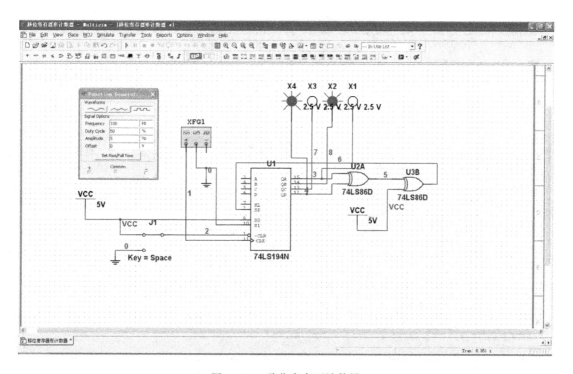

图 3.9.4　移位寄存型计数器

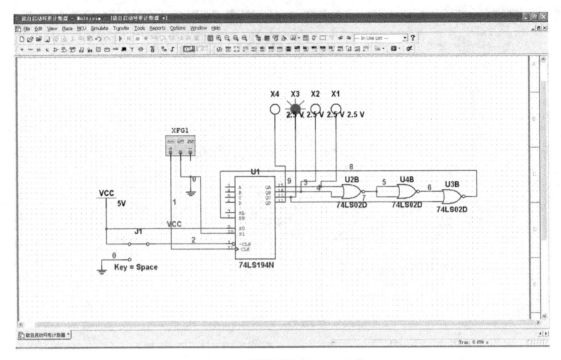

图 3.9.5　环形计数器仿真电路

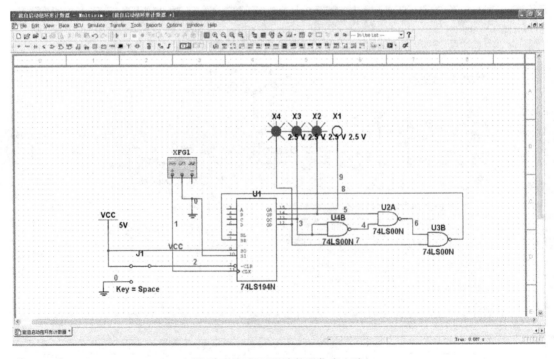

图 3.9.6　扭环形计数器仿真电路

② 如果希望球的运动轨迹用 8 个发光二极管指示，怎样改进电路？

③ 分析图 3.9.2 电路的状态转换关系、输出信号的序列和自启动能力。

④ 用两片 74LS194 设计一个串行数据传输电路，发送方将并行输入的四位二进制数据转换成串行数据输出，接收方将串行输入的数据转换成并行数据输出，信号传输位序任意选择。画出电路原理图。

⑤ 用 74LS194 设计一个四位环行计数器，移位方向任意，可预置初值 "0001"，画电路原理图。

⑥ 用 74LS194 设计一个四位扭环形计数器，移位方向任意，具有复位控制功能，画出电路原理图。

七、思考问题

① 图 3.9.1 电路的缺陷是：如果球未到达对方顶端位置，对方击球，球也返回。思考能否增加一个发球输入信号改进电路以弥补此缺陷？

② 如何修改图 3.9.2 电路使之具有自启动能力？

八、实验报告

① 完成预习内容要求设计的电路原理图。

② 写出图 3.9.2 电路的状态转换图和输出信号序列。

③ 回答思考问题。

实验十　脉冲分配器及其应用

一、实验目的

① 熟悉集成时序脉冲分配器的使用方法及其应用。

② 学习步进电动机的环形脉冲分配器的组成方法。

二、实验原理

1. 脉冲分配器的作用是产生多路顺序脉冲

信号可以由计数器和译码器组成，也可以由环形计数器构成，图 3.10.1 中 CP 端上的系列脉冲经 N 位二进制计数器和相应的译码器，可以转变为 2^N 路顺序输出脉冲。

2. 集成时序脉冲分配器 CC4017

CC4017 是按照 BCD 计数/时序译码器组成的分配器。其功能见表 3.10.1，引脚排列如图 3.10.2 所示。

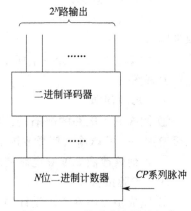

图 3.10.1　脉冲分配器的组成

表 3.10.1　功能表

输　入			输　出	
CP	INH	CR	$Q_0 \sim Q_9$	CO
×	×	1	Q_0	
↑	0	0	计数	Q_0 计数脉冲为 $Q_0 \sim Q_4$ 时：$CO=1$ 计数脉冲为 $Q_5 \sim Q_9$ 时：$CO=0$
1	↓	0		
0	×	0	保持	
×	1	0		
↓	×	0		
×	×	↑	0	

注：CO——进位脉冲输出端；CP——时钟脉冲输入端；CR——清除端；INH——禁止端；$Q_0 \sim Q_9$——计数脉冲输出端。

CC4017 的输出波形如图 3.10.3 所示。

CC4017 应用十分广泛，可用于十进制计数、分频、$1/N$ 计数（$N=2 \sim 10$ 只需用一片，$N>10$ 可用多片器件级联）。图 3.10.4 所示为由两片 CC4017 组成的 60 分频的电路。

3. 步进电动机的环形脉冲分配器

如图 3.10.5 所示为某一个三相步进电动机的驱动电路示意图。A、B、C 分别表示步进电动机的三相绕组。步进电动机按三相六拍方式运行，即要求步进电动机正转时，控制端 $X=1$，使电动机三相绕组的通电顺序为 A→AB→B→BC→C→CA。

要求步进电动机反转时，令控制端 $X=0$，三相绕组的通电顺序改为 A→AC→C→BC→B→AB。

如图 3.10.6 所示为由 3 个 JK 触发器构成的按六拍通电方式的脉冲环形分配器，供参考。要求使步进电动机反转，通常应加有正转脉冲输入控制和反转脉冲输入控制端。此外，由于步进电动机三相绕组任何时刻都不得出现 A、B、C 三相同时通电或同时断电的情况，因此，

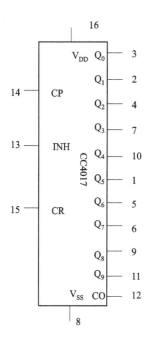

图 3.10.2 CC4017 芯片引脚排列

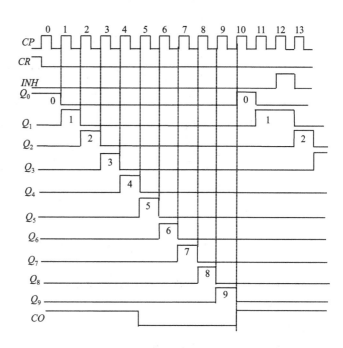

图 3.10.3 CC4017 电压波形

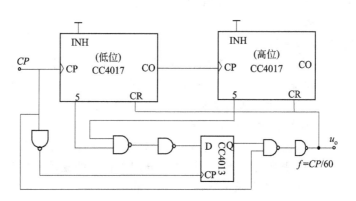

图 3.10.4 60 分频电路

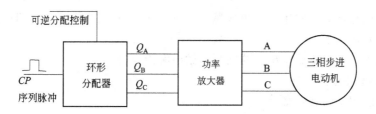

图 3.10.5 三相步进电动机的驱动电路示意图

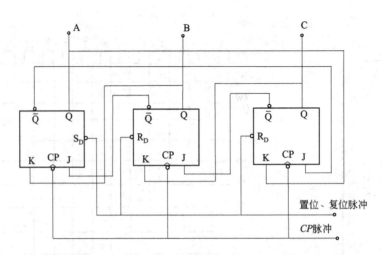

图 3.10.6　六拍通电方式的脉冲环形分配器逻辑图

脉冲分配器的三路输出不允许出现 111 和 000 两种状态。为此，可以给电路增加初态预置环节。

三、实验仪器与设备

① THD-4 型数字电路实验箱。

② GOS-620 双踪示波器。

③ CC4017、CC4013、CC4027、CC4011、CC4085。

四、实验内容与步骤

(1) CC4017 逻辑功能测试

① 参照图 3.10.2，INH、CR 接逻辑开关的输出插口。CP 接单次脉冲源，0～9 十个输出端接实验箱逻辑电平显示输入插口，按功能表要求操作各逻辑开关。清零后，连接送出 10 个脉冲信号，观察 10 个发光二极管的显示状态，并列表记录。

② CP 改接为 1Hz 连续脉冲，观察记录输出状态。

(2) 按图 3.10.4 线路接线，自拟方案验证 60 分频电路的正确性。

(3) 参照图 3.10.6 的线路，设计一个用环形分配器构成的驱动三相步进电动机可逆运行的三相六拍环形分配器线路。要求如下。

① 环形分配器用 CC4013 双 D 触发器、CC4085 与或非门组成。

② 由于电动机三相绕组在任何时刻都不应出现同时通电或同时断电情况，在设计中实现这一要求。

③ 电路安装完成后，先用手控单次脉冲源送入 CP 脉冲进行调试，调试正确后，加入连续脉冲进行动态实验。

④ 整理数据、分析实验中出现的问题，做出实验报告。

五、Multisim 仿真

1. 逻辑功能测试仿真电路

创建如图 3.10.7 所示仿真电路，测试脉冲分配器 4017 的逻辑功能，并与实验结果进行比较。

2. 60 分频仿真电路

创建如图 3.10.8 所示仿真电路，验证 60 分频，并与实验结果进行比较。

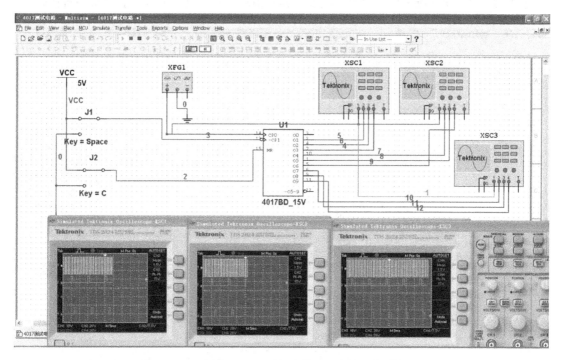

图 3.10.7　逻辑功能测试电路

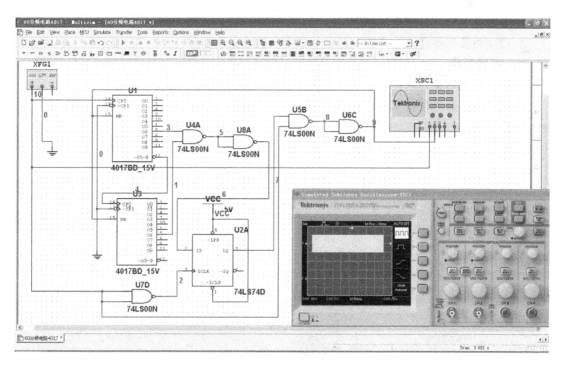

图 3.10.8　60 分频电路

3. 三相六拍环形分配器仿真电路

创建如图 3.10.9 所示仿真电路，验证三相六拍环形分配器，并与实验结果进行比较。

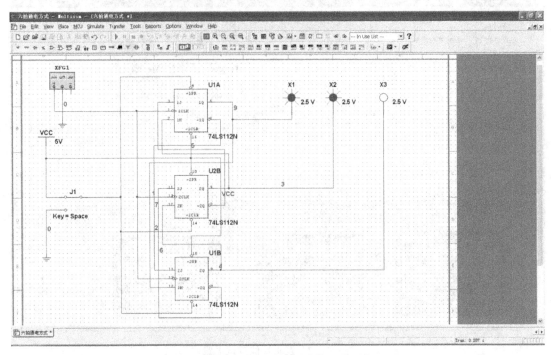

图 3.10.9　三相六拍环形分配器电路

六、预习要求

① 复习有关脉冲分配器的原理。

② 按实验任务要求设计实验线路，并拟定实验方案及步骤。

七、实验报告

① 画出完整的实验线路图。

② 总结分析实验结果及本次实验体会。

实验十一 555 定时电路及其应用

一、实验目的

① 熟悉 555 型集成时基电路结构、工作原理及其特点。

② 掌握 555 型集成时基电路的基本应用。

二、实验任务

① 利用 555 定时器构成施密特触发器、单稳态触发器及多谐振荡电路。

② 用 Multisim 10 进行仿真，并在实验仪器上实现。

三、实验原理

集成时基电路又称为集成定时器或 555 电路，是一种数字、模拟混合型的中规模集成电路，应用十分广泛。它是一种产生时间延迟和多种脉冲信号的电路，由于内部电压标准使用了三个 5kΩ 电阻，故取名 555 电路。其电路类型有双极型和 CMOS 型两大类，二者的结构与工作原理类似。几乎所有的双极型产品型号最后的三位数码都是 555 或 556，所有的 CMOS 产品型号最后四位数码都是 7555 或 7556，二者的逻辑功能和引脚排列完全相同，易于互换。555 和 7555 是单定时器。556 和 7556 是双定时器。双极型的电源电压 $V_{CC} = +5 \sim +15V$，输出的最大电流可达 200mA，CMOS 型的电源电压为 $+3 \sim +18V$。

1. 555 电路的工作原理

555 电路的内部电路方框图如图 3.11.1 所示。它含有两个电压比较器，一个基本 RS 触发器，一个放电开关管 VT，比较器的参考电压由三只 5kΩ 的电阻器构成的分压器提供。它们分别使高电平比较器 A_1 的同相输入端和低电平比较器 A_2 的反相输入端的参考电平为 $\frac{2}{3}V_{CC}$ 和 $\frac{1}{3}V_{CC}$。A_1 与 A_2 的输出端控制 RS 触发器状态和放电管开关状态。当输入信号自 6 脚引入即高电平触发输入并超过参考电平 $\frac{2}{3}V_{CC}$ 时，触发器复位，555 的输出端 3 脚输出低电平，同时放电开关管导通；当输入信号自 2 脚输入并低于 $\frac{1}{3}V_{CC}$ 时，触发器置位，555 的 3 脚输出高电平，同时放电开关管截止。

$\overline{R}_D$ 是复位端（4 脚），当 $\overline{R}_D = 0$，555 输出低电平。平时 $\overline{R}_D$ 端开路或接 V_{CC}。

V_C 是控制电压端（5 脚），平时输出作为比较器 A_1 的参考电平，当 5 脚外接一个输入电压，即改变了比较器的参考电平 $\frac{2}{3}V_{CC}$，从而实现对输出的另一种控制，在不接外加电压时，通常接一个 $0.01\mu F$ 的电容器到地，起滤波作用，以消除外来的干扰，以确保参考电平的稳定。VT 为放电管，当 VT 导通时，将给接于 7 脚的电容器提供低阻放电通路。

555 定时器主要是与电阻、电容构成充放电电路，并由两个比较器来检测电容器上的电压，以确定输出电平的高低和放电开关管的通断。这就很方便地构成从微秒到数十分钟的延时电路，可方便地构成单稳态触发器、多谐振荡器、施密特触发器等脉冲产生或波形变换电路。

2. 555 定时器的典型应用

（1）构成单稳态触发器 图 3.11.2(a) 为由 555 定时器和外接定时元件 R、C 构成的单稳态触发器。触发电路由 C_1、R_1、VD 构成，其中 VD 为钳位二极管，稳态时 555 电路

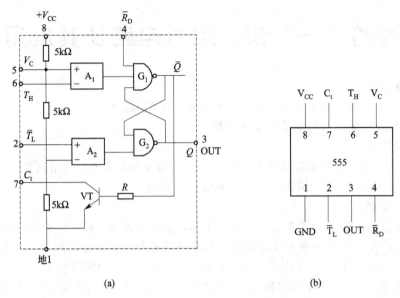

图 3.11.1　555 定时器内部框图及引脚排列

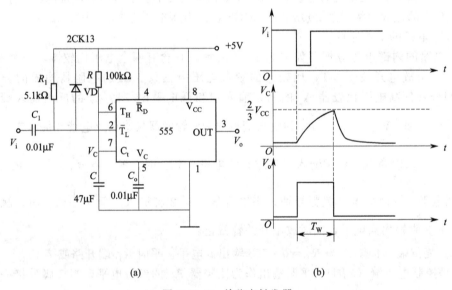

图 3.11.2　单稳态触发器

输入端处于电源电平，内部放电开关管 VT 导通，输出端 OUT 输出低电平，当有一个外部

负脉冲触发信号经 C_1 加到 2 脚。并使 2 脚电位瞬时低于 $\frac{1}{3}V_{CC}$，低电平比较器动作，单稳

态电路即开始一个暂态过程，电容 C 开始充电，V_C 按指数规律增长。当 V_C 充电到 $\frac{2}{3}V_{CC}$

时，高电平比较器动作，比较器 A_1 翻转，输出 V_o 从高电平返回低电平，放电开关管 VT

重新导通，电容 C 上的电荷很快经放电开关管放电，暂态结束，恢复稳态，为下个触发脉

冲的来到做好准备。波形图如图 3.11.2(b) 所示。

　　暂稳态的持续时间 t_w（即为延时时间）决定于外接元件 R、C 值的大小。$t_w = 1.1RC$。

通过改变 R、C 的大小，可使延时时间在几个微秒到几十分钟之间变化。当这种单稳态电路作为计时器时，可直接驱动小型继电器，并可以使用复位端（4 脚）接地的方法来中止暂态，重新计时。此外尚须用一个续流二极管与继电器线圈并接，以防继电器线圈反电势损坏内部功率管。

（2）构成多谐振荡器　　如图 3.11.3(a) 所示，由 555 定时器和外接元件 R_1、R_2、C 构成多谐振荡器，2 脚与 6 脚直接相连。电路没有稳态，仅存在两个暂稳态，电路也不需要外加触发信号，利用电源通过 R_1、R_2 向 C 充电，以及 C 通过 R_2 向放电端 C_t 放电，使电路产生振荡。电容 C 在 $\frac{1}{3}V_{CC}$ 和 $\frac{2}{3}V_{CC}$ 之间充电和放电，其波形如图 3.11.3(b) 所示。输出信号的时间参数是

$$T = t_{w1} + t_{w2},\ t_{w1} = 0.7(R_1 + R_2)C,\ t_{w2} = 0.7R_2C$$

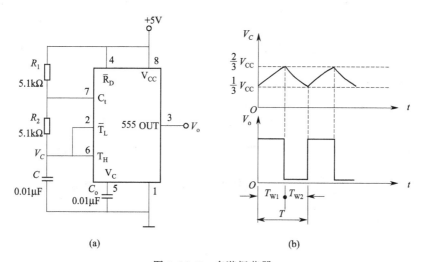

(a)　　　　　　　　　　　　(b)

图 3.11.3　多谐振荡器

555 电路要求 R_1 与 R_2 均应大于或等于 1kΩ，但 $R_1 + R_2$ 应小于或等于 3.3MΩ。

外部元件的稳定性决定了多谐振荡器的稳定性，555 定时器配以少量的元件即可获得较高精度的振荡频率和具有较强的功率输出能力。因此，这种形式的多谐振荡器应用很广。

（3）组成占空比可调的多谐振荡器　　电路如图 3.11.4 所示，它比图 3.11.3 所示电路增加了一个电位器和两个导引二极管。VD_1、VD_2 用来决定电容充、放电电流流经电阻的途径（充电时 VD_1 导通，VD_2 截止；放电时 VD_2 导通，VD_1 截止）。

占空比　　　　　　$$P = \frac{t_{w1}}{t_{w1} + t_{w2}} \approx \frac{0.7R_A C}{0.7C(R_A + R_B)} = \frac{R_A}{R_A + R_B}$$

可见，若取 $R_A = R_B$ 电路即可输出占空比为 50% 的方波信号。

（4）组成占空比连续可调并能调节振荡频率的多谐振荡器　　电路如图 3.11.5 所示。对 C_1 充电时，充电电流通过 R_1、VD_1、R_{W2} 和 R_{W1}；放电时通过 R_{W1}、R_{W2}、VD_2、R_2。当 $R_1 = R_2$、R_{W2} 调至中心点，因充放电时间基本相等，其占空比约为 50%，此时调节 R_{W1} 仅改变频率，占空比不变。如 R_{W2} 调至偏离中心点，再调节 R_{W1}，不仅振荡频率改变，而且对占空比也有影响。R_{W1} 不变，调节 R_{W2}，仅改变占空比，对频率无影响。因此，当接通电源后，应首先调节 R_{W1} 使频率至规定值，再调节 R_{W2}，以获得需要的占空比。若频率调节的范围比较大，还可以用波段开关改变 C_1 的值。

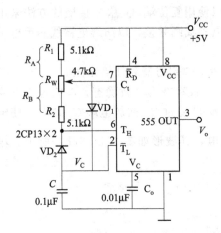

图 3.11.4　占空比可调的多谐振荡器

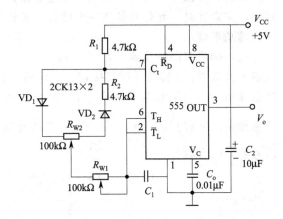

图 3.11.5　占空比与频率均可调的多谐振荡器

（5）组成施密特触发器　电路如图 3.11.6 所示，只要将 2、6 脚连在一起作为信号输入端，即得到施密特触发器。图 3.11.7 示出了 V_S、V_i 和 V_o 的波形图。

设被整形变换的电压为正弦波 V_S，其正半波通过二极管 VD 同时加到 555 定时器的 2 脚和 6 脚，使得 V_i 为半波整流波形。当 V_i 上升到 $\frac{2}{3}V_{CC}$ 时，V_o 从高电平翻转为低电平；当 V_i 下降到 $\frac{1}{3}V_{CC}$ 时，V_o 又从低电平翻转为高电平。电路的电压传输特性曲线如图 3.11.8 所示。其中，回差电压 $\Delta V_T = \frac{2}{3}V_{CC} - \frac{1}{3}V_{CC} = \frac{1}{3}V_{CC}$。

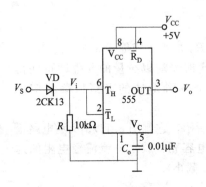

图 3.11.6　施密特触发器

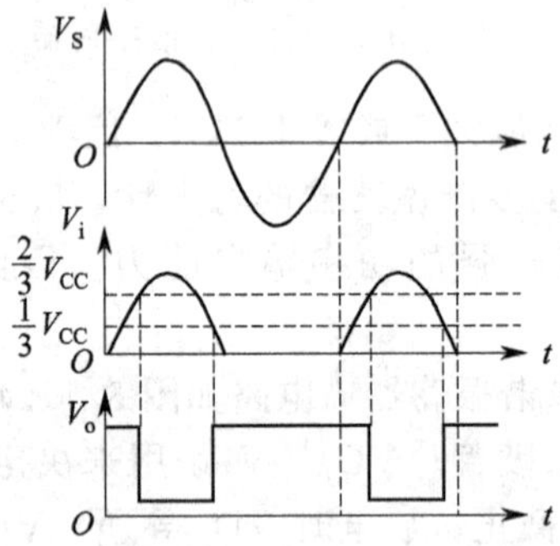

图 3.11.7　波形变换图

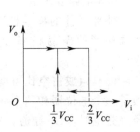

图 3.11.8　电压传输特性

四、实验仪器与设备

① THD-4 型数字电路实验箱。

② GOS-620 示波器。

③ 1 个 NE555、2 个 2CK13。

④ 电位器、电阻、电容若干。

五、实验内容与步骤

（1）单稳态触发器

① 按图 3.11.2 连线，取 $R = 100\text{k}\Omega$，$C = 47\mu\text{F}$，输入信号 V_i 由单次脉冲源提供，用双踪示波器观测 V_i、V_C、V_o 波形。测定幅度与暂稳时间。

② 将 R 改为 $1k\Omega$，C 改为 $0.1\mu F$，输入端加 $1kHz$ 的连续脉冲，观测波形 V_i、V_C、V_o，测定幅度及暂稳时间。

（2）多谐振荡器

① 按图 3.11.3 接线，用双踪示波器观测 V_C 与 V_o 的波形，测定频率。

② 按图 3.11.4 接线，组成占空比为 50% 的方波信号发生器。观测 V_C、V_o 波形，测定波形参数。

③ 按图 3.11.5 接线，通过调节 R_{W1} 和 R_{W2} 来观测输出波形。

（3）施密特触发器　按图 3.11.6 接线，输入信号由音频信号源提供，预先调好 V_S 的频率为 $1kHz$，接通电源，逐渐加大 V_S 的幅度，观测输出波形，测绘电压传输特性，算出回差电压 ΔV_T。

（4）利用 Multisim 10 对上述电路进行仿真，并分析结果。

六、Multisim 仿真

1. 单稳态触发器仿真电路

创建仿真电路如图 3.11.9 所示，测定幅度与暂稳时间，将仿真结果与实验结果进行分析比较。

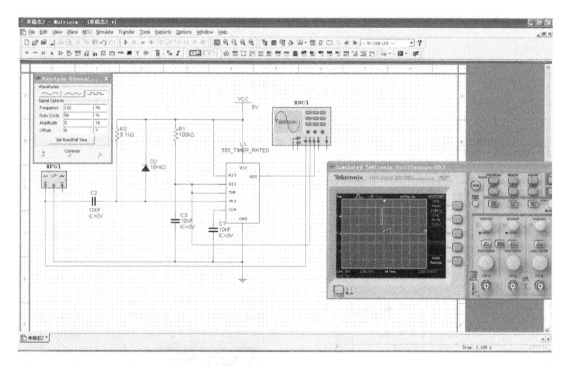

图 3.11.9　单稳态触发器

2. 多谐振荡器

创建仿真电路如图 3.11.10 所示，此多谐振荡电路占空比不可调，且占空比始终大于 50%，测定频率，将仿真结果与实验结果进行分析比较。

3. 占空比可调的多谐振荡器

创建仿真电路如图 3.11.11 所示，此多谐振荡电路占空比可调，图 3.11.11 中占空比等于 50%，测定频率，将仿真结果与实验结果进行分析比较。

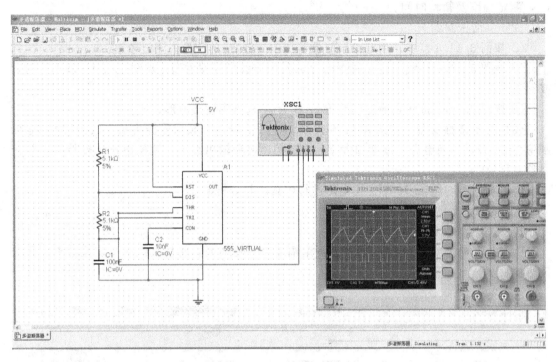

图 3.11.10　多谐振荡器

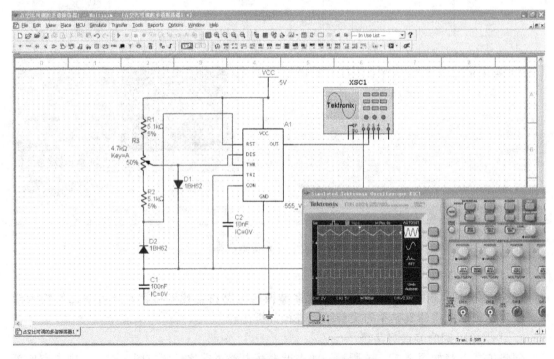

图 3.11.11　占空比可调的多谐振荡器

4. 占空比和频率均可调的多谐振荡器

创建仿真电路如图 3.11.12 所示，此多谐振荡电路占空比和频率均可调，图 3.11.12 中调整变阻器 R_3 改变占空比，调整变阻器 R_4 改变输出信号频率，将仿真结果与实验结果进行分析比较。

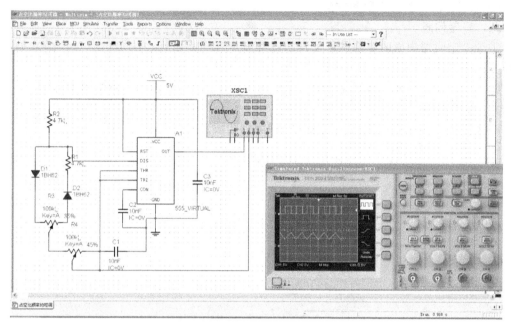

图 3.11.12 占空比和频率均可调的多谐振荡器

5. 施密特触发器

创建仿真电路如图 3.11.13 所示，将仿真结果与实验结果进行分析比较。

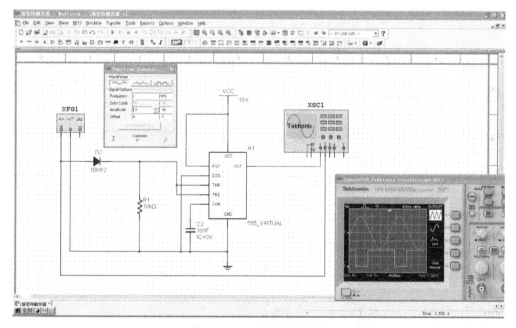

图 3.11.13 施密特触发器

七、预习要求

① 复习有关 555 定时器的工作原理及其应用。

② 拟定实验中所需的数据、表格等。

③ 如何用示波器测定施密特触发器的电压传输特性曲线。

④ 拟定各次实验的步骤和方法。

八、思考问题

① 555 定时器构成的单稳态触发器的脉冲宽度和周期由什么决定？R 与 C 的取值应该怎样分配？为什么？

② 555 定时器构成多谐振荡器时，其振荡周期和占空比的改变与哪些因素有关？

九、实验报告

① 绘出详细的实验线路图，定量绘出观测到的波形并进行相应计算。

② 分析、总结实验结果。

③ 完成思考问题。

实验十二 单稳态触发器与施密特触发器

一、实验目的
① 掌握使用集成门电路构成单稳态触发器的基本方法。
② 熟悉集成单稳态触发器的逻辑功能及其使用方法。
③ 熟悉集成施密特触发器的性能及其应用。

二、实验原理

在数字电路中常使用矩形脉冲作为信号进行信息传递，或作为时钟信号用来控制和驱动电路，使各部分协调动作。一类是自励多谐振荡器，它是不需要外加信号触发的矩形波发生器。另一类是他励电路，包括：单稳态触发器，它需要在外加触发信号的作用下输出具有一定宽度的矩形脉冲波；施密特触发器（整形电路），它对外加的输入信号进行整形，使电路输出矩形脉冲波。

1. 用与非门组成单稳态触发器

利用与非门作开关，依靠定时元件 RC 电路的充、放电电路来控制与非门的启、闭。单稳态电路有微分型与积分型两大类，这两类触发器对触发脉冲的极性与宽度有不同的要求。

（1）微分型单稳态触发器 如图 3.12.1 所示，该电路为负脉冲触发。其中，R_P、C_P 构成输入端微分隔直电路。R、C 构成微分型定时电路，定时元件 R、C 的取值不同，输出脉宽 t_w 也不同，$t_w \approx (0.7 \sim 1.3)RC$。门 G_3 起整形、倒相作用。图 3.12.2 为微分型单稳态触发器各点的波形图，结合波形图说明其工作原理。

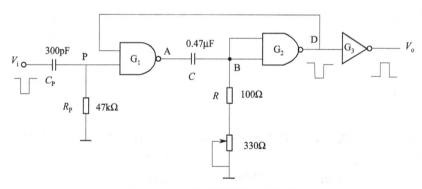

图 3.12.1 微分型单稳态触发器

① 无外界触发脉冲时电路初始稳态（$t < t_1$ 前状态） 稳态时 V_i 为高电平。适当选择电阻 R 的阻值，使与非门 G_2 输入电压 V_B 小于门的关门电平（$V_B < V_{off}$），则门 G_2 关闭，输入 V_D 为高电平。适当选择电阻 R_P 的阻值，使与非门 G_1 的输入电压 V_P 大于门的开门电平（$V_P > V_{on}$），于是 G_1 的两个输入端全为高电平，则 G_1 开启，输出 V_A 为低电平（为方便计，取 $V_{off} = V_{on} = V_T$）。

② 触发翻转（$t = t_1$ 时刻） V_i 负跳变，V_P 也负跳变，门 G_1 输出 V_A 升高，经电容 C 耦合，V_B 也升高，门 G_2 输出 V_D 降低，正反馈到 G_1 输入端，结果使 G_1 输出 V_A 由低电平迅速上跳至高电平，G_1 迅速关闭；V_B 也上跳至高电平，G_2 输出 V_D 则迅速下跳至低电平，G_2 迅速开通。

③ 暂稳状态（$t_1 < t < t_2$） $t > t_1$ 以后，G_1 输出高电平，对电容 C 充电，V_B 随之按指

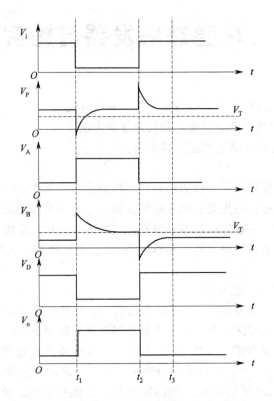

图 3.12.2　微分型单稳态触发器波形图

数规律下降，但只要 $V_B > V_T$，G_1 关、G_2 开的状态将维持不变，V_A、V_D 也维持不变。

④ 自动翻转（$t = t_2$）　$t = t_2$ 时，V_B 下降至门的关门电平 V_T，G_2 的输出 V_D 升高，G_1 的输出 V_A 升高，G_1 的输出 V_A 正反馈作用使电路迅速翻转至 G_1 开启、G_2 关闭的初始稳态。暂稳态持续时间的长短，决定于电容 C 充电时间常数 $\tau = RC$。

⑤ 恢复过程（$t_2 < t < t_3$）　电路自动翻转到 G_1 开启、G_2 关闭后，V_B 不是立即回到初始稳态值，这是因为电容 C 要有一个放电过程。$t > t_3$ 以后，如 V_i 再出现负跳变，则电路将重复上述过程。如果输入脉冲宽度较小时，则输入端可省去 $R_P C_P$ 微分电路。

（2）积分型单稳态触发器　如图 3.12.3 所示，电路采用正脉冲触发，工作波形如图 3.12.4 所示。电路的稳定条件是 $R \leqslant 1\text{k}\Omega$，输出脉冲宽度 $t_w \approx 1.1RC$。

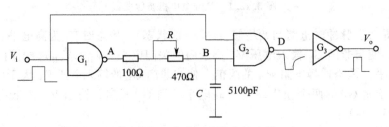

图 3.12.3　积分型单稳态触发器

单稳态触发器的共同特点是：触发脉冲加入之前，电路处于稳态，此时，可以测得各门的输入和输出电位。触发脉冲加入后，电路立刻进入暂稳态，暂稳态的持续时间，即输出脉冲的宽度 t_w 只取决于 RC 值的大小，与触发脉冲宽度无关。

2. 用与非门组成的施密特触发器

施密特触发器能对正弦波、三角波等信号进行整形，并输出矩形波。其特点是：第一，输入信号从低电平上升的过程中，电路状态转换时对应的输入电平与输入信号从高电平下降过程中再次翻转时对应的输入转换电平不同；第二，在电路状态转换时，通过电路内部的正反馈过程使输出电压波形的边沿变得很陡。

图 3.12.5 所示为由与非门组成的施密特触发器的典型电路，设 G_1、G_2 为 CMOS 门电路利用电阻 R_1、R_2 产生回差的电路（$R_1 < R_2$）。其工作情况如下：当 $V_i = 0$ 时，$V_R = 0$，V_P 为高电平，输出 V_o 为低电平。当 V_i 从 0 上升，只有当 V_i 和 V_R 均达到阈值电压，门 G_1 的状态才翻转，即当 V_i 达到 $(1 + R_1/R_2)V_T$ 时，输出 V_o 由低电平翻转为高电平。之后，V_i 继续升高，输出保持高电平不变。当 V_i 从最大值下降，当

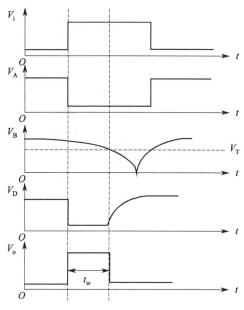

图 3.12.4　积分型单稳态触发器波形图

V_i 和 V_R 均达到阈值电压，门 G_1 的状态由低翻转为高，即当 V_i 达到 $(1 - R_1/R_2)V_T$ 时，输出 V_o 由高电平翻转为低电平。电路的回差 $\Delta V_T = 2(R_1/R_2)V_T$。

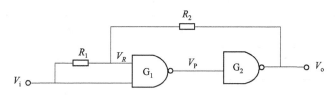

图 3.12.5　与非门组成的施密特触发器

3. 集成单稳态触发器 CC14528（CC4098）

图 3.12.6 为 CC14528（CC4098）的芯片引脚排列。表 3.12.1 为 CC14528（CC4098）的功能表。该器件能提供稳定的单脉冲，脉宽由外部电阻 R_X 和外部电容 C_X 决定，调整 R_X 和 C_X 可使 Q 端和 $\overline{Q}$ 端输出脉冲宽度有一个较宽的范围。本器件可采用上升沿触发（$+TR$），也可用下降沿触发（$-TR$），为使用带来很大的方便。在正常工作时，电路应由每一个新脉冲去触发。当采用上升沿触发时，为防止重复触发，$\overline{Q}$ 端必须连到（$-TR$）端。同样，在使用下降沿触发时，Q 端必须连到（$+TR$）端。

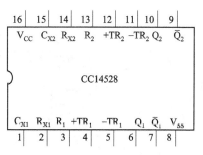

图 3.12.6　CC14528 的芯片引脚排列

该单稳态触发器的时间周期约为 $T_X = R_X C_X$。所有的输出级都有缓冲级，以提供较大的驱动电流。

4. CC14528 应用实例

① 实现脉冲延迟，电路如图 3.12.7(a) 所示，输入与输出波形如图 3.12.7(b) 所示。

② 实现多谐振荡器，电路图及输出波形如图 3.12.8 所示。

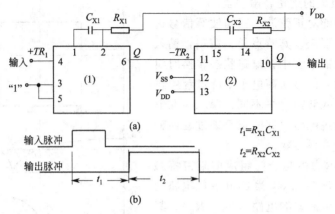

图 3.12.7　实现脉冲延迟

表 3.12.1　CC14528 的功能表

输　　入			输　　出	
$+TR$	$-TR$	$\overline{R}$	Q	$\overline{Q}$
⎍	1	1	⊓	⊔
⎍	0	1	Q	$\overline{Q}$
1	⌐	1	Q	$\overline{Q}$
0	⌐	1	⊓	⊔
×	×	0	0	1

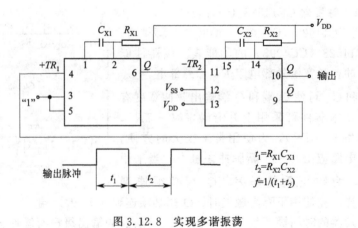

图 3.12.8　实现多谐振荡

5. 集成六施密特触发器 CC40106

如图 3.12.9 所示为其引脚排列，它可用于波形的整形，也可作反相器或构成单稳态触发器和多谐振荡器。

① 将正弦波转换为方波，如图 3.12.10 所示。

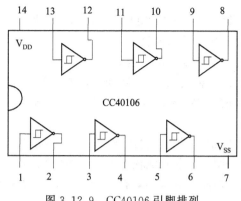

图 3.12.9　CC40106 引脚排列

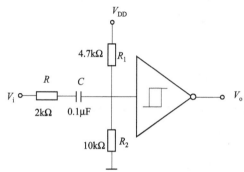

图 3.12.10　正弦波转换为方波

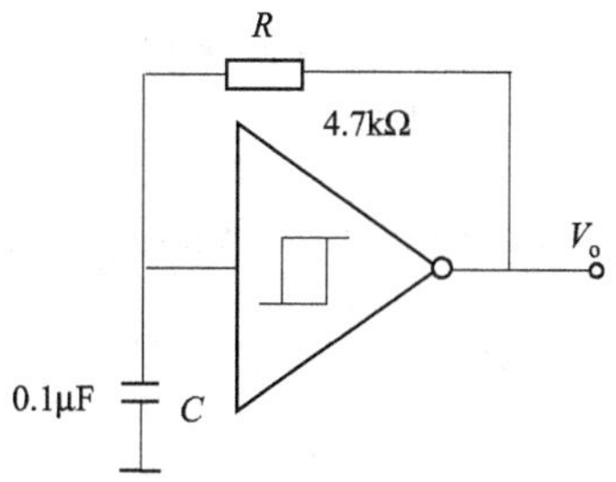

图 3.12.11　正弦波转换为方波电路

② 构成多谐振荡器，如图 3.12.11 所示。

③ 构成单稳态触发器。图 3.12.12(a) 为下降沿触发，图 3.12.12(b) 为上升沿触发。

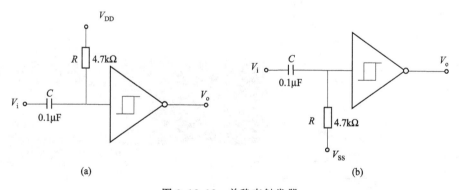

图 3.12.12　单稳态触发器

三、实验仪器与设备

① THD-4 型数字电路实验箱。

② GOS-620 双踪示波器。

③ 数字频率计。

④ CC4011、CC14528、CC40106、2CK15 各一个。

⑤ 电位器、电阻、电容若干。

四、实验内容与步骤

① 按图 3.12.1 接线，输入 1kHz 连续脉冲，用双踪示波器观测各点波形，并记录。

② 改变 C 或 R 值，重复步骤①的内容。

③ 按图 3.12.3 接线，重复步骤①的内容。

④ 按图 3.12.5(a) 接线，令 V_i 在 $0\sim5$V 变化，测量 V_1、V_2 值。

⑤ 按图 3.12.7 接线，输入 1kHz 连续脉冲，用双踪示波器观测输入、输出波形，测定 t_1 与 t_2。

⑥ 按图 3.12.8 接线，用示波器观测输出波形，测定振荡频率。

⑦ 按图 3.12.11 接线，用示波器观测输出波形，测定振荡频率。

⑧ 按图 3.12.10 接线，构成整形电路，被整形信号可由音频信号源提供，图中串联的 $2\text{k}\Omega$ 电阻起限流保护作用。将正弦信号频率置 1kHz，调节信号电压由低到高观测输出波形的变化。记录输入信号为 0V、0.25V、0.5V、1.0V、1.5V、2.0V 时的输出波形。

⑨ 分别按图 3.12.12(a) 和图 3.12.12(b) 接线，进行实验。

五、Multisim 仿真

1. 正弦波转换为方波仿真电路

创建仿真电路如图 3.12.13 所示，观测输入与输出波形。

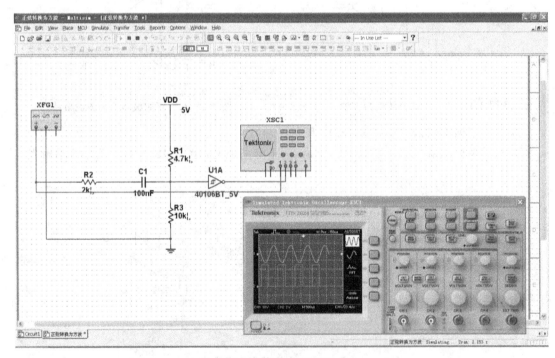

图 3.12.13　正弦波转换为方波

2. 多谐振荡器仿真电路

创建仿真电路如图 3.12.14 所示，观测各点波形情况。

3. 单稳态触发器（下降沿触发）

创建仿真电路如图 3.12.15 所示，验证单稳态触发功能。

4. 单稳态触发器（上升沿触发）

创建仿真电路如图 3.12.16 所示，验证单稳态触发功能。

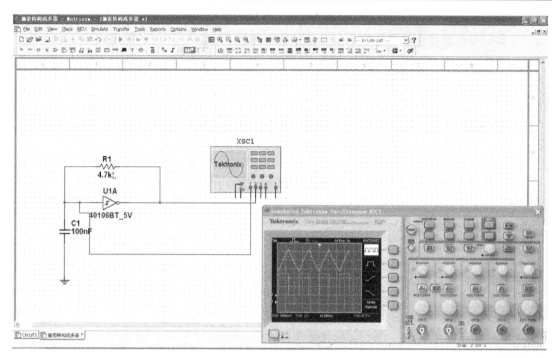

图 3.12.14　多谐振荡器

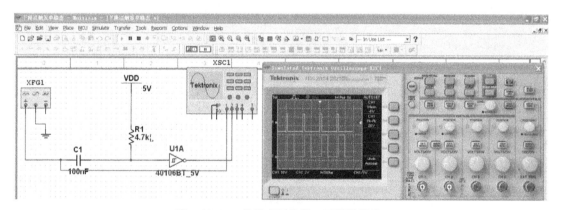

图 3.12.15　单稳态触发器（下降沿触发）

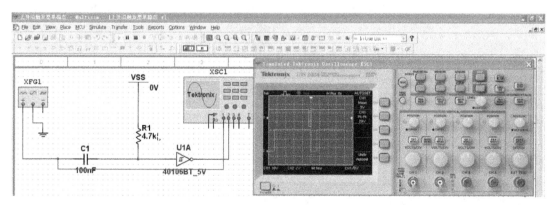

图 3.12.16　单稳态触发器（上升沿触发）

六、预习要求

① 复习有关单稳态触发器和施密特触发器的内容。

② 画出实验用的详细线路图。

③ 拟定各次实验的方法、步骤。

④ 拟好记录实验结果所需的数据、表格等。

七、实验报告

① 绘出实验线路图，用坐标纸记录波形。

② 分析各次实验结果的波形，验证有关理论。

③ 总结单稳态触发器及施密特触发器的特点及其应用。

实验十三　D/A、A/D 转换器

一、实验目的

① 了解 D/A 和 A/D 转换器的基本工作原理和基本结构。

② 掌握大规模集成 D/A 和 A/D 转换器的功能及其典型应用。

二、实验原理

在数字电子技术的很多应用场合往往需要把模拟量转换为数字量，称为模/数转换器（A/D 转换器，简称 ADC）；或把数字量转换成模拟量，称为数/模转换器（D/A 转换器，简称 DAC）。完成这种转换的线路有多种，特别是单片大规模集成 A/D、D/A 转换器的问世，为实现上述的转换提供了极大的方便。使用者借助于手册提供的器件性能指标及典型应用电路，即可正确使用这些器件。本实验将采用大规模集成电路 DAC0832 实现 D/A 转换，ADC0809 实现 A/D 转换。

1. D/A 转换器 DAC0832

DAC0832 是采用 CMOS 工艺制成的单片电流输出型 8 位数/模转换器。图 3.13.1 是 DAC0832 的逻辑框图及引脚排列。

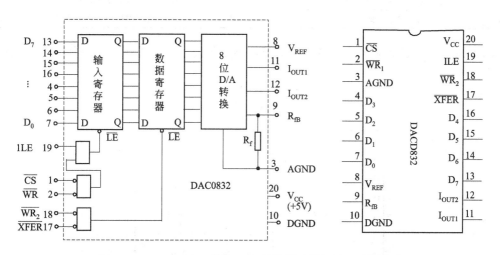

图 3.13.1　DAC0832 单片 D/A 转换器逻辑框图和引脚排列

器件的核心部分采用倒 T 形电阻网络的 8 位 D/A 转换器。如图 3.13.2 所示，它是由倒 T 形 R-$2R$ 电阻网络、模拟开关、运算放大器和参考电压 V_{REF} 四部分组成。

运放的输出电压为 $V_{\mathrm{o}} = \dfrac{-V_{\mathrm{REF}} R_{\mathrm{f}}}{2^n R}(D_{n-1} \times 2^{n-1} + D_{n-2} \times 2^{n-2} + \cdots + D_0 \times 2^0)$

由上式可见，输出电压 V_{o} 与输入的数字量成正比，这就实现了从数字量到模拟量的转换。

一个 8 位的 D/A 转换器，它有 8 个输入端，每个输入端是 8 位二进制数的一位，有一个模拟输出端，输入可有 $2^8 = 256$ 个不同的二进制组态，输出为 256 个电压之一，即输出电压不是整个电压范围内任意值，而只能是 256 个可能值。

DAC0832 的引脚功能说明见表 3.13.1。

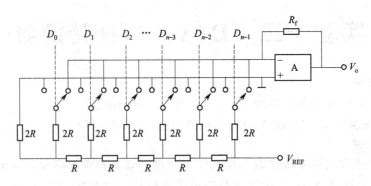

图 3.13.2 倒 T 形电阻网络 D/A 转换电路

表 3.13.1 DAC0832 引脚说明

引　脚	说　明	引　脚	说　明
$D_0 \sim D_7$	数字信号输入端	I_{OUT1},I_{OUT2}	DAC 电流输出端
ILE	输入寄存器允许,高电平有效	R_{fB}	反馈电阻,是集成在片内的外接运放的反馈电阻
$\overline{CS}_0$	片选信号,低电平有效	V_{REF}	基准电压($-10 \sim +10$)V
$\overline{WR}_1$	写信号 1,低电平有效	V_{CC}	电源电压($+5 \sim +15$)V
$\overline{XFER}$	传送控制信号,低电平有效	AGND	模拟地,可与数字地接在一起使用
$\overline{WR}_2$	写信号 2,低电平有效	NGND	数字地,可与模拟地接在一起使用

DAC0832 输出的是电流,要转换为电压,还必须经过一个外接的运算放大器,实验线路如图 3.13.3 所示。

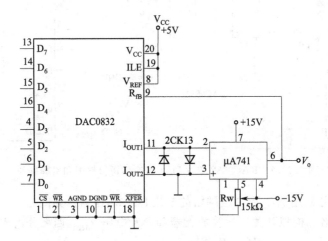

图 3.13.3 D/A 转换器实验线路

2. A/D 转换器 ADC0809

ADC0809 是采用 CMOS 工艺制成的单片 8 位 8 通道逐次渐近型模/数转换器,其逻辑框图及引脚排列如图 3.13.4 所示。

器件的核心部分是 8 位 A/D 转换器,它由比较器、逐次渐近寄存器、D/A 转换器及控制和定时五部分组成。

ADC0809 的引脚功能说明见表 3.13.2。

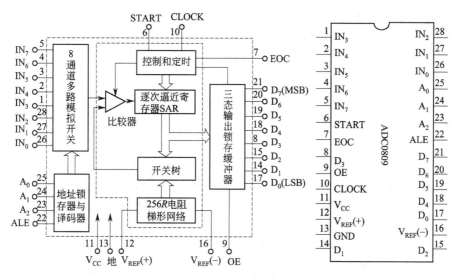

图 3.13.4　ADC0809 转换器逻辑框图及引脚排列

表 3.13.2　ADC0809 的引脚功能说明

引　　脚	说　　明
$IN_0 \sim IN_7$	8 路模拟信号输入端
$A_2 \, 、 A_1 \, 、 A_0$	地址输入端
ALE	地址锁存允许输入信号,在此脚施加正脉冲,上升沿有效,此时锁存地址码,从而选通相应的模拟信号通道,以便进行 A/D 转换
START	启动信号输入端,应在此脚施加正脉冲,当上升沿到达时,内部逐次逼近寄存器复位,在下降沿到达后,开始 A/D 转换过程
EOC	转换结束输出信号(转换结束标志),高电平有效
OE	输入允许信号,高电平有效
CLOCK(CP)	时钟信号输入端,外接时钟频率一般为 640kHz
V_{CC}	+5V 单电源供电
$V_{REF}(+) \, 、 V_{REF}(-)$	基准电压的正极、负极。一般 $V_{REF}(+)$ 接 +5V 电源,$V_{REF}(-)$ 接地
$D_7 \sim D_0$	数字信号输出端

(1) 模拟量输入通道选择　8 路模拟开关由 A_2、A_1、A_0 三地址输入端选通 8 路模拟信号中的任何一路进行 A/D 转换,地址译码与模拟输入通道的选通关系如表 3.13.3 所示。

表 3.13.3　选通关系表

被选模拟通道	地　　址		
	A_2	A_1	A_0
IN_0	0	0	0
IN_1	0	0	1
IN_2	0	1	0
IN_3	0	1	1
IN_4	1	0	0
IN_5	1	0	1
IN_6	1	1	0
IN_7	1	1	1

(2) D/A 转换过程　在启动端(START)加启动脉冲(正脉冲),D/A 转换即开始。如将启动端(START)与转换结束端(EOC)直接相连,转换将是连续的,在用这种转换方式时,开始应在外部加启动脉冲。

三、实验仪器与设备

① THD-4 型数字电路实验箱。

② GOS-620 示波器。

③ MS8215 数字万用表。

④ DAC0832、ADC0809、μA741。

⑤ 电位器、电阻、电容若干。

四、实验内容与步骤

1. D/A 转换器——DAC0832

（1）按图 3.13.3 接线，电路接成直通方式，即 $\overline{CS}$、$\overline{WR_1}$、$\overline{WR_2}$、$\overline{XFER}$ 接地，ILE、V_{CC}、V_{REF} 接 +5V 电源，运放电源接 ±15V，$D_0 \sim D_7$ 接逻辑开关的输出插口，输出端 V_o 接直流数字电压表。

（2）调零，令 $D_0 \sim D_7$ 全置零，调节运放的电位器使 μA741 输出为零。

（3）按表 3.13.4 所列的输入数字信号，用数字电压表测量运放的输出电压 V_o，并将测量结果填入表中，并与理论值进行比较。

表 3.13.4　数据记录表 1

输 入 数 字 量								输出模拟量 V_o/V
D_7	D_6	D_5	D_4	D_3	D_2	D_1	D_0	$V_{CC} = +5V$
0	0	0	0	0	0	0	0	
0	0	0	0	0	0	0	1	
0	0	0	0	0	0	1	0	
0	0	0	0	0	1	0	0	
0	0	0	0	1	0	0	0	
0	0	0	1	0	0	0	0	
0	0	1	0	0	0	0	0	
0	1	0	0	0	0	0	0	
1	0	0	0	0	0	0	0	
1	1	1	1	1	1	1	1	

2. A/D 转换器——ADC0809

按图 3.13.5 接线。

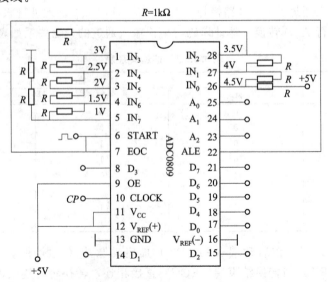

图 3.13.5　ADC0809 实验线路

① 8 路输入模拟信号 1～4.5V，由＋5V 电源经电阻 R 分压组成；变换结果 D_0～D_7 接逻辑电平显示器输入插口，CP 时钟脉冲由计数脉冲源提供，取 $f=100kHz$；A_0～A_2 地址端接逻辑电平输出插口。

② 接通电源后，在启动端（START）加一正单次脉冲，下降沿一到即开始 A/D 转换。

③ 按表 3.13.5 的要求观察，记录 IN_0～IN_7 8 路模拟信号的转换结果，并将转换结果换算成十进制数表示的电压值，并与数字电压表实测的各路输入电压值进行比较，分析误差原因。

表 3.13.5　数据记录表 2

被选模拟通道	输入模拟量	地　　址			输　出　数　字　量								
IN	V_i/V	A_2	A_1	A_0	D_7	D_6	D_5	D_4	D_3	D_2	D_1	D_0	十进制
IN_0	4.5	0	0	0									
IN_1	4.0	0	0	1									
IN_2	3.5	0	1	0									
IN_3	3.0	0	1	1									
IN_4	2.5	1	0	0									
IN_5	2.0	1	0	1									
IN_6	1.5	1	1	0									
IN_7	1.0	1	1	1									

五、预习要求

① 复习 A/D、D/A 转换的工作原理。

② 熟悉 ADC0809、DAC0832 各引脚功能，使用方法。

③ 绘好完整的实验线路和所需的实验记录表格。

④ 拟定各个实验内容的具体实验方案。

六、实验报告

整理实验数据，并分析实验结果。

实验十四 并行加减法运算电路

一、实验目的
① 了解在计算机中加减运算的基本原理。
② 熟悉集成电路的性能及使用方法。
③ 利用所学知识，提高对逻辑电路的综合识图能力。

二、实验任务
用中小规模集成电路设计一个带控制端的并行加、减运算电路。

要求：当控制信号 $M=0$ 时，电路进行加法运算；当控制信号 $M=1$ 时，电路进行减法运算。在实验箱上实现，用 Multisim 10 进行仿真，与实验结果进行比较。

三、实验原理

1. 减法运算的基本原理

在计算机中，为了减少硬件复杂性，减法基本上是通过加法来实现的。这首先需要求出减数的反码（即把该数所有各位的 0 变为 1，1 变为 0），再在结果上加 1 得到补码，然后加到被减数上即可。例如：从 1100 减去 0101。

被减数	1100
减数的补码	$+$ 1011

$$10111$$

略去此进位$\longrightarrow$　　结果是 0111

2. 求二进制数反码电路

可以用异或门来实现，$A \oplus 1 = \overline{A}$，$A \oplus 0 = A$，可选用 74LS86 四异或门。

3. 并行加减运算的电路原理

如图 3.14.1 所示，将待加减的数据先送入寄存器存储起来，存储之前清零，把数据 $A = A_3 A_2 A_1 A_0$ 送到寄存器①中，数据 $B = B_3 B_2 B_1 B_0$ 送到寄存器②中，寄存器②的输出送

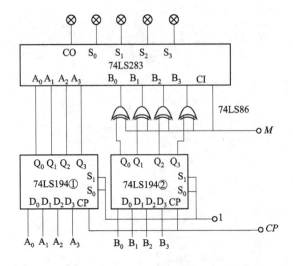

图 3.14.1　并行加减运算的电路原理图

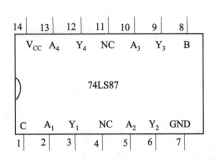

图 3.14.2　74LS87 集成芯片引脚图

到异或门的输入。$M=0$ 时，电路进行加法运算，异或门的输出与输入数据相同。$M=1$ 时，电路进行减法运算，异或门的输出是输入的反码。最后，将两路数据送入四位全加器相加得 $S=A+B$ 或 $S=A-B$ 的结果。在做减法运算时，对其结果 $S=A-B$ 中的进位位 CO 要注意：当 $A>B$ 时，$CO=1$ 要略去；当 $A<B$ 时，$CO=0$，此时表示有借位，也即表示 $S=A-B$ 是负数。

4. 74LS87 互补器

74LS87 互补器是四位正/反码选择器，其引脚排列如图 3.14.2 所示。互补器的工作由 B 和 C 端控制。当 B 和 C 端的输入均为低电平时，四位二进制输入 $A_1 A_2 A_3 A_4$ 将以反码形式传输到输出 $Y_1 Y_2 Y_3 Y_4$；B 为低电平但 C 为高电平时，四位二进制输入 $A_1 A_2 A_3 A_4$ 将以原码形式传输到输出 $Y_1 Y_2 Y_3 Y_4$；B 为高电平时，输出将是 C 端输入电平的反码而和数据输入电平无关，如表 3.14.1 所示。

表 3.14.1　74LS87 互补器功能表

控制输入		输　　出			
B	C	Y_1	Y_2	Y_3	Y_4
0	0	$\overline{A_1}$	$\overline{A_2}$	$\overline{A_3}$	$\overline{A_4}$
0	1	A_1	A_2	A_3	A_4
1	0	1	1	1	1
1	1	0	0	0	0

四、实验仪器与设备

① THD-4 型数字电路实验箱。

② GOS-620 示波器。

③ 74LS194 双向移位寄存器、74LS86 四-2 输入异或门、74LS283 四位二进制全加器、74LS87 四位互补器。

五、实验内容与步骤

① 按图 3.14.1 所示电路，在实验箱上接线。

② 测试电路的加法、减法功能，将数据填入表 3.14.2 中。

③ 画出用 74LS87 替代 74LS86 后的电路原理图，并验证设计结果。

表 3.14.2　加法、减法功能测试表

输　　入								输　　出			
A				B				$M=0$		$M=1$	
A_3	A_2	A_1	A_0	B_3	B_2	B_1	B_0	CO	$S_3 S_2 S_1 S_0$	CO	$S_3 S_2 S_1 S_0$
1	0	1	1	0	1	1	1				
0	1	0	1	0	0	1	0				

六、Multisim 仿真

并行加减法运算仿真电路。如图 3.14.3 所示创建仿真电路，将运行结果与实验结果进行分析比较。

七、预习要求

① 认真阅读电路原理图，分析工作原理，明确各部分作用。

② 查阅有关资料，熟悉所用集成电路的逻辑功能及引脚图，画好电路接线图。

八、实验报告

① 整理所测实验数据，阐述电路的工作原理。

② 比较分析以上两种电路的结果及优点。

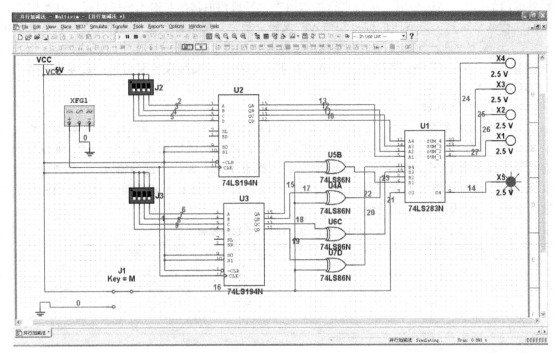

图 3.14.3 并行加减法运算仿真电路

实验十五　模拟电机运转规律控制电路

一、实验目的
① 掌握产生脉冲序列的一般方法。
② 掌握用计数器、译码器和逻辑门构成控制器的方法。
③ 熟悉移位寄存器的功能。
④ 熟悉可逆计数器的功能。

二、实验任务
用中规模集成电路设计一个模拟电机运转规律控制电路。

要求：利用发光二极管观察光点移动规律。光点右移表示电动机正转；光点左移表示电动机反转；光点不动表示电动机停止。其规律是：正转 20s—停 10s—反转 20s—停 10s，循环下去。用 Multisim 10 进行仿真，并在实验箱上实现。

三、实验原理

1. 可逆计数器
74LS190 是同步十进制可逆计数器，它是靠加/减控制端来实现加法计数和减法计数的。其引脚排列如图 3.15.1 所示，功能表如表 3.15.1 所示。

表 3.15.1　74LS190 功能表

$\overline{LD}$	$\overline{CT}$	$\overline{U}/D$	CP	D_3	D_2	D_1	D_0	Q_3	Q_2	Q_1	Q_0
0	×	×	×	d_3	d_2	d_1	d_0	d_3	d_2	d_1	d_0
1	0	0	↑	×	×	×	×	加		计	数
1	0	1	↑	×	×	×	×	减		计	数
1	1	×	×	×	×	×	×	保			持

引脚说明如下。

CO/BO：进位输出/借位输出端。

CP：时钟输入端。

$\overline{CT}$：计数控制端（低电平有效）。

$D_3 \sim D_0$：并行数据输入端。

$\overline{LD}$：异步并行置入控制端（低电平有效）。

$Q_3 \sim Q_0$：输出端。

RC：行波时钟输出端（低电平有效）。

$\overline{U}/D$：加/减计数方式控制端。

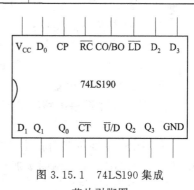

图 3.15.1　74LS190 集成
芯片引脚图

74LS190 的预置是异步的。当置入控制端（$\overline{LD}$）为低电平时，不管时钟端（CP）状态如何，输出端（$Q_3 \sim Q_0$）即可预置成与数据输入端（$D_3 \sim D_0$）相一致的状态。

74LS190 的计数是同步的，靠 CP 同时加在四个触发器上而实现的。当计数控制端（$\overline{CT}$）为低电平时，在 CP 上升沿作用下 $Q_3 \sim Q_0$ 同时变化，从而消除了异步计数器中出现的计数尖峰。当计数方式控制（$\overline{U}/D$）为低电平时进行加计数；当计数方式控制（$\overline{U}/D$）为高电平时进行减计数。只有在 CP 为高电平时，$\overline{CT}$ 和 $\overline{U}/D$ 才可以跳变。

74LS190 有超前进位功能。当计数上溢或下溢时，进位/借位输出端（CO/BO）输出一个宽度约等于 CP 脉冲周期的高电平脉冲；行波时钟输出端（$\overline{RC}$）输出一个宽度等于 CP 低电平部分的低电平脉冲。

利用 $\overline{RC}$ 端可级联成 N 位同步计数器。当采用并行 CP 控制时，则将 $\overline{RC}$ 接到后一级 $\overline{RC}$；当采用串行 $\overline{RC}$ 控制时，则将 $\overline{RC}$ 接到后一级 CP。

2. 脉冲序列发生器

脉冲序列发生器能够产生一组在时间上有先后的脉冲序列，利用这组脉冲可以使控制形成所需的各种控制信号。通常脉冲序列发生器由译码器和计数器构成。

用 74LS161 和 74LS138 及逻辑门产生脉冲序列。

将 74LS161 接成十二进制计数器，然后接入译码器。电路如图 3.15.2 所示。

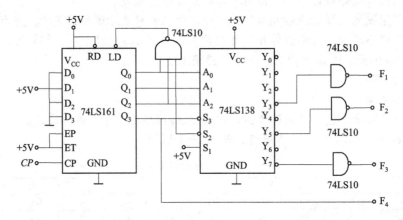

图 3.15.2　用 74LS161 和 74LS138 及逻辑门构成的脉冲序列发生器

3. 控制器

74LS161、74LS138、74LS194 及与非门构成的控制器如图 3.15.3 所示。

74LS161 接成六进制计数器，与十进制计数器构成六十进制计数器，通过 74LS138 译码器及与非门得到控制信号，控制寄存器的工作状态，使寄存器的输出端的发光二极管产生亮、灭变化，从而实现光点的移动。

四、实验仪器与设备

① THD-4 型数字电路实验箱。

② GOS-620 示波器。

③ 74LS194 四位双向移位寄存器、74LS161 四位二进制同步计数器、74LS138 3 线-8 线译码器、74LS190 十进制同步加/减计数器、74LS10 三-3 输入与非门。

五、实验内容与步骤

用光点移动模拟电机运转规律，如图 3.15.3 所示。

① 将 74LS190 接成十进制减法计数器。计数器 74LS190 的加/减控制端接高电平，使其为减法计数。置入端加高电平，允许端加低电平，加脉冲信号使 74LS190 工作。观察输出状态，若做减法计数，则进行下一步。

② 将 74LS161 接成六进制加法计数器。检查是否构成了六进制加法计数，观察输出状态，若正确，则进行下一步。

③ 用 74LS190、74LS161、74LS138 及与非门构成控制器。控制器产生信号 S_1、S_0，观察 S_1、S_0 的状态是否符合要求，若符合，则进行下一步。

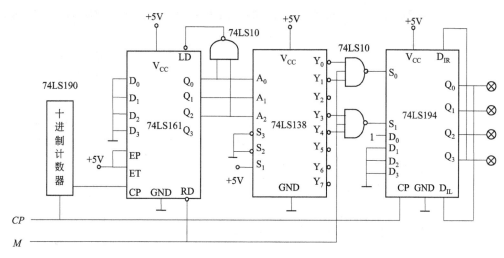

图 3.15.3　控制器

④ 用 74LS194 模拟电机运转。74LS194 的输出端接发光二极管，要求能够控制光点右移、左移、停止。观察光点移动规律。光点右移表示电动机正转；光点左移表示电动机反转；光点不移表示电动机停止。其规律是：正转 20s—停 10s—反转 20s，循环下去。模拟电机运转，若达到要求，则结束；否则查找原因，进一步调试，直到达到要求为止。

⑤ 将测试结果填入表 3.15.2 中。

表 3.15.2　数据表

CP	M	74LS161			74LS10		74LS194			
		Q_2	Q_1	Q_0	S_1	S_0	Q_3	Q_2	Q_1	Q_0
↑	0									
↑	1									
↑	1									
↑	1									
↑	1									
↑	1									
↑	1									

按图 3.15.2 所示电路在实验箱上接线，验证其功能。

六、Multisim 仿真

1. 模拟电机运转规律控制仿真电路

创建如图 3.15.4 所示仿真电路，将运行结果与实验所得结果进行比较。

2. 脉冲序列发生器仿真电路

创建如图 3.15.5 所示仿真电路，将运行结果与实验所得结果进行比较。

七、预习要求

① 认真阅读电路原理图，分析工作原理，明确各部分作用。

② 查阅有关资料，熟悉所用集成电路的逻辑功能及引脚图，画好电路接线图。

八、实验报告

① 分析电路的工作原理，写出实验内容与步骤，画出逻辑图。

② 记录测得的数据，整理实验记录。

③ 分析实验中故障的原因及排除方法。

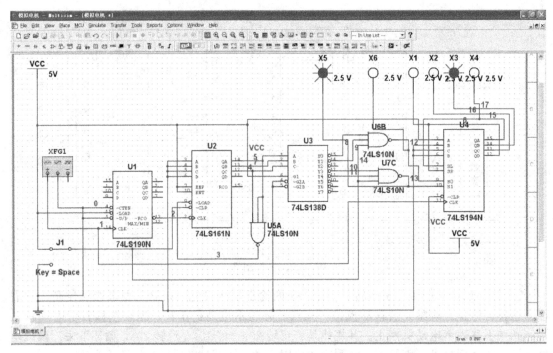

图 3.15.4　模拟电机运转规律控制电路

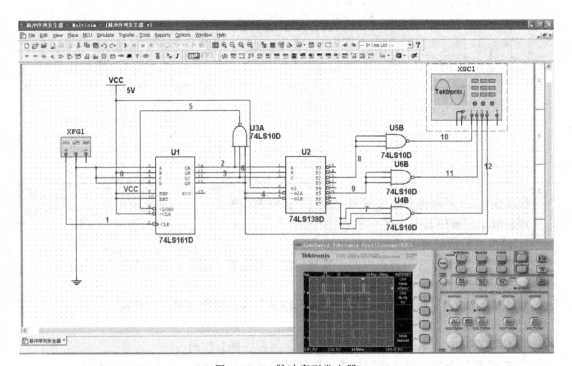

图 3.15.5　脉冲序列发生器

实验十六　智力竞赛抢答装置

一、实验目的

① 学习数字电路中 D 触发器、分频电路、多谐振荡器、CP 时钟脉冲源等电路的综合运用。

② 熟悉智力竞赛抢答器的工作原理。

③ 了解简单数字系统实验、调试及故障排除方法。

二、实验任务

设计一智力竞赛抢答装置，要求当主持人宣布"抢答开始"后，首先作出判断的参赛者立即按下开关，信号提示此选择具有抢答资格，同时，其余三个抢答者的信号无效，直到再次清除此次抢答信号为止。

三、实验原理

图 3.16.1 为供四人用的智力竞赛抢答装置线路，用以判断抢答优先权。

抢答器应实现以下功能：清零功能、抢答键控制功能、显示功能。

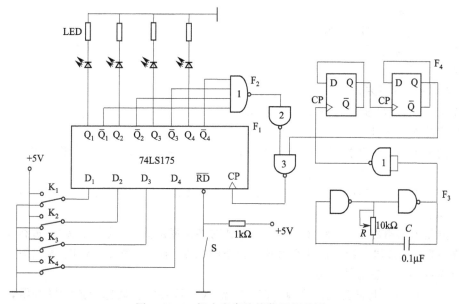

图 3.16.1　智力竞赛抢答装置原理图

1. 清零功能

可用触发器异步复位端实现，由主持人控制。

2. 抢答键控制功能

可用触发器和门电路实现。一旦接收了最先按下键的参赛者的信号后不再接收其他信号。

3. 显示功能

可用发光二极管显示。图中 F_1 为四 D 触发器 74LS175。74LS175 为四位并行输入、并行输出寄存器，其功能表见表 3.16.1。它具有公共置 0 端和公共 CP 端，引脚排列如图 3.16.2 所示。

表 3.16.1　74LS175 功能表

输　　入			输　　出	
$\overline{RD}$	CP	D	Q	$\overline{Q}$
0	×	×	0	1
1	↑	0	0	1
1	↑	1	1	0
1	0	×	保持原状态	

F_2 为双 4 输入与非门 74LS20；F_3 是由 74LS00 组成的多谐振荡器；F_4 是由 74LS74 组成的四分频电路。F_3、F_4 组成抢答电路中的 CP 时钟脉冲源，抢答开始时，由主持人清除信号，按下复位开关 S，74LS175 的输出 $Q_1 \sim Q_4$ 全为 0，所有发光二极管 LED 均熄灭，当主持人宣布"抢答开始"后，首先作出判断的参赛者立即按下开关，对应的发光二极管点亮，同时，通过与非门 F_2 送出信号锁住其余三个抢答者的电路，不再接受其他信号，直到主持人再次清除信号为止。

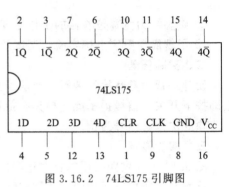

图 3.16.2　74LS175 引脚图

四、实验仪器与设备

① THD-4 数字电路实验箱。

② GOS-620 示波器。

③ 数字频率计。

④ 直流数字电压表。

⑤ 74LS175、74LS20、74LS74、74LS00。

五、实验内容与步骤

（1）测试各触发器及各逻辑门的逻辑功能。试测方法参照实验二及实验九有关内容，判断器件的好坏。

（2）按图 3.16.1 接线，抢答器 5 个开关接实验装置上的逻辑开关，发光二极管接逻辑电平显示器。

（3）开抢答器电路中 CP 脉冲源电路，单独对多谐振荡器 F_3 及分频器 F_4 进行调试，调整多谐振荡器 10kΩ 电位器，使其输出脉冲频率约为 4kHz，观察 F_3 及 F_4 输出波形及测试其频率（参照实验十三有关内容）。

（4）测试抢答器电路功能。接通＋5V 电源，CP 端接实验装置上连续脉冲源，取重复频率约 1kHz。

① 抢答开始前，开关 K_1、K_2、K_3、K_4 均置"0"，准备抢答，将开关 S 置"0"，发光二极管全熄灭，再将 S 置"1"。抢答开始，K_1、K_2、K_3、K_4 某一开关置"1"，观察发光二极管的亮、灭情况，然后再将其他三个开关中任一个置"1"，观察发光二极管的亮、灭有无改变。

② 重复①的内容，改变 K_1、K_2、K_3、K_4 任一个开关状态，观察抢答器的工作情况。

③ 整体测试。断开实验装置上的连续脉冲源，接入 F_3 及 F_4，再进行实验。

六、Multisim 仿真

智力竞赛抢答装置。创建如图 3.16.3 所示的仿真电路，将运行结果与实验所得结果进行比较。

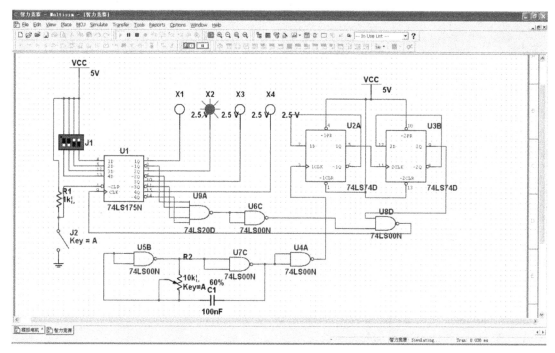

图 3.16.3　智力竞赛抢答装置仿真电路

七、预习要求

① 触发器、门电路、定时器的逻辑功能和特点。

② 所用器件的功能和外部引线排列。

八、思考问题

若在图 3.16.1 电路中加一个计时功能，要求计时电路显示时间精确到秒，最多限制为 2min，一旦超出时限，则取消抢答权，电路如何改进？

九、实验报告

① 分析智力竞赛抢答装置各部分功能及工作原理。

② 总结数字系统的设计、调试方法。

③ 分析实验中出现的故障及解决办法。

④ 回答思考问题。

第四篇　电子技术课程设计

课程设计一　串联型晶体管稳压电源

一、课程设计的目的

① 研究单相桥式整流、电容滤波电路的特性。

② 学习串联型晶体管稳压电源的设计方法以及主要技术指标的测试方法。

二、设计要求及主要技术指标

1. 设计要求

（1）方案论证，确定总体电路原理方框图。

（2）单元电路设计，元器件选择。

（3）安装调试及测量结果。

2. 主要技术指标

（1）电网供给的交流电压 u_1 为 220V、50Hz。

（2）变压器输出电压 u_2 为 18～20V、50Hz。

（3）稳压电源输出直流可调电压 $6V < U_o < 15V$，最大负载电流为 100mA 左右。

（4）驱动负载 $120\Omega < R_L < 240\Omega$。

三、主要设备与器件

① 电源变压器。

② 滑线变阻器 300Ω/1A。

③ 晶体三极管 3DG6×2（9011×2），3DG12×1（9013×1）。

④ 晶体二极管 1N4007×4，稳压管 1N4735×1。

⑤ 电阻器、电容器若干。

四、稳压电源原理

电子设备一般都需要直流电源供电。这些直流电源除了少数直接利用干电池和直流发电机外，大多数是采用把交流电（市电）转变为直流电的直流稳压电源。

直流稳压电源由电源变压器、整流电路、滤波电路和稳压电路四部分组成，其原理框图如图 4.1.1 所示。电网供给的交流电压 u_1（220V，50Hz）经电源变压器降压后，得到符合电路需要的交流电压 u_2，然后由整流电路变换成方向不变、大小随时间变化的脉动电压 u_3，再用滤波器滤去其交流分量，就可得到比较平直的"直流"电压 u_I。但这样的直流输出电压还会随交流电网电压的波动或负载的变动而变化。在对直流供电要求较高的场合，还需要使用稳压电路，以保证输出直流电压更加稳定。

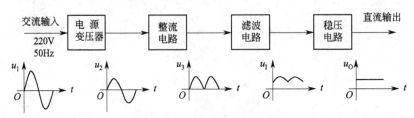

图 4.1.1　直流稳压电源框图

图 4.1.2 是由分立元件组成的串联型稳压电源的电路图。其整流部分为单相桥式整流、电容滤波电路。稳压部分为串联型稳压电路，它由调整元件（晶体管 VT_1）、比较放大器

VT_2、R_7，取样电路 R_1、R_2、R_W，基准电压电路 VZ、R_3 和过流保护电路 VT_3 管及电阻 R_4、R_5、R_6 等组成。整个稳压电路是一个具有电压串联负反馈的闭环系统，其稳压过程为：当电网电压波动或负载变动引起输出直流电压发生变化时，取样电路取出输出电压的一部分送入比较放大器，并与基准电压进行比较，产生的误差信号经 VT_2 放大后送至调整管 VT_1 的基极，使调整管改变其管压降，以补偿输出电压的变化，从而达到稳定输出电压的目的。

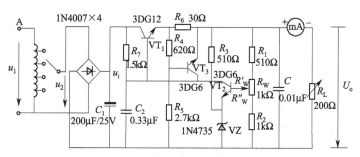

图 4.1.2　串联型稳压电源原理电路

由于在稳压电路中调整管与负载串联，因此流过它的电流与负载电流一样大。当输出电流过大或发生短路时，调整管会因电流过大或电压过高而损坏，所以需要对调整管加以保护。在图 4.1.2 电路中，晶体管 VT_3、R_4、R_5、R_6 组成减流型保护电路。此电路设计在 $I_{oP}=1.2I_o$ 时开始起保护作用，此时输出电流减小，输出电压降低。故障排除后电路应能自动恢复正常工作。在调试时，若保护提前作用，应减少 R_6 值；若保护作用滞后，则应增大 R_6 值。

稳压电源的主要性能指标有以下几个。

① 输出电压 U_o 和输出电压调节范围

$$U_o = \frac{R_1 + R_W + R_2}{R_2 + R''_W}(U_Z + U_{BE2})$$

调节 R_W 可以改变输出电压 U_o。

② 最大负载电流 I_{om}。

③ 输出电阻 R_o。输出电阻 R_o 定义为：当输入电压 U_i（指稳压电路输入电压）保持不变，由于负载变化而引起的输出电压变化量与输出电流变化量之比，即

$$R_o = \frac{\Delta U_o}{\Delta I_o}\bigg|U_i = 常数$$

④ 稳压系数 S（电压调整率）。稳压系数定义为：当负载保持不变时，输出电压相对变化量与输入电压相对变化量之比，即

$$S = \frac{\Delta U_o / U_o}{\Delta U_i / U_i}\bigg|R_L = 常数$$

由于工程上常把电网电压波动 $\pm 10\%$ 作为极限条件，因此也有将此时输出电压的相对变化 $\Delta U_o / U_o$ 作为衡量指标，称为电压调整率。

⑤ 纹波电压。输出纹波电压是指在额定负载条件下，输出电压中所含交流分量的有效值（或峰值）。

五、安装测试内容与步骤

参照图 4.1.2 安装电路，调试测量时按下列各步骤进行。

1. 整流滤波电路测试

参照图 4.1.3 连接电路。取可调工频电源电压为 16V，作为整流电路输入电压 u_2。

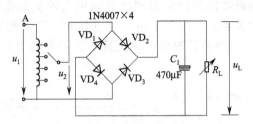

图 4.1.3　整流滤波电路

① 取 $R_L = 240\Omega$，不加滤波电容，测量直流输出电压 U_L 及纹波电压 $\tilde{U}_L$，并用示波器观察 u_2 和 u_L 波形，记入表 4.1.1。

② 取 $R_L = 240\Omega$，$C = 470\mu F$，重复内容①的要求，记入表 4.1.1。

③ 取 $R_L = 120\Omega$，$C = 470\mu F$，重复内容①的要求，记入表 4.1.1。

表 4.1.1　数据记录表 1　　　　　　　　　　　　　　　　$U_2 = 16V$

电　路　形　式		U_L/V	$\tilde{U}_L/V$	u_L 波形
$R_L = 240\Omega$				
$R_L = 240\Omega$ $C = 470\mu F$				
$R_L = 120\Omega$ $C = 470\mu F$				

注意：

① 每次改接电路时，必须切断工频电源；

② 在观察输出电压 u_L 波形的过程中，"Y轴灵敏度"旋钮位置调好以后，不要再变动，否则将无法比较各波形的脉动情况。

2. 串联型稳压电源性能测试

切断工频电源，在图 4.1.3 基础上按图 4.1.2 连接电路。

（1）初测　稳压器输出端负载开路，断开保护电路，接通 16V 工频电源，测量整流电路输入电压 U_2，滤波电路输入电压 U_i（稳压器输入电压）及输出电压 U_o。调节电位器 R_W，观察 U_o 的大小和变化情况，如果 U_o 能跟随 R_W 线性变化，这说明稳压电路各反馈环路工作基本正常。否则，说明稳压电路有故障，因为稳压器是一个深负反馈的闭环系统，只要环路中任一个环节出现故障（某管截止或饱和），稳压器就会失去自动调节作用。此时可分别检查基准电压 U_Z、输入电压 U_i、输出电压 U_o，以及比较放大器和调整管各电极的电位（主要是 U_{BE} 和 U_{CE}），分析它们的工作状态是否都处在线性区，从而找出不能正常工作的原因。排除故障以后就可以进行下一步测试。

（2）测量输出电压可调范围　接入负载 R_L（滑线变阻器），并调节 R_L，使输出电流 $I_o \approx 100\text{mA}$。再调节电位器 R_W，测量输出电压可调范围 $U_{omin} \sim U_{omax}$，且使 R_W 动点在中间位置附近时 $U_o = 12\text{V}$。若不满足要求，可适当调整 R_1、R_2 值。

（3）测量各级静态工作点　调节输出电压 $U_o = 12\text{V}$，输出电流 $I_o = 100\text{mA}$，测量各级静态工作点，记入表 4.1.2。

表 4.1.2　数据记录表 2　$U_2 = 16\text{V}$　$U_o = 12\text{V}$　$I_o = 100\text{mA}$　　　单位：V

	VT_1	VT_2	VT_3
U_B			
U_C			
U_E			

（4）测量稳压系数 S　取 $I_o = 100\text{mA}$，按表 4.1.3 改变整流电路输入电压 U_2（模拟电网电压波动），分别测出相应的稳压器输入电压 U_i 及输出直流电压 U_o，记入表 4.1.3。

表 4.1.3　数据记录表 3　$I_o = 100\text{mA}$

测　试　值			计　算　值
U_2/V	U_i/V	U_o/V	S
14			$S_{12} =$
16		12	$S_{23} =$
18			

（5）测量输出电阻 R_o　取 $U_2 = 16\text{V}$，改变滑线变阻器位置，使 I_o 为空载、50mA 和 100mA，测量相应的 U_o 值，记入表 4.1.4。

表 4.1.4　数据记录表 4　$U_2 = 16\text{V}$

测　试　值		计　算　值
I_o/mA	U_o/V	R_o/Ω
空载		$R_{o12} =$
50	12	$R_{o23} =$
100		

（6）测量输出纹波电压　取 $U_2 = 16\text{V}$、$U_o = 12\text{V}$、$I_o = 100\text{mA}$，测量输出纹波电压 $\widetilde{U}_o$，记录之。

（7）调整过流保护电路

a. 断开工频电源，接上保护回路，再接通工频电源，调节 R_W 及 R_L 使 $U_o = 12\text{V}$、$I_o = 100\text{mA}$，此时保护电路应不起作用。测出 VT_3 管各极电位值。

b. 逐渐减小 R_L，使 I_o 增加到 120mA，观察 U_o 是否下降，并测出保护起作用时 VT_3 管各极的电位值。若保护作用过早或滞后，可改变 R_6 值进行调整。

c. 用导线瞬时短接一下输出端，测量 U_o 值，然后去掉导线，检查电路是否能自动恢复正常工作。

六、课程设计报告

① 对表 4.1.1 所测结果进行全面分析，总结桥式整流、电容滤波电路的特点。

② 根据表 4.1.3 和表 4.1.4 所测数据，计算稳压电路的稳压系数 S 和输出电阻 R_o，并进行分析。

③ 分析讨论安装测试中出现的故障及其排除方法。

④ 给出完整的电路原理图。

⑤ 电子元器件清单。

⑥ 体会与收获。

课程设计二　温度监测及控制电路

一、课程设计的目的

学习运用双臂电桥、差动集成运放、滞回比较器设计温度监测及控制电路的方法，学会电子电路的组装、调试和测量方法。

二、设计任务及要求

① 检测电路采用热敏电阻 R_t（NTC）作为测温元件。

② 用 $100\Omega/2W$ 的电阻元件作为加热装置。

③ 设计温度检测电路和温度控制电路。

④ 具有自动指示"加热"与"停止"功能。

⑤ 安装调试测量实验结果。

⑥ 写出完整的设计及实验调试总结报告。

三、主要设备与器件

① 热敏电阻（NTC）。

② 运算放大器 $\mu A741 \times 2$。

③ 晶体三极管 3DG12。

④ 稳压管 2CN231。

⑤ 发光二极管 LED，继电器、电阻器等。

四、温度控制原理

参考电路如图 4.2.1 所示，它是由负温度系数电阻特性的热敏电阻（NTC 元件）R_t 为一臂组成测温电桥，其输出经测量放大器放大后由滞回比较器输出"加热"与"停止"信号，经三极管放大后控制加热器"加热"与"停止"。改变滞回比较器的比较电压 U_R 即改变控温的范围，而控温的精度则由滞回比较器的滞回宽度确定。

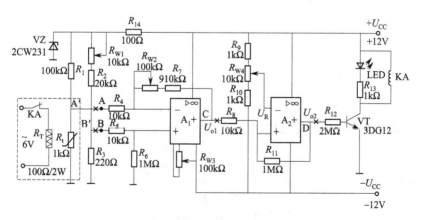

图 4.2.1　温度监测及控制原理电路

1. 测温电桥

由 R_1、R_2、R_3、R_{W1} 及 R_t 组成测温电桥，其中 R_t 是温度传感器。其呈现出的阻值与温度成线性变化关系且具有负温度系数，而温度系数又与流过它的工作电流有关。为了稳定 R_t 的工作电流，达到稳定其温度系数的目的，设置了稳压管 VZ。R_{W1} 可决定测温电桥的平衡。

2. 差动放大电路

由 A_1 及外围电路组成的差动放大电路，将测温电桥输出电压 ΔU 按比例放大。其输出电压

$$U_{o1}=-\left(\frac{R_7+R_{W2}}{R_4}\right)U_A+\left(\frac{R_4+R_7+R_{W2}}{R_4}\right)\left(\frac{R_6}{R_5+R_6}\right)U_B$$

当 $R_4=R_5$，$(R_7+R_{W2})=R_6$ 时

$$U_{o1}=\frac{R_7+R_{W2}}{R_4}(U_B-U_A)$$

R_{W3} 用于差动放大器调零。

可见，差动放大电路的输出电压 U_{o1} 仅取决于两个输入电压之差和外部电阻的比值。

3. 滞回比较器

差动放大器的输出电压 U_{o1} 输入由 A_2 组成的滞回比较器。

滞回比较器的单元电路如图 4.2.2 所示，设比较器输出高电平为 U_{oH}，输出低电平为 U_{oL}，参考电压 U_R 加在反相输入端。

当输出为高电平 U_{oH} 时，运放同相输入端电位

$$u_{+H}=\frac{R_F}{R_2+R_F}u_i+\frac{R_2}{R_2+R_F}U_{oH}$$

当 u_i 减小到使 $u_{+H}=U_R$，即

$$u_i=U_{TL}=\frac{R_2+R_F}{R_F}U_R-\frac{R_2}{R_F}U_{oH}$$

此后，u_i 稍有减小，输出就从高电平跳变为低电平。

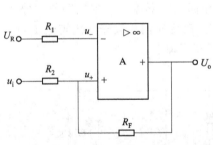

图 4.2.2　同相滞回比较器

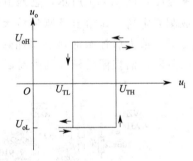

图 4.2.3　电压传输特性

当输出为低电平 U_{oL} 时，运放同相输入端电位

$$u_{+L}=\frac{R_F}{R_2+R_F}u_i+\frac{R_2}{R_2+R_F}U_{oL}$$

当 u_i 增大到使 $u_{+L}=U_R$，即

$$u_i=U_{TH}=\frac{R_2+R_F}{R_F}U_R-\frac{R_2}{R_F}U_{oL}$$

此后，u_i 稍有增加，输出又从低电平跳变为高电平。

因此，U_{TL} 和 U_{TH} 为输出电平跳变时对应的输入电平，常称 U_{TL} 为下门限电平，U_{TH} 为上门限电平，而两者的差值

$$\Delta U_T=U_{TR}-U_{TL}=\frac{R_2}{R_F}(U_{oH}-U_{oL})$$

称为门限宽度，它们的大小可通过调节 R_2/R_F 的比值来调节。

图 4.2.3 为滞回比较器的电压传输特性。

由上述分析可见差动放大器输出电压 u_{o1} 经分压后，在 A_2 组成的滞回比较器，与反相输入端的参考电压 U_R 相比较。当同相输入端的电压信号大于反相输入端的电压时，A_2 输出正饱和电压，三极管 VT 饱和导通。通过发光二极管 LED 的发光情况，可见负载的工作状态为加热。反之，同相输入信号小于反相输入端电压时，A_2 输出负饱和电压，三极管 VT 截止，LED 熄灭，负载的工作状态为停止。调节 R_{W4} 可改变参考电平，也同时调节了上下门限电平，从而达到设定温度的目的。

五、安装测试内容与步骤

按图 4.2.1 连接电路，各级之间暂不连通，形成各级单元电路，以便各单元分别进行调试。

1. 差动放大器

差动放大电路如图 4.2.4 所示。它可实现差动比例运算。

① 运放调零。将 A、B 两端对地短路，调节 R_{W3} 使 $U_o = 0$。

② 去掉 A、B 端对地短路线。从 A、B 端分别加入不同的两个直流电平。

当电路中 $R_7 + R_{W2} = R_6$，$R_4 = R_5$ 时，其输出电压

$$u_o = \frac{R_7 + R_{W2}}{R_4}(U_B - U_A)$$

在测试时，要注意加入的输入电压不能太大，以免放大器输出进入饱和区。

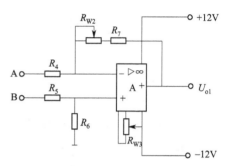

图 4.2.4　差动放大电路

③ 将 B 点对地短路，把频率为 100Hz、有效值为 10mV 的正弦波加入 A 点。用示波器观察输出波形。在输出波形不失真的情况下，用交流毫伏表测出 u_i 和 u_o 的电压。算得此差动放大电路的电压放大倍数 A。

2. 桥式测温放大电路

将差动放大电路的 A、B 端与测温电桥的 A′、B′ 端相连，构成一个桥式测温放大电路。

① 在室温下使电桥平衡。在实验室室温条件下，调节 R_{W1}，使差动放大器输出 $U_{o1} = 0$（注意：前面实验中调好的 R_{W3} 不能再动）。

② 温度系数 K（V/℃）。由于测温需升温槽，为使实验简易，可虚设室温 T 及输出电压 u_{o1}，温度系数 K 也定为一个常数，具体参数由读者自行填入表格内。

表 4.2.1　数据记录表 1

温度 T/℃	室温　　℃				
输出电压 U_{o1}/V	0				

从表 4.2.1 中可得到 $K = \Delta U/\Delta T$。

③ 桥式测温放大器的温度-电压关系曲线。根据前面测温放大器的温度系数 K，可画出测温放大器的温度-电压关系曲线，实验时要标注相关的温度和电压的值，如图 4.2.5 所示。从图中可求得在其他温度时，放大器实际应输出的电压值。也可得到在当前室温时，U_{o1} 实际对应值 U_S。

④ 重调 R_{W1}，使测温放大器在当前室温下输出 U_S。即调 R_{W1}，使 $U_{o1} = U_S$。

3. 滞回比较器

滞回比较器电路如图 4.2.6 所示。

（1）直流法测试比较器的上下门限电平。首先确定参考电压 U_R 值。调 R_{W4}，使 $U_R =$ 2V。然后将可变的直流电压 U_i 加入比较器的输入端。比较器的输出电压 U_o 送入示波器 Y 轴输入端（将示波器的"输入耦合方式开关"置于"DC"，X 轴"扫描触发方式开关"置于"自动"）。改变直流输入电压 U_i 的大小，从示波器屏幕上观察到当 u_o 跳变时所对应的 U_i 值，即为上、下门限电平。

（2）交流法测试电压传输特性曲线。将频率为 100Hz，幅度 3V 的正弦信号加入比较器输入端，同时送入示波器的 X 轴输入端，作为 X 轴扫描信号。比较器的输出信号送入示波器的 Y 轴输入端。微调正弦信号的大小，可从示波器显示屏上看到完整的电压传输特性曲线。

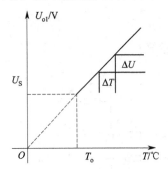

图 4.2.5　温度-电压关系曲线

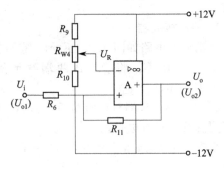

图 4.2.6　滞回比较器电路

4. 温度检测控制电路整机工作状况

① 按图 4.2.1 连接各级电路（注意：可调元件 R_{W1}、R_{W2}、R_{W3} 不能随意变动。如有变动，必须重新进行前面内容）。

② 根据所需检测报警或控制的温度 T，从测温放大器温度-电压关系曲线中确定对应的 u_{o1} 值。

③ 调节 R_{W4} 使参考电压 $U_R = U_{o1}$。

④ 用加热器升温，观察温升情况，直至报警电路动作报警（在实验电路中当 LED 发光时作为报警），记下动作时对应的温度值 t_1 和 U_{o11} 的值。

⑤ 用自然降温法使热敏电阻降温，记下电路解除时所对应的温度值 t_2 和 U_{o12} 的值。

⑥ 改变控制温度 T，重做②～⑤的内容。把测试结果记入表 4.2.2。

根据 t_1 和 t_2 值，可得到检测灵敏度 $t_0 = t_2 - t_1$。

注：设计中的加热装置可用一个 $100\Omega/2W$ 的电阻 R_T 模拟，将此电阻靠近 R_t 即可。

表 4.2.2　数据记录表 2

	设定温度 $T/℃$						
设定电压	从曲线上查得 U_{o1}/V						
	U_R/V						
动作温度	$T_1/℃$						
	$T_2/℃$						
动作电压	U_{o11}/V						
	U_{o12}/V						

六、课程设计报告

① 分析任务，确定设计方案。

② 单元电路设计，参数计算，元器件选择。

③ 电路工作原理描述。

④ 调试步骤及故障处理说明。

⑤ 整理实验数据，画出有关曲线、数据表格以及实验线路。

⑥ 用坐标纸画出测温放大电路温度系数曲线及比较器电压传输特性曲线。

⑦ 课程设计的收获及体会。

课程设计三 多路温度巡回检测系统

一、课程设计的目的

电子技术课程设计是在"模拟电子技术"和"数字电子技术"的理论教学和实验教学基础上，进行的实践性教学环节。其目的是使学生较系统掌握一般电子电路的设计方法，提高学生综合分析问题和解决实际问题的能力，为学习后续课程和从事相关专业研究奠定基础。

二、课程设计的内容及基本要求

1. 设计内容

设计一个能够巡回检测多点温度的电路，具有定点显示和巡回显示回路号及相同回路温度值功能，并且具有温度超限报警功能。

2. 基本要求

① 温度检测点 8 个。

② 温度检测范围：$-10 \sim 80℃$。

③ 检测误差 $\pm 0.1℃$。

④ 采用 LED 数码显示，显示位数 $3\frac{1}{2}$ 位。

⑤ 能自动巡回检测各点，每点观察时间至少 5s，并且可调。

⑥ 能人工控制通道转换和显示通道号及相应温度值。

⑦ 具有超限报警功能（$>80℃$，$<-10℃$）和报警显示功能。

三、课程设计步骤

① 根据设计任务要求，收集查阅相关技术文献。

② 设计方案的论证与比较。

③ 确定总体设计方案，画出总体电路原理框图。

④ 单元电路设计及相关参数计算。

⑤ 选择元器件。

⑥ 绘出总体设计电路原理图。

⑦ 组装调试，根据调试中出现的问题，修改或完善设计方案。

⑧ 改进电路或更换元器件，做进一步调试。

⑨ 根据实验结果，画出详细的总体设计电路原理图。

⑩ 编写完整的课程设计说明书。

四、主要技术的分析、解决方案比较

1. 多点温度巡回检测系统

原理如图 4.3.1 所示。

整个电路由以下五部分组成。

① 温度传感放大部分。

② 多路选择及控制部分。

③ 超限比较报警部分。

④ 稳压电源部分。

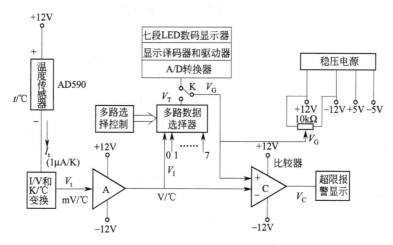

图 4.3.1 多点温度巡回检测系统原理图

⑤ A/D 转换和数字显示部分。

2. 各部分参考电路

(1) 温度传感放大部分

① 图 4.3.2 为采用单运放的温度传感放大电路。

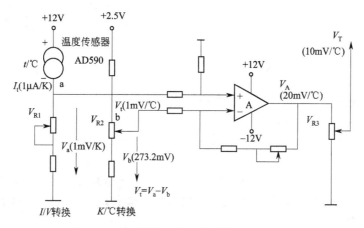

图 4.3.2 采用单运放的温度传感放大电路

② 图 4.3.3 为采用多运放的温度传感放大电路。

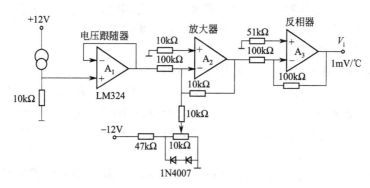

图 4.3.3 采用多运放的温度传感放大电路

（2）多路选择及控制部分　多路选择及控制部分如图 4.3.4 所示。

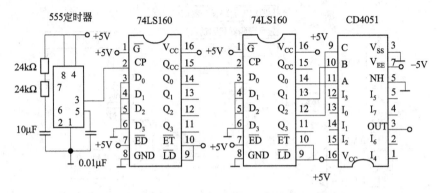

图 4.3.4　多路选择及控制部分

（3）超限比较报警部分　超限比较报警部分电路如图 4.3.5 所示。

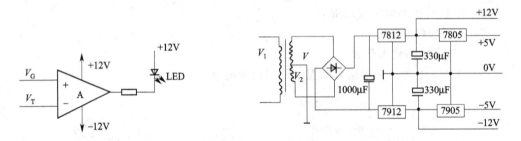

图 4.3.5　超限比较报警部分电路　　　　　图 4.3.6　稳压电源部分电路图

（4）稳压电源部分　稳定电源部分电路如图 4.3.6 所示。

（5）A/D 转换和数字显示部分　此部分内容请见教材《数字电子技术基础》（清华第 4 版），第 151～157 页和第 452～480 页以及本节的第四项主要器件简介部分。

3. 调试步骤

按上述五部分设计电路，计算并选择元器件之后，按电路进行搭接，搭接完毕要进行复查。特别要注意是否有短路现象，各元器件的电源引脚和地（GND）引脚是否有错接和漏接之处，确信检查无误后方可调试。

（1）单元电路调试　单元电路调试要分部分调试，将各部分之间的信号连线断开。

调试时应先调试各部分电路，不要进行整体综合调试。分部分调试可以将故障局限于一个小的范围内，有利于查找和排除故障。将各部分进行调试时一定按照各部分的功能及指标要求进行调试，逐步排除故障，首先调试电源，然后再调试其他部分。

（2）CAD7107 调试

① 零读数测试　将 V_{in+} 与 V_{in-} 短接，读数为"000"。

② "1000"读数检查　将 V_{in+} 与 V_{ref}（36 脚）短接，读数为"1000±1"。

③ "−1888"读数检查　将 TEST（37 脚）与 V_{in+} 短接读数为"−1888"。

④ 负号与溢出功能检查　将 V_{in+} 与 −5V 短接，千位应显示"−1"，其余各位都不亮灯。

（3）综合调试　各单元电路调试完毕后，将各部分之间的信号线连接好，再进行综合调试。

综合调试是电路的整体功能调试。给温度传感器（AD590）加温或降温（相当于改变 V_T），这时七段 LED 显示器的显示值应发生变化。改变设定值（V_G）使报警指示发光二极管（LED）发光，这说明总体电路可以工作了。至于显示的数值是否准确，是否准确地在给定温度点上报警，还有待于在定标工作中进行最后的标定。

（4）定标　将温度传感器（AD590）置于标准温度（0℃）温度场中，观察显示数值，待显示数值稳定不变时，如果显示不是 0℃，调整相应的电位器使显示为 0℃。同理，将温度传感器（AD590）置于标准的 100℃ 温度场中，待显示数值稳定不变时，如果显示数值不是 100℃，调整相应的电位器使显示数值为 100℃。至此，可以认为定标结束。因为传感器和放大器乃至 A/D 转换器件，若忽略它们的非线性误差，均可视为线性元件，所以线性测量系统定标时只标定测量范围内两点即可。这样当实际温度从 0～100℃ 变化时，显示数值也一定一一对应地显示 0～100℃（七段译码管上显示为 000.0～100.0）。定标结束后，可以在 0～100℃ 温度范围内再找一两个温度点进行验证。

（5）验证　在 0～100℃ 温度范围（测量范围）内找一个温度点，例如用一杯 50℃ 的热水（但是要保持 50℃ 不变），用传感器（AD590）测量水温，则应显示 50℃（七段 LED 数码管上显示为 050.0）。还可以让传感器悬空，这时显示应为室温。若用手捏住传感器，这时显示应为人的体温。再进一步验证温度超限报警功能是否正确。至此，全部调试过程结束。

注：① 本书中所给的电路图是典型电路图，比较简单，容易理解，但并不是唯一的，更不是最好和最简的。同学们可以在保证完成任务书所要求的功能和性能指标前提下，自己设计出更好和更简单的电路。

② 电路中的元件参数需要计算，元器件的性能、工作原理和引脚等均需学生自己去查产品手册。

③ 学生查元器件的引脚后，需要根据所设计的原理图和器件的引脚图画出对应的接线图，以便进行安装和调试。

④ 本书中所给的调试步骤是比较详细的，但是更详细、更具体的调试细节请同学们自己揣摩体会为好，实在处理不了时再请指导老师协助解决。

4. 主要器件简介

（1）AD590 两端集成温度传感器（图 4.3.7）

① 线性电流输出：$1\mu\text{A/K}$。

② 温度测量范围：$-55\sim+150℃$。

③ 工作电压范围：$4\sim30\text{V}$。

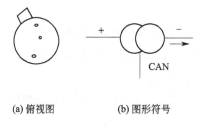

(a) 俯视图　　　(b) 图形符号

图 4.3.7　TO-52 封装温度传感器

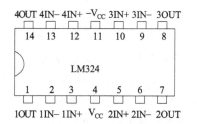

图 4.3.8　LM324 引脚图

（2）LM324 集成四运放（图 4.3.8）　　主要性能参数如下。

① 能与所有形式的逻辑电路兼容。

② 低功耗（800μA），适于电池供电场合。

③ 电源工作电压范围宽。

单电源：3～30V。

双电源：±(1.5～15V)。

④ 很高的增益，$A_{V0}=100dB$。

⑤ 内设补偿及温度补偿电路。

(3) MC14433 $3\frac{1}{2}$ 位双积分式 ADC（图 4.3.9）　图中，V_{DD}、V_{SS}、V_{EE} 分别为正电源、电源公共端、负电源（+5V，0V，−5V）；V_{REF} 为参考电源；V_{AG} 为模拟地；IN 是模拟电压输入端；R_1、R_1/C_1、C_1 为积分电阻和积分电容的接线端；C_{o1}、C_{o2} 为失调电压补偿电容接线端；DU 为实时输出控制端；EOC 为 A/D 转换结束信号输出端；CPI、CPO 为时钟信号输入、输出端；$\overline{OR}$ 为溢出信号；D_{S1}、D_{S2}、D_{S3}、D_{S4} 为千、百、十、个位选通脉冲；Q_3、Q_2、Q_1、Q_0 为 A/D 转换输出（BCD 码）。

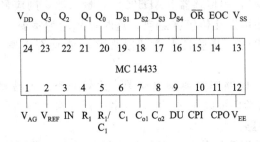

图 4.3.9　LM324 引脚图

(4) 正三端固定输出集成稳压器（图 4.3.10）

(5) 负三端固定输出集成稳压器（图 4.3.11）

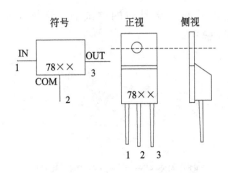

图 4.3.10　正三端固定输出集成稳压器

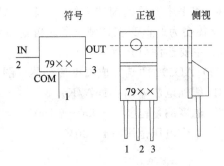

图 4.3.11　负三端固定输出集成稳压器

(6) MC14511 七段译码驱动器（图 4.3.12）　图中，V_{DD}、V_{EE} 为正电源和地（+5V 和 GND）a～g 为七段码输出端；$\overline{LT}$ 为试灯信号；$\overline{BI}$ 为消隐信号。

(7) MC1413 反相驱动器（图 4.3.13）　图中，V_{CC} 最大可达 50V，O_i 是达林顿 OC 门输出，最大吸收电流 500mA。

(8) MC1403 精密稳压电源（图 4.3.14）　图中，V_i 为输入电压，额定电压为 5V；允许在 4.5～15V 内变化；V_o 为输出精密稳定电压（+2.500V）；NC 为空脚。

(9) $3\frac{1}{2}$ 位（十进制）模/数转换器（图 4.3.15）

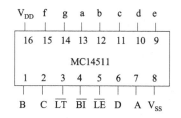

图 4.3.12　MC14511 七段译码驱动器

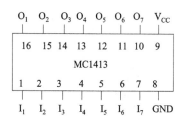

图 4.3.13　MC1413 引脚排列

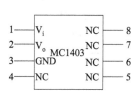

图 4.3.14　MC1403

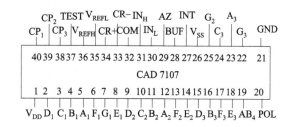

图 4.3.15　CAD 7107 引脚排列

① CAD7107 简要说明。CMOS 工艺，积分型 ADC，内含全部必需的有源器件，可直接驱动（LED）发光二极管显示，使用＋5V 电源。

② 引脚端符号说明见表 4.3.1。

表 4.3.1　引脚符号说明

引脚端	说明	引脚端	说明
$A_1 \sim G_1$	个位显示端	CR＋	基准电容正端
$A_2 \sim G_2$	十位显示端	CR－	基准电容负端
$A_3 \sim G_3$	百位显示端	GND	地
AZ	自动调零端	IN_H	模拟输入高位端
BUF	缓冲控制端	IN_L	模拟输入低位端
COM	公共端	INT	积分器输出端
$CP_{i(1 \sim 3)}$	时钟脉冲输入端	POL	极性显示端
V_{DD}	正电源	TEST	检测端
V_{REFL}	基准电压低位端	V_{REFH}	基准电压高位端
AB_4	自动调零端极限值	V_{SS}	负电源

③ 参数说明见表 4.3.2。

表 4.3.2　参数说明

名　称	符　号	额 定 值	单　位
电源电压	V_S	$-9 \sim 6$	V
模拟输入电压	V_{IA}	V_S	V
基准电压	V_{REF}	V_S	V
最大允许功能	$P_{D(max)}$	800	mW
工作环境温度	T_A	$0 \sim 70$	℃
储存温度		$-65 \sim +150$	℃

④ 功能框图（图 4.3.16）。

⑤ 主要电参数见表 4.3.3。

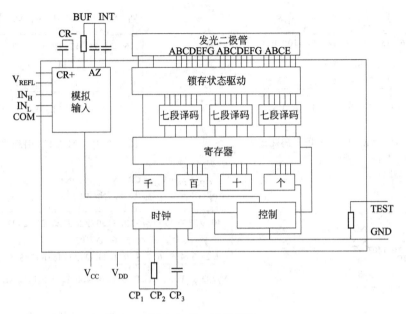

图 4.3.16　功能框图

表 4.3.3　静态参数（$V_{DD}=9V$，$T_A=25℃$）

参　　　数	符　　号	最　　小	典　　型	最　　大	单　　位
零输入读数 （$V_i=0V$　$V_{rbx}=200mV$）	ZR	−000.0	±000.0	+000.0	rdg
比例读数 （$V_i=V_{REF}=100mV$）	RR	999	999/1000	1000	rdg
正负极性误差 （$V_{i+}=V_{i-}=200mV$）	K_{rol}	−1	±0.2	+1	count
线性误差 （$V_{rbx}=200mV/V_{rbx}=2V$）		−1	±0.2	+1	count
共模抑制比 （$V_{cm}=±1V$，$V_{rbx}=200mV$）	K_{cmr}		50		$\mu V/V$
噪声峰峰电压 （$V_i=0V$，$V_{REF}=200mV$）	V_{nP-P}		15		$\mu V/V$
输入端漏电流 （$V_i=0V$）	I_{lc}		1	10	μV
正电源电流 （$V_i=0V$）	I_{dd}		0.8	108	mA
负电源电流	I_{ss}		0.5	108	mA
段驱动(吸入)电流 （$V_{DD}=5V$，断电压$=3V$）	I_{ossc}	5	8		mA

⑥ 典型应用。

a. 200.0mV 满量程（图 4.3.17）。

b. 2.000V 满量程（图 4.3.18）。

五、课程设计报告

1. 课程设计任务书

2. 报告目录

3. 报告正文

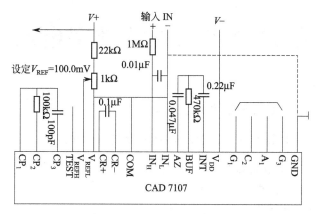

图 4.3.17　200.0mV 满量程

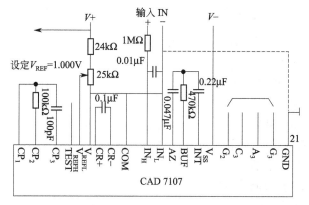

图 4.3.18　2.000V 满量程

① 前言。

② 任务分析与方案设计。

③ 单元电路设计、参数计算、元器件选择。

④ 电路工作原理说明。

⑤ 调试步骤及故障处理说明。

⑥ 使用（或操作）说明。

⑦ 课程设计的收获、体会。

4. 参考资料清单

5. 附图

6. 元器件清单（序号、名称、型号、规格、数值、数量）

课程设计四　直流数字电压表

一、课程设计目的

① 了解双积分式 A / D 转换器的工作原理。

② 熟悉 $3\frac{1}{2}$ 位 A / D 转换器 CC14433 的性能及其引脚功能。

③ 掌握用 CC14433 构成直流数字电压表的方法。

二、课程设计内容与要求

① 设计一个数字电压表电路。

② 测量范围：直流电压 0～1.999V，0～19.99V，0～199.9V，0～1999V。

③ 组装调试 $3\frac{1}{2}$ 位数字电压表。

④ 画出数字电压表电路原理图，写出实验报告。

三、主要设备与器件

① THD-4 型数字电路实验箱。

② GOS-620 示波器。

③ MS8215 数字万用表。

④ MC14433 双积分 A/D 转换器。

⑤ MC1403 精密基准电源。

⑥ MC1413 七路达林顿晶体管阵列。

⑦ CC4511 七段译码驱动器。

四、数字电压表原理

直流数字电压表的核心器件是一个间接型 A / D 转换器，它首先将输入的模拟电压信号变换成易于准确测量的时间量，然后在这个时间宽度里用计数器计时，计数结果就是正比于输入模拟电压信号的数字量。

1.V-T 变换型双积分 A / D 转换器

图 4.4.1 是双积分 ADC 的控制逻辑框图。它由积分器（包括运算放大器 A_1 和 RC 积分网络）、过零比较器 A_2、N 位二进制计数器、开关控制电路、门控电路、参考电压 U_R 与时钟脉冲源 CP 组成。

转换开始前，先将计数器清零，并通过控制电路使开关 S_O 接通，将电容 C 充分放电。由于计数器进位输出 $Q_C = 0$，控制电路使开关 S 接通 V_i，模拟电压与积分器接通，同时，门 G 被封锁，计数器不工作。积分器输出 v_A 线性下降，经零值比较器 A_2 获得一方波 v_C，打开门 G，计数器开始计数，当输入 2^n 个时钟脉冲后 $t = T_1$，各触发器输出端 $D_{n-1} \sim D_0$ 由 $111\cdots1$ 回到 $000\cdots0$，其进位输出 $Q_C = 1$，作为定时控制信号，通过控制电路将开关 S 转换至基准电压源 $-V_R$，积分器向相反方向积分，v_A 开始线性上升，计数器重新从 0 开始计数，直到 $t = T_2$，V_A 下降到 0，比较器输出的正方波结束，此时计数器中暂存二进制数字就是 V_i 相对应的二进制数码。

2.$3\frac{1}{2}$ 位双积分 A / D 转换器 CC14433 的性能特点

v_A
T_1
T_2
t
O
S_O
C
v_C
V_i
S
R
$-V_R$
A_1
A_2
控制电路
Q_C
N位二进制计数器
G
CP
启动
D_{n-1} … D_1 D_0

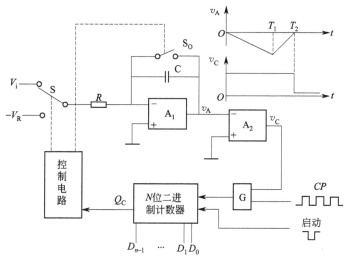

图 4.4.1 双积分 ADC 原理框图

CC14433 是 CMOS 双积分式 $3\frac{1}{2}$位 A / D 转换器，它是将构成数字和模拟电路的 7700 多个 MOS 晶体管集成在一个硅芯片上，芯片有 24 个引脚，采用双列直插式，其引脚排列与功能如图 4.4.2 所示。

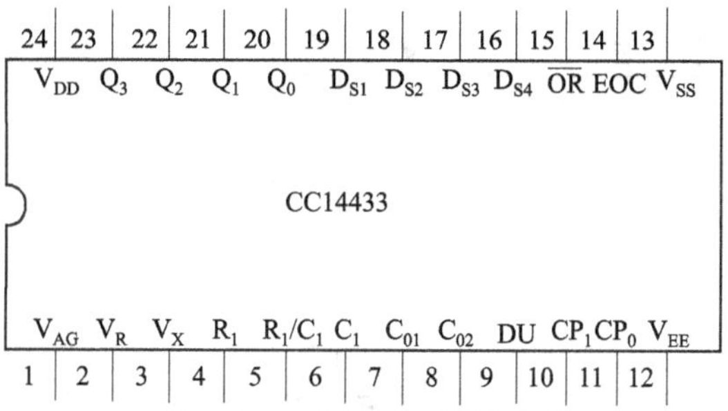

24 23 22 21 20 19 18 17 16 15 14 13
V_{DD} Q_3 Q_2 Q_1 Q_0 D_{S1} D_{S2} D_{S3} D_{S4} $\overline{OR}$ EOC V_{SS}
CC14433
V_{AG} V_R V_X R_1 R_1/C_1 C_1 C_{01} C_{02} DU CP_1 CP_0 V_{EE}
1 2 3 4 5 6 7 8 9 10 11 12

图 4.4.2 CC14433 引脚排列

引脚功能说明见表 4.4.1。

CC14433 具有自动调零、自动极性转换等功能，可测量正或负的电压值。当 CP_1、CP_0 端接入 470kΩ 电阻时，时钟频率≈66kHz，每秒钟可进行 4 次 A / D 转换。它的使用调试简便，能与微处理机或其他数字系统兼容，广泛用于数字面板表、数字万用表、数字温度计、数字量具及遥测、遥控系统。

3. $3\frac{1}{2}$位直流数字电压表的组成（实验线路）

线路结构如图 4.4.3 所示。

① 被测直流电压 V_X 经 A / D 转换后以动态扫描形式输出，数字量输出端 Q_0、Q_1、Q_2、Q_3 上的数字信号（8421 码）按照时间先后顺序输出。位选信号 D_{S1}、D_{S2}、D_{S3}、D_{S4} 通过位选开关 MC1413 分别控制着千位、百位、十位和个位上的四只 LED 数码管的公共阴极。数字信号经七段译码器 CC4511 译码后，驱动四只 LED 数码管的各段阳极。这样就把 A / D 转换器按时间顺序输出的数据以扫描形式在四只数码管上依次显示出来。由于选通重复频率较高，工作时从高位到低位以每位每次约 300μs 的速率循环显示。即一个 4 位数的显示周期是 1.2ms，所以人的肉眼就能清晰地看到四位数码管同时显示 $3\frac{1}{2}$位十进制数字量。

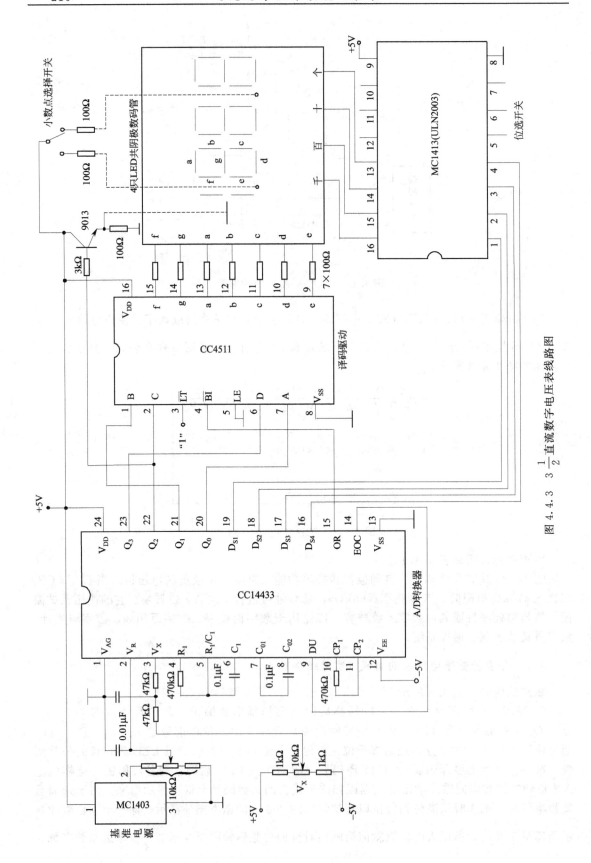

图 4.4.3　$3\frac{1}{2}$ 直流数字电压表线路图

② 当参考电压 $V_R = 2V$ 时，满量程显示 1.999V；$V_R = 200mV$ 时，满量程为 199.9mV。可以通过选择开关来控制千位和十位数码管的 h 笔经限流电阻实现对相应的小数点显示的控制。

③ 最高位（千位）显示时只有 b、c 两根线与 LED 数码管的 b、c 脚相接，所以千位只显示 1 或不显示，用千位的 g 笔段来显示模拟量的负值（正值不显示），即由 CC14433 的 Q_2 端通过 NPN 型晶体管 9013 来控制 g 段。

A／D 转换需要外接标准电压源作参考电压。标准电压源的精度应当高于 A／D 转换器的精度。本实验采用 MC1403 集成精密稳压源作参考电压。MC1403 的输出电压为 2.5V，当输入电压在 4.5～15V 范围内变化时，输出电压的变化不超过 3mV，一般只有 0.6mV 左右，输出最大电流为 10mA。MC1403 引脚排列见图 4.4.4，引脚功能见表 4.4.1。

表 4.4.1 引脚功能表

引脚	符号	说明
1	V_{AG}	被测电压 V_X 和基准电压 V_R 的参考地
2	V_R	外接基准电压(2V 或 200mV)输入端
3	V_X	被测电压输入端
4	R_1	外接积分阻容元件端
5	R_1/C_1	外接积分阻容元件端
6	C_1	外接积分阻容元件端 $C_1 = 0.1\mu F$(聚酯薄膜电容器)，$R_1 = 470k\Omega$(2V 量程)；$R_1 = 27k\Omega$(200mV 量程)
7	C_{01}	外接失调补偿电容端，典型值 $0.1\mu F$
8	C_{02}	外接失调补偿电容端，典型值 $0.1\mu F$
9	DU	实时显示控制输入端。若与 EOC(14 脚)端连接，则每次 A／D 转换均显示
10	CP_1	时钟振荡外接电阻端，典型值为 $470k\Omega$
11	CP_0	时钟振荡外接电阻端，典型值为 $470k\Omega$
12	V_{EE}	电路的电源负端，接 $-5V$
13	V_{SS}	除 CP 外所有输入端的低电平基准(通常与 1 脚连接)
14	EOC	转换周期结束标记输出端，每一次 A／D 转换周期结束，EOC 输出一个正脉冲，宽度为时钟周期的二分之一
15	$\overline{OR}$	过量程标志输出端，当 $|V_X| > V_R$ 时，$\overline{OR}$ 输出为低电平
16～19	$D_{S4} \sim D_{S1}$	多路选通脉冲输入端，D_{S1} 对应于千位，D_{S2} 对应于百位，D_{S3} 对应于十位，D_{S4} 对应于个位
20～23	$Q_0 \sim Q_3$	BCD 码数据输出端，D_{S2}、D_{S3}、D_{S4} 选通脉冲期间，输出三位完整的十进制数，在 D_{S1} 选通脉冲期间，输出千位 0 或 1 及过量程、欠量程和被测电压极性标志信号
24	V_{DD}	电源电压端

④ 精密基准电源 MC1403。

⑤ 实验中使用 CMOS BCD 七段译码/驱动器 CC4511。

⑥ 七路达林顿晶体管阵列 MC1413。

MC1413 采用 NPN 型达林顿复合晶体管的结构，因此有很高的电流增益和很高的输入阻抗，可直接接受 MOS 或 CMOS 集成电路的输出信号，并把电压信号转换成足够大的电流信号驱动各种负载。该电路内含有 7 个集电极开路反相器（也称 OC 门）。MC1413 电路结构和引脚排列如图 4.4.5 所示，它采用 16 引脚的双列直插式封装。每一驱动器输出端均接有一释放电感负载能量的抑制二极管。

五、安装测试内容与步骤

本实验要求按图 4.4.3 组装并调试好一台 $3\frac{1}{2}$ 位直流数字电压表，实验时应一步步地进行。

（1）数码显示部分的组装与调试。

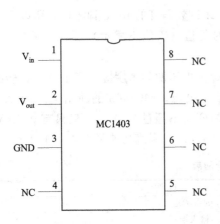

图 4.4.4　MC1403 引脚排列

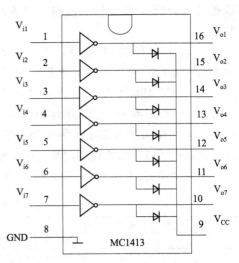

图 4.4.5　MC1413 引脚排列和电路结构图

① 建议将 4 只数码管插入 40P 集成电路插座上，将 4 个数码管同名笔划段与显示译码的相应输出端连在一起，其中最高位只要将 b、c、g 三笔划段接入电路，按图 4.4.3 接好连线，但暂不插所有的芯片，待用。

② 插好芯片 CC4511 与 MC1413，并将 CC4511 的输入端 A、B、C、D 接至拨码开关对应的 A、B、C、D 四个插口处；将 MC1413 的 1、2、3、4 脚接至逻辑开关输出插口上。

③ 将 MC1413 的 2 脚置"1"，1、3、4 脚置"0"，接通电源，拨动码盘（按"＋"或"－"键）自 0～9 变化，检查数码管是否按码盘的指示值变化。

④ 检查译码显示是否正常。

⑤ 分别将 MC1413 的 3、4、1 脚单独置"1"，重复③的内容。

⑥ 如果所有 4 位数码管显示正常，则去掉数字译码显示部分的电源，备用。

（2）标准电压源的连接和调整。插上 MC1403 基准电源，用标准数字电压表检查输出是否为 2.5V，然后调整 10kΩ 电位器，使其输出电压为 2.00V，调整结束后去掉电源线，供总装时备用。

（3）总装总调。

① 插好芯片 MC14433，按图 4.4.3 接好全部线路。

② 将输入端接地，接通＋5V、－5V 电源（先接好地线），此时显示器将显示"000"值，如果不是，应检测电源正负电压。用示波器测量、观察 D_{S1}～D_{S4}、Q_0～Q_3 波形，判别故障所在。

③ 用电阻、电位器构成一个简单的输入电压 V_X 调节电路，调节电位器，4 位数码将相应变化，然后进入下一步精调。

④ 用标准数字电压表（或用数字万用表代替）测量输入电压，调节电位器，使 V_X＝1.000V，这时被调电路的电压指示值不一定显示"1.000"，应调整基准电压源，使指示值与标准电压表误差个位数在 5 之内。

⑤ 改变输入电压 V_X 极性，使 V_i＝－1.000V，检查"－"是否显示，并按④方法校准显示值。

⑥ 在 －1.999V～0～＋1.999V 量程内再一次仔细调整（调基准电源电压），使全部量

程内的误差个位数在 5 之内。

至此，一个测量范围在 ±1.999V 的 $3\frac{1}{2}$ 位数字直流电压表调试成功。

（4）记录输入电压为 ±1.999V、±1.500V、±1.000V、±0.500V、0.000V 时（标准数字电压表的读数）被调数字电压表的显示值，并列表记录。

（5）用自制数字电压表测量正、负电源电压。试设计扩程测量电路。

（6）若积分电容 C_1、C_{02}（0.1μF）换用普通金属化纸介电容时，观察测量精度的变化。

六、预习要求

① 本实验是一个综合性实验，应做好充分准备。

② 仔细分析图 4.4.3 各部分电路的连接及其工作原理。

③ 参考电压 V_R 上升，显示值增大还是减少？

④ 要使显示值保持某一时刻的读数，电路应如何改动？

七、课程设计报告

① 绘出 $3\frac{1}{2}$ 位直流数字电压表的电路接线图。

② 阐明组装、调试步骤。

③ 说明调试过程中遇到的问题和解决的方法。

④ 组装、调试数字电压表的心得体会。

课程设计五 数字电子钟

一、课程设计目的

① 掌握数字电子钟的设计、组装与调试方法。

② 熟悉集成电路的使用方法。

二、课程设计内容与要求

① 以数字形式显示时、分、秒。

② 小时计时采用十二进制的计时方式，分、秒采用六十进制的计时方式。

③ 具有快速校准时、分的功能。

④ 计时误差：≤10s/d。

三、主要设备与器件

① 6 片七段显示器（共阴极）。

② 6 片 74LS48。

③ 12 片 74LS90。

④ 1 片 4MHz 石英晶体。

⑤ 1 片 74LS04。

⑥ 1 片 74LS74。

⑦ 7 片 74LS10、10 片 74LS00。

⑧ 电阻、电容、导线等。

四、数字电子钟原理

数字电子钟由基准频率源、分频器、计数器、译码显示驱动器、数字显示器和校准电路等六部分组成。设计方框图如图 4.5.1 所示。

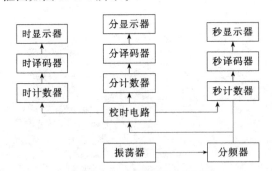

图 4.5.1　数字钟设计方框图

基准频率源是数字电子钟的核心，它产生一个矩形波时间基准源信号，其稳定性和频率精确度决定了计时的准确度，振荡频率愈高，计时精度也就愈高。分频器采用计数器实现，以得到 1s（即频率为 1Hz）的标准秒脉冲。在计数器电路中，对秒、分计数采用六十进制的计数器，对时计数采用十二进制计数器。译码器采用 BCD 码-七段显示译码驱动器。显示器采用 LED 七段数码管。校准电路可采用按键及门电路组成。

1. 石英晶体振荡器

石英晶体振荡器的特点是振荡频率准确、电路结构简单、频率易调整。用反相器与石英晶体构成的振荡电路如图 4.5.2 所示。利用两个与非门 G_1 和 G_2 自我反馈，使它们工作在

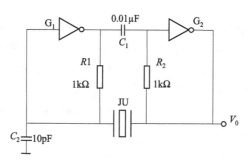

图 4.5.2 石英晶体振荡电路

线性状态，然后利用石英晶体 JU 来控制振荡频率，同时用电容 C_1 来作为两个非门之间的耦合，两个非门输入和输出之间并接的电阻 R_1 和 R_2 作为负反馈元件用，由于反馈电阻很小，可以近似认为非门的输出输入压降相等。电容 C_2 防止寄生振荡。例如：电路中的石英晶体振荡频率是 4MHz 时，则电路的输出频率为 4MHz。

2. 分频器

由于石英晶体振荡器产生的频率很高，要得到秒脉冲，需要用分频电路。例如，振荡器输出 4MHz 信号，通过 D 触发器（74LS74）进行 4 分频变成 1MHz，然后送到 10 分频计数器（74LS90，该计数器可以用 8421 码制），经过 6 次 10 分频而获得 1Hz 的方波信号作为秒脉冲信号。

3. 计数器

秒脉冲信号经过 6 级计数器，分别得到"秒"个位、十位，"分"个位、十位，"时"个位、十位的计时。"秒"、"分"计数器为六十进制，"时"计数器为二十四进制。

（1）六十进制计数。"秒"计数器电路与"分"计数器电路都是六十进制，由一级十进制计数器和一级六进制计数器连接构成，如图 4.5.3 所示，采用两片中规模集成电路 74LS90 串接起来构成的"秒"、"分"计数器。

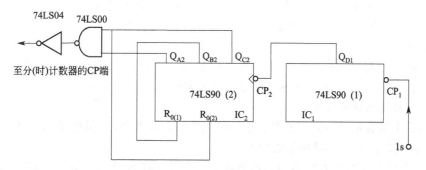

图 4.5.3 六十进制计数器

IC_1 是十进制计数器，Q_{D1} 作为十进制的进位信号，74LS90 计数器是十进制异步计数器，用反馈归零方法实现十进制计数。IC_2 和与非门组成六进制计数，74LS90 是在 CP_2 信号的下降沿翻转计数，Q_{A2} 和 Q_{C2} 相与 0101 的下降沿作为"分"、"时"计数器的输入信号。Q_{B2} 和 Q_{C2} 0110 高电平 1 分别送到计数器的清零端 $R_{0(1)}$、$R_{0(2)}$，74LS90 内部的 $R_{0(1)}$ 和 $R_{0(2)}$ 与非后清零而使计数器归零，完成六进制数。由此可见，IC_1 和 IC_2 串联实现了六十进制计数。

（2）二十四进制计数器。"时"计数电路是由 IC_5 和 IC_6 组成的二十四进制计数电路，如图 4.5.4 所示。

当"时"个位 IC_5 计数输入端 CP_5 来第 10 个触发信号时，IC_5 计数器置零，进位端 Q_{D5} 向 IC_6 "时"十位计数器输出进位信号，当第 24 个"时"（来自"分"计数器输出的进位信号）脉冲到达时，IC_5 计数器的状态为"0100"，IC_6 计数器的状态为"0010"，此时"时"个位计数器的 Q_{C5} 和"时"十位计数器的 Q_{B6} 输出为"1"。把它们分别送到 IC_5 和 IC_6 计数器的清零端 $R_{0(1)}$ 和 $R_{0(2)}$，通过 74LS90 内部的 $R_{0(1)}$ 和 $R_{0(2)}$ 与非后清零，计数器置零，完成二十四进制计数。

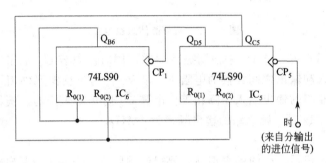

图 4.5.4　二十四进制计数电路

4. 译码器

译码是将给定的代码进行翻译。计数器采用的码制不同，译码电路也不同。

74LS48 驱动器是与 8421BCD 编码计数器配合用的七段译码驱动器。74LS48 配有灯测试 LT、动态灭灯输入 RBI、灭灯输入/动态灭灯输出 BI/RBO。当 $LT=0$ 时，74LS48 输出全"1"。

74LS48 的输入端和计数器对应的输出端、74LS48 的输出端和七段显示器的对应段相连。

5. 显示器

本系统用七段发光二极管来显示译码器输出的数字，显示器有两种：共阳极或共阴极显示器。74LS48 译码器对应的显示器是共阴极显示器。

6. 校时电路

校时电路实现对"时"、"分"、"秒"的校准。在电路中设有正常计时和校时位置。"秒"、"分"、"时"的校准开关分别通过 RS 触发器控制。

五、安装测试内容与步骤

在实验箱上组装电子钟，注意器件引脚的连接一定要准确，"悬空端"、"清 0 端"、"置 1 端"要正确处理。调试步骤和方法如下。

① 可以先将系统划分为振荡器、计数器、分频器、译码显示等部分，对它们分别进行设计与调试，最后联机统调。

② 各部件设计安装完毕后，用示波器或频率计观察石英晶体振荡器的输出频率，晶振输出频率应为 4MHz。

③ 将频率为 4MHz 的脉冲信号送入分频器，用示波器或频率计观察分频器的输出频率是否达到设计要求。

④ 将频率为 1Hz 的标准秒脉冲信号分别送入"时"、"分"、"秒"计数器，检查各级计数器的工作状况。

⑤ 将合适的 BCD 码分别送入各级译码显示器的输入端，检查数码显示是否正确。各部

件调试正常后，进行组装联调，检查校准电路是否可以实现快速校时，最后对系统进行微调。

⑥ 当分频器和计数器调试正常后，观察电子钟是否正常地工作。

六、Multisim 仿真

① 创建数字电子钟仿真电路如图 4.5.5 所示，验证数字电子钟的功能。

② 在此电路的基础上，进一步完善电路结构。

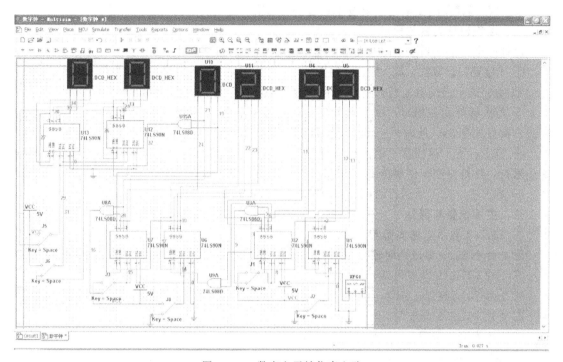

图 4.5.5　数字电子钟仿真电路

七、课程设计报告

写出详细的总结报告。包括：题目，设计任务及要求，详细框图，整机逻辑电路，调试方法，故障分析，精度分析，有关波形以及功能评价，收获，体会。

课程设计六　交通信号灯控制系统

一、课程设计目的
① 掌握综合应用理论知识和中规模集成电路设计方法。
② 掌握调试及测试电路主要技术指标的方法。

二、课程设计内容与要求
设计一个十字路口交通灯信号控制器，要求如下。

① 十字路口设有红、黄、绿、左拐指示灯；由数字显示通行时间，以秒为单位做减法计数。

② 主、支干道交替通行，主干道每次绿灯亮 40s，支干道每次绿灯亮 20s。

③ 每次绿灯变左拐时，黄灯先亮 5s（此时另一干道上的红灯不变），每次左拐指示变红灯时，黄灯先亮 5s（此时另一干道上的红灯不变）。

④ 当主、支干道任意干道出现特殊情况时，进入特殊运行状态，两干道上所有车辆都禁止通行，红灯全亮，时钟停止工作。

⑤ 要求主、支干道通行时间及黄灯亮的时间均可在 0～99s 内任意设定。

三、主要设备与器件
① THD-4 数字电路实验箱。
② 1 片 NE555 集成定时器。
③ 1 片 CD4029 预置可逆计数器。
④ 1 片 74LS245 三态门。
⑤ 4 片 74LS00 与非门。
⑥ 8 个发光二极管。
⑦ 电阻、电容若干。

四、交通灯控制电路原理
某交通灯控制系统的组成框图如图 4.6.1 所示。状态控制器主要用于纪录十字路口交通灯的工作状态，通过状态译码器分别点亮相应状态的信号灯。秒信号发生器产生整个定时系统的时基脉冲，通过减法计数器对秒脉冲减计数，达到控制每一种工作状态的持续时间。减法计数器的回零脉冲使状态控制器完成状态转换，同时状态译码器根据系统下一个工作状态决定计数器下一次减计数的初始值。减法计数器的状态由 BCD 译码器译码、数码管显示。在黄灯亮期间，状态译码器将秒脉冲引入红灯控制电路，使红灯闪烁。

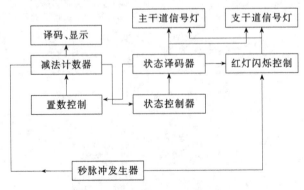

图 4.6.1　交通灯控制系统的组成框图

1. 状态控制器设计

根据设计要求，各信号灯的工作顺序流程如图 4.6.2 所示。信号灯四种不同的状态分别用 S_0（主绿灯亮、支红灯亮）、S_1（主黄灯亮、支红灯闪烁）、S_2（主红灯亮、支绿灯亮）、S_3（主红灯闪烁、支黄灯亮）表示，其状态编码及状态转换图如图 4.6.3 所示。

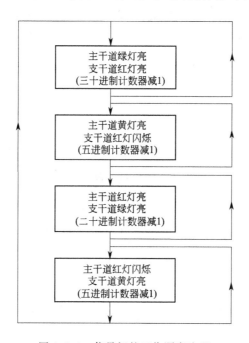

图 4.6.2　信号灯的工作顺序流程

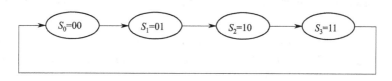

图 4.6.3　状态编码及状态转换图

显然，这是一个二位二进制计数器。可采用中规模集成计数器 CD4029 构成状态控制器，电路如图 4.6.4 所示。

2. 状态译码器

主、支干道上红、黄、绿信号灯的状态主要取决于状态控制器的输出状态。它们之间的关系见真值表 4.6.1。对于信号灯的状态，"1"表示灯亮，"0"表示灯灭。

表 4.6.1　信号灯信号的状态

状态控制器输出		主干道信号灯			支干道信号灯		
Q_2	Q_1	R（红）	Y（黄）	G（绿）	r（红）	y（黄）	g（绿）
0	0	0	0	1	1	0	0
0	1	0	1	0	1	0	0
1	0	1	0	0	0	0	1
1	1	1	0	0	0	1	0

根据真值表，可求出各信号灯的逻辑函数表达式为

$$R = Q_2\overline{Q_1} + Q_2 Q_1 = Q_2, \qquad \overline{R} = \overline{Q_2},$$
$$Y = \overline{Q_2}Q_1, \qquad \overline{Y} = \overline{\overline{Q_2}Q_1},$$
$$G = \overline{Q_2}\,\overline{Q_1}, \qquad \overline{G} = \overline{\overline{Q_2}\,\overline{Q_1}},$$
$$r = \overline{Q_2}\,\overline{Q_1} + \overline{Q_2}Q_1 = \overline{Q_2}, \qquad \overline{r} = \overline{\overline{Q_2}},$$
$$y = Q_2 Q_1, \qquad \overline{y} = \overline{Q_2 Q_1},$$
$$g = Q_2\overline{Q_1}, \qquad \overline{g} = \overline{Q_2\overline{Q_1}}$$

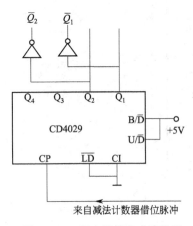

图 4.6.4　用中规模集成计数器
CD4029 构成状态控制器

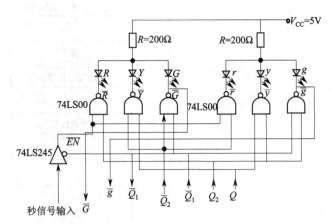

图 4.6.5　状态译码器的电路

现选择半导体发光二极管模拟交通灯，由于门电路的带灌电流的能力一般比带拉电流的能力强，要求门电路输出低电平时，点亮相应的发光二极管。故状态译码器的电路组成如图 4.6.5 所示。

根据设计要求，当黄灯亮时，红灯应按 1 Hz 频率闪烁。从状态译码器真值表中看出，黄灯亮时，Q_1 必为高电平；而红灯点亮信号与 Q_1 无关。现利用 Q_1 信号去控制三态门电路 74LS245（或模拟开关），当 Q_1 为高电平时，将秒信号脉冲引到驱动红灯的与非门的输入端，使红灯在黄灯亮期间闪烁；反之将其隔离，红灯信号不受黄灯信号的影响。

3．定时系统

根据设计要求，交通灯控制系统要有一个能自动装入不同定时时间的定时器，以完成 40s、20s、5s 的定时任务。

4．秒信号产生器

产生秒信号的电路有多种形式，图 4.6.6 是利用 555 定时器组成的秒信号发生器。因为该电路输出脉冲的周期为 $T \approx 0.7\,(R_1 + 2R_2)C$。若 $T = 1s$，令 $C = 10\mu F$、$R_1 = 39 k\Omega$，则 $R_2 \approx$ 51 kΩ。取固定电阻 47 kΩ 与 5 kΩ 的电位器相

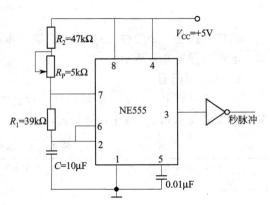

图 4.6.6　555 定时器组成的秒脉冲发生器

串联代替电阻 R_2。在调试电路时，调试电位器 R_P，使输出脉冲为 1s。

五、Multisim 仿真

实验要求如下。

① 在实验室实现硬件电路之前，创建仿真电路如图 4.6.7 所示，要求能直接用 Multisim 10 观察得到电路运行状态。

② 能够显示倒计时时间。

③ 用其中逻辑分析仪观察各路信号的波形。

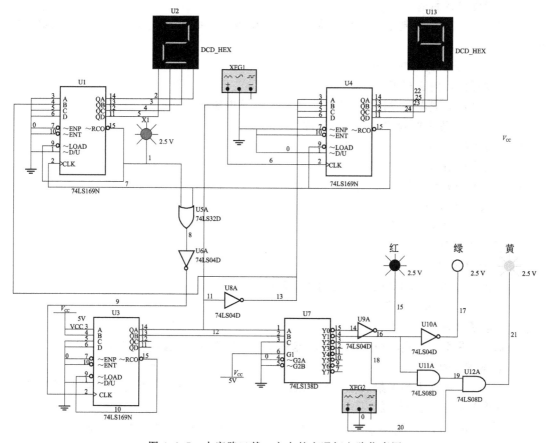

图 4.6.7　十字路口某一方向的交通灯电路仿真图

六、课程设计报告

① 按照设计任务要求画出十字路口交通信号灯控制的电路图，列出元器件清单。

② 在数字逻辑实验箱上插接电路。

③ 拟定测试内容及步骤，选择测试仪器，列出有关的测试表格。

④ 进行单元电路调试和整机调试。

⑤ 进行故障分析、精度分析，并对图以及功能进行评价。

⑥ 写出总结报告，包括收获及体会。

课程设计七 电子秒表

一、课程设计目的

① 学习数字电路中基本 RS 触发器、单稳态触发器、时钟发生器及计数、译码显示等单元电路的综合应用。

② 学习电子秒表的调试方法。

二、课程设计内容与要求

用中小规模集成电路设计一个电子秒表,基本要求如下。

① 能显示 2 位十进制数,其计数范围为 $00\sim99$。

② 具有清零、预置数、停止等功能。

三、主要设备与器件

① THD-4 数字电路实验箱 1 台。

② GOS-620 示波器。

③ MS8215 数字万用表。

④ 数字频率计。

⑤ 译码显示器。

⑥ 2 片 74LS00,1 片 NE555,3 片 74LS90。

⑦ 电位器、电阻、电容若干。

四、电子秒表原理

图 4.7.1 为电子秒表的原理图。按功能将其分成四个单元电路进行分析。

1. 基本 RS 触发器

图 4.7.1 中单元 Ⅰ 为用集成与非门构成的基本 RS 触发器,属低电平直接触发的触发器,有直接置位、复位的功能。

它的一路输出 $\overline{Q}$ 作为单稳态触发器的输入,另一路输出 Q 作为与非门 5 的输入控制信号。

按动按钮开关 K_2(接地),则门 1 输出 $\overline{Q}=1$,门 2 输出 $Q=0$;K_2 复位后 Q、$\overline{Q}$ 状态保持不变。再按动按钮开关 K_1,则 Q 由 0 变为 1,门 5 开启,为计数器启动做好准备。$\overline{Q}$ 由 1 变 0,送出负脉冲,启动单稳态触发器工作。

基本 RS 触发器在电子秒表中的职能是启动和停止秒表的工作。

2. 单稳态触发器

图 4.7.1 中单元 Ⅱ 为用集成与非门构成的微分型单稳态触发器,图 4.7.2 为各点波形图。

单稳态触发器的输入触发负脉冲信号 v_i 由基本 RS 触发器 $\overline{Q}$ 端提供,输出负脉冲 v_o 通过非门加到计数器的清除端 R。

静态时,门 4 应处于截止状态,故电阻 R 必须小于门的关门电阻 R_{off}。定时元件 RC 取值不同,输出脉冲宽度也不同。当触发脉冲宽度小于输出脉冲宽度时,可以省去输入微分电路的 R_P 和 C_P。单稳态触发器在电子秒表中的职能是为计数器提供清零信号。

3. 时钟发生器

图 4.7.1 中单元 Ⅲ 为用 555 定时器构成的多谐振荡器,是一种性能较好的时钟源。

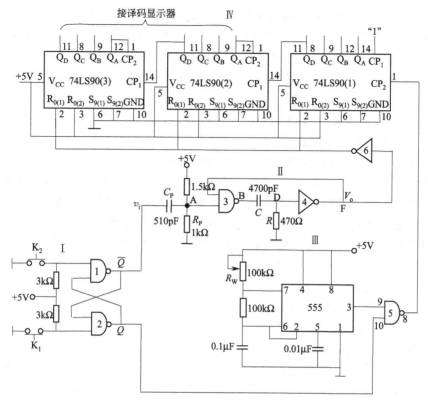

图 4.7.1 电子秒表原理图

调节电位器 R_W，使输出端 3 获得频率为 50Hz 的矩形波信号，当基本 RS 触发器 $Q=1$ 时，门 5 开启，此时 50Hz 脉冲信号通过门 5 作为计数脉冲加于计数器（1）的计数输入端 CP_2。

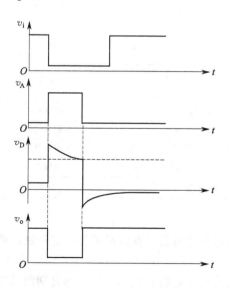

图 4.7.2 单稳态触发器波形图

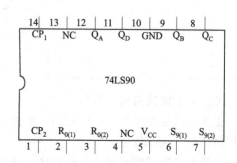

图 4.7.3 74LS90 引脚排列

4. 计数及译码显示

二-五-十进制加法计数器 74LS90 构成电子秒表的计数单元，如图 4.7.1 中单元 IV 所示。其中计数器（1）接成五进制形式，对频率为 50Hz 的时钟脉冲进行五分频，在输出端 Q_D 取得周期为 0.1s 的矩形脉冲，作为计数器（2）的时钟输入。计数器（2）及计数器（3）接成 8421 码十进制形式，其输出端与实验装置上译码显示单元的相应输入端连接，可显示 0.1～0.9s、1～9.9s 计时。

注意：74LS90 是异步二-五-十进制加法计数器，它既可以作二进制加法计数器，又可以作五进制和十进制加法计数器。

图 4.7.3 为 74LS90 引脚排列，表 4.7.1 为功能表。

通过不同的连接方式，74LS90 可以实现四种不同的逻辑功能，而且还可借助 $R_{0(1)}$、$R_{0(2)}$ 对计数器清零，借助 $S_{9(1)}$、$S_{9(2)}$ 将计数器置 9。其具体功能详述如下。

（1）计数脉冲从 CP_1 输入，Q_A 作为输出端，为二进制计数器。

（2）计数脉冲从 CP_2 输入，Q_D、Q_C、Q_B 作为输出端，为异步五进制加法计数器。

（3）若将 CP_2 和 Q_A 相连，计数脉冲由 CP_1 输入，Q_D、Q_C、Q_B、Q_A 作为输出端，则构成异步 8421 码十进制加法计数器。

（4）若将 CP_1 与 Q_D 相连，计数脉冲由 CP_2 输入，Q_A、Q_D、Q_C、Q_B 作为输出端，则构成异步 5421 码十进制加法计数器。

（5）清零、置 9 功能。

① 异步清零。当 $R_{0(1)}$、$R_{0(2)}$ 均为"1"，$S_{9(1)}$、$S_{9(2)}$ 中有"0"时，实现异步清零功能，即 $Q_D Q_C Q_B Q_A = 0000$。

② 置 9 功能。当 $S_{9(1)}$、$S_{9(2)}$ 均为"1"，$R_{0(1)}$、$R_{0(2)}$ 中有"0"时，实现置 9 功能，即 $Q_D Q_C Q_B Q_A = 1001$。

表 4.7.1　74LS90 功能表

输入						输出				功　能
清 0		置 9		时钟		Q_D	Q_C	Q_B	Q_A	
$R_{0(1)}$	$R_{0(2)}$	$S_{9(1)}$	$S_{9(2)}$	CP_1	CP_2					
1	1	0 ✕	✕ 0	✕	✕	0	0	0	0	清 0
0 ✕	✕ 0	1	1	✕	✕	1	0	0	1	置 9
0 ✕	✕ 0	0 ✕	✕ 0	↓	1	Q_A 输出				二进制计数
				1	↓	$Q_D Q_C Q_B$ 输出				五进制计数
				↓	Q_A	$Q_D Q_C Q_B Q_A$ 输出 8421BCD 码				十进制计数
				Q_D	↓	$Q_A Q_D Q_C Q_B$ 输出 5421BCD 码				十进制计数
				1	1	不变				保持

五、安装测试内容与步骤

由于实验电路中使用器件较多，实验前必须合理安排各器件在实验装置上的位置，使电路逻辑清楚，接线较短。

实验时，应按照实验任务的次序，将各单元电路逐个进行接线和调试，即分别测试基本 RS 触发器、单稳态触发器、时钟发生器及计数器的逻辑功能，待各单元电路工作正常后，再将有关电路逐级连接起来进行测试……直到测试电子秒表整个电路的功能。

这样的测试方法有利于检查和排除故障，保证实验顺利进行。

1. 基本 RS 触发器的测试

前文已讲述。

2. 单稳态触发器的测试

（1）静态测试　用直流数字电压表测量 A、B、D、F 各点电位值并记录。

（2）动态测试　输入端接 1kHz 连续脉冲源，用示波器观察并描绘 D 点（v_D）、F 点（v_o）波形。如嫌单稳态输出脉冲持续时间太短，难以观察，可适当加大微分电容 C（如改为 $0.1\mu F$），待测试完毕，再恢复 4700pF。

3. 时钟发生器的测试

测试方法参考前文，用示波器观察输出电压波形并测量其频率，调节 R_W，使输出矩形波频率为 50Hz。

4. 计数器的测试

① 计数器（1）接成五进制形式，$R_{o(1)}$、$R_{o(2)}$、$S_{9(1)}$、$S_{9(2)}$ 接逻辑开关输出插口，CP_2 接单次脉冲源，CP_1 接高电平"1"，$Q_D \sim Q_A$ 接实验设备上译码显示输入端 D、C、B、A，按表 4.7.1 测试其逻辑功能并记录。

② 计数器（2）及计数器（3）接成 8421 码十进制形式，同内容①进行逻辑功能测试并记录。

③ 将计数器（1）、（2）、（3）级联，进行逻辑功能测试并记录。

5. 电子秒表的整体测试

各单元电路测试正常后，按图 4.7.1 把几个单元电路连接起来，进行电子秒表的总体测试。

先按一下按钮开关 K_2，此时电子秒表不工作，再按一下按钮开关 K_1，则计数器清零后便开始计时，观察数码管显示计数情况是否正常，如不需要计时或暂停计时，按一下开关 K_2，计时立即停止，但数码管保留所计时的值。

6. 电子秒表准确度的测试

利用电子钟或手表的秒计时对电子秒表进行校准。

六、Multisim 仿真

创建电子秒表仿真电路如图 4.7.4 所示，分析结果并与实验结果比较。

七、预习要求

① 复习数字电路中 RS 触发器、单稳态触发器、时钟发生器及计数器等部分内容。

② 除了本实验中所采用的时钟源外，选用另外两种不同类型的时钟源，可供本实验用。画出电路图，选取元器件。

③ 列出电子秒表单元电路的测试表格。

④ 列出调试电子秒表的步骤。

八、课程设计报告

① 方案论证及方框图。

② 单元电路设计细则。

③ 安装调试结果，分析调试中发现的问题及故障排除方法。

④ 系统状态图、逻辑图。

⑤ 电子元件清单。

⑥ 实验收获。

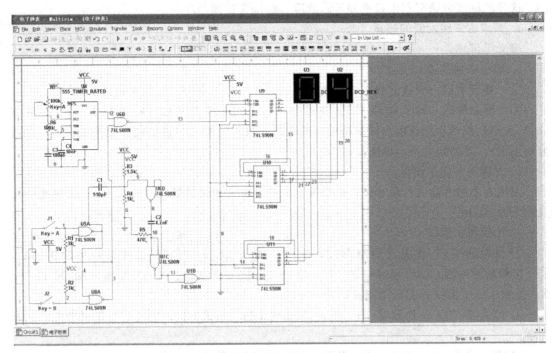

图 4.7.4　电子秒表仿真电路

第五篇　EDA 软件简介

第一章 电路仿真程序 Spice 入门

一、Spice 简介

Spice 是英文 simulation program for integrated circuits emphasis 的缩写，意为对集成电路的电路仿真程序，由美国加州大学伯克利分校的计算机辅助设计小组于 1972 年利用 FORTRAN 语言开发而成。Spice 主要用于大规模集成电路的计算机辅助设计，其正式实用版 Spice2G 于 1975 年发布，但运行环境至少为小型机。1985 年，加州大学伯克利分校用 C 语言对 Spice 软件进行了改写。1988 年，Spice 被定为美国国家工业标准。同时，各种以 Spice 为核心的商用模拟电路仿真软件在 Spice 的基础上做了大量实用化工作，从而使 Spice 成为当时最流行的电子电路仿真软件，也成为 EDA（electronic design automation，电子设计自动化）的语言基础。

在我国较早流行的电路仿真软件 PSpice 是由美国 MicroSim 公司在 Spice2G 的基础上升级并移植到 PC 机上的 Spice 版本，使 Spice 软件不仅可以在大型机上运行，同时也可以在微型机上运行。随后，PSpice 的版本越来越高。高版本的 PSpice 不仅可以分析模拟电路，还可以分析数字电路及数模混合电路。其模型库中的各类元器件、集成电路模型多达数千种，且精度很高。PSpice 的 Windows 版建立了良好的人机界面，以窗口及下拉菜单的方式进行人机交流，并在书写原程序的文本文件输入方式基础上，增加了输入电路原理图的图形文件输入方式，操作直观快捷，给使用者带来极大方便。目前，在众多的计算机辅助分析与设计软件中，PSpice 被工程技术人员和专家学者公认为通用模拟电路程序中的优秀软件。

现在，所有的电路仿真软件都可以在 PC 机上运行，应用软件趋于多样化。多数电路仿真软件都可以采用电路图编辑器方便快速地输入电路，但是电路图输入的方法并不能取代 Spice 语言描述电路的方法。元件的建模、电路结构的研究、对于分析功能的使用等，都要求对 Spice 有较深入的了解。因此，只有掌握了 Spice 的语言基础，才能有效地使用电路仿真软件。

用 Spice 可以对电路进行的分析包括：电路的静态工作点、直流扫描分析、直流小信号的传输函数、交流分析、瞬态分析、灵敏度分析、噪声分析、畸变分析和蒙特卡罗分析等。在 Spice 中，电路可以接受的元件见表 5.1.1。

表 5.1.1 Spice 中电路可以接受的元件

元件英文名称	元件名称	元件英文名称	元件名称
Independent and dependent voltage and current sources	独立电源与受控源	Switches	压控与流控开关
Resistors	电阻	Diodes	二极管
Capacitors	电容	Bipolar transistors	三极管
Inductors	电感	MOS transistors	MOS 管
Mutual inductors	互感	JFET	结型场效应管
Transmission	传输线	MESFET	GaAs 场效应管
Operational amplifiers	运算放大器		

在分析时，每种元件都有相应的温度特性，所有的分析都可以在不同的温度下进行，Spice 默认的温度是 300K，即 27℃。

二、Spice 电路文件

1. 在 Spice 中怎样描述电路

Spice 用文本编辑器编辑电路文件，标准的 Spice 文件格式如下。

① 标题；

② 电路描述，电路的数据语句，定义了电路的结构和各元件的参数；

③ 分析类型描述，用来指示 Spice 对电路做何种分析；

④ 输出描述，指示 Spice 输出哪些数据和以什么样的格式输出数据；

⑤ end 程序的结束命令。

Spice 文件的第一行是电路的标题行（TITLE STATEMENT），它可以是以数字或字母开头的任意字符串；文件的最后一行是 .END 语句，指示电路文件结束。另外，Spice 忽略以"＊"开头的行，称为注释行（COMMENT STATEMENTS），注释行的作用是使所写的电路容易被看懂，对于简单电路的作用不大，但是对于复杂的电路，要多使用注释行，以便于电路文件容易理解。所有的语句都应写在 TITLE STATEMENT 和 .END 之间，语句的顺序可以是任意的。因此，一个完整的 Spice 文件的具体形式如下。

TITLE STATEMENT	（标题行）
＊ …	（注释行）
ELEMENT STATEMENTS	（元件语句）
＋	（续行）
＋	（续行）
…	
COMMAND （CONTROL） STATEMENTS	（分析语句）
OUTPUT STATEMENTS	（输出语句）
. end	（结束语句）

分析语句也称为命令语句或控制语句，习惯上语句也称为卡（card），例如元件卡、控制卡等。另外还要注意，以"＋"开头的行是前一行的续行；Spice 对大小写不敏感，但是在其内部是将大写字母转换成小写字母进行处理的；在 Spice 文件中，多于一个的空格被忽略，圆括号"（"、"）"当作空格处理。

Spice 用节点电压法求解电路，所以首先要为电路编写节点的名称。节点的名称可以是任意的字符串，但参考点的编号必须是"0"。下面是一个简单的电路例子，图 5.1.1 所示的电路用数字表示节点，这里要注意，与电路理论课中节点的定义稍有不同，在这里任何元件的外部连接点都是节点。

Spice 的算法要求任何节点必须有到参考点的直流通道，如果电路中的某些节点不满足这个条件，在编写电路前要在这些节点到参考点之间增加一个大电阻，电阻的阻值要足够大（比如可以设为 $1E20\Omega$，即 $1\times10^{20}\,\Omega$），此电阻的存在并不会影响电路中的电压和电流。

图 5.1.1 电路的 Spice 文件为

First Circuit

R1	1	3	10	
R2	3	2	10	
R3	1	0	5	
R4	2	0	5	
V1	1	2	DC	10V
IS	0	3	DC	1A
. op				

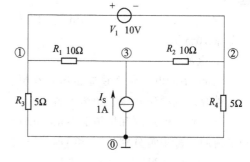

图 5.1.1　简单的直流电路举例

.print　　　V（1）　　　V（2）　　　V（3）

.end

以上的电路文件中，标题是"First Circuit"；从第 2 行到第 7 行描述了电路元件及其连接关系，比如 R_1 连接在节点 1 和 3 之间，阻值是 10Ω；第 8 行是 .OP 分析语句，此语句指示 Spice 分析电路的直流静态工作点；第 9 行是输出语句，输出 1、2、3 三个节点的电压。

2. 元件值的写法

在电路文件中，元件值写在与元件相连的节点后面，元件值用浮点的形式书写，后跟比率后缀和单位后缀。元件的值是比率后缀与其前面的浮点数相乘的结果，Spice 认可的比率后缀是：T（＝E12，即 10^{12}，依此类推），G（＝E9）；MEG（＝E6），K（＝E3），M（＝E－3），U（＝E－6），N（＝E－9），P（＝E－12），F（＝E－15）。

注意：比例后缀都是大写字母；M 代表 milli（毫），而不是兆，"兆"的写法是 MEG 或 E6。

Spice 默认的单位是：V，A，Hz，ohm（Ω），H，F 和 DEG（度）。Spice 总是忽略单位后缀，例如 $15\mu H$ 可以写成 15UH 或 15U。

3. 电路文件的编辑与运行

Spice 电路文件的扩展名为 .cir，原则上任何文本编辑器都可以编辑 Spice 文件，但是编辑完成后要将扩展名改为 .cir。非商用的仿真器界面一般都很简单，有些自带编辑器，用自带编辑器就可以编写电路，选择菜单命令就可以直接运行电路。

三、元件语句

1. 电阻、电容和电感

（1）电阻（R）　　电阻的语句为

R＜name＞N1 N2 Value

元件的首字母是标识符，电阻元件的标识符是 R；N1 和 N2 是电阻两端的节点名；"＜＞"中的内容是可选的，例如：

R9　　　　6　　　　4　　　　20k

Rout　　　6　　　　0　　　　10E3

（2）电容（C）和电感（L）　　电容和电感元件的标识符分别是 C 和 L，其语句为

C＜name＞N1 N2 Value＜IC＞

L＜name＞N1 N2 Value＜IC＞

其中，IC 是元件电压或电流的初始值。

C1　　4　　0　　0.1UF　　5　　*电容 C_1 位于电路中节点 4 与节点 0 之间，$0.1\mu F$，初始电压 5V

L4　　7　　3　　6.18mH　　10m　　*电感 L_4 位于电路中节点 7 与节点 3 之间，6.18mH，初始电流 10mA。

2. 电源

Spice 中的电源包括独立恒压源和恒流源、受控源、分段线性化电源、正弦信号源、脉冲信号源、调频信号源、指数电源等。

（1）独立恒压源和恒流源（independent voltage sources and current sources）　　电压源和电流源的标识符分别是 V 和 I，其语句为

V＜name＞N1 N2 Type Value

I ＜name＞N1 N2 Type Value

对于电压源，N1 是电源的正端节点，N2 是电源的负端节点；对于电流源，电流从 N1 流入，从 N2 流出，如图 5.1.2 所示。

图 5.1.2 电压源和电流源正负节点的定义　　　　图 5.1.3 计算电阻支路电流的方法

Type 指电源的形式，电源的形式可以是 DC、AC 或 TRAN，与分析的种类有关。例如：

Vin 2 0 DC 10

Is 3 4 DC 1.5m

Spice 用节点电压法分析电路，其直接计算结果是各个节点的电压和独立的电压源中的电流。因此，如果要计算其他支路的电流，可以在支路中添加一个 0V 的独立电压源，此电压源对电路没有任何影响，但是 Spice 可以直接计算出该支路的电流。如图 5.1.3 所示，为了计算电阻支路的电流，在电阻支路中添加了 0V 的电压源 V_{meas}。

（2）线性受控源（linear dependent sources）　压控电压源（1inear voltage-controlled voltage sources）的语句为

E＜name＞N1 N2 NC1 NC2 Value

压控电流源（linear voltage-controlled current sources）的语句为

G＜name＞N1 N2 NC1 NC2 Value

流控电压源（linear current-controlled voltage sources）的语句为

H＜name＞N1 N2 Vcontrol Value

流控电流源（linear current-controlled current sources）的语句为

F＜name＞N1 N2 Vcontrol Value

在压控电压源和压控电流源中，控制电压的端点是节点 NC1 和 NC2；在流控电压源和流控电流源中，控制电流是电压源 V_{control} 中的电流。V_{control} 可能是电路中已有的电压源，也可能是为了测量支路电流而添加到电路中的 0V 电压源。

例如，图 5.1.4 中含有压控电压源 E_1 和流控电流源 F_1，它们的写法分别为

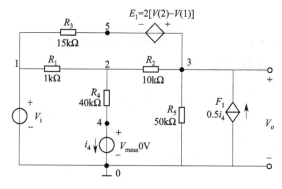

图 5.1.4 含受控源的电路

E1 3 5 2 1 2

F1 0 3 Vmeas 0.5

Vmeas 4 0 DC 0

（3）分段线性化电源（piece-wise linear sources）　　分段线性化电源的语句形式为

V＜name＞N1 N2 PWL（T1 V1 T2 V2 T3 V3...）。

其中，PWL 是分段线性化电源的标识；T_1、V_1，T_2、V_2，T_3、V_3…分别是各拐点的时间和电压值。

例如，图 5.1.5 中所示的语句为

Vg 1 2 PWL（0 0 10U 5 100U 5 110U 0）

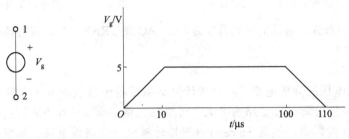

图 5.1.5　分段线性化电源

四、直流分析语句

Spice 可进行不同类型的分析，如直流分析（DC analysis）、瞬态分析和交流分析等，直流分析包括操作点分析（.op）分析、直流扫描分析（.dc）、小信号传输函数分析（.tf）和小信号灵敏度分析（.sens）。

1..op 分析语句（.op analysis）

.op 是分析直流电路最常用的命令。.op 命令指示 Spice 计算如下结果。

① 各节点的电压；

② 流过独立恒压源中的电流；

③ 每个元件的静态工作点。

2..dc 分析语句（.dc analysis）

.dc 命令对独立直流电源的参数进行扫描计算，其形式为

.dc SRCname START STOP STEP

其中，SRCname 是要扫描的电源；START 是起始值；STOP 是终止值；STEP 是扫描步长。例如

.dc V1 1 10　0.5

当 START＝STOP 且 STEP≠0 时，只计算一组输出数据。

利用.dc 可以进行双参数扫描，如

.dc V1 1 10 0.5 V2 1 5 1

其作用是 V_2 从 1～5V 进行扫描计算，步长是 1V，每扫描一步，V_1 就从 1～10V 扫描一周，步长是 0.5V。

3..tf 语句（.tf analysis）

.tf 语句的形式为

.tf OUTSRC INSRC

其中，OUTSRC 是输出变量；INSRC 是输入变量。

.tf 指示 Spice 计算电路的直流小信号特性如下。

① 输出变量与输入变量的比值（称为增益或传输函数）；

② 输入端的输入电阻；

③ 输出端的输出电阻（即从输出端看进去戴维南等效电路的内阻）。

用此命令可以计算有源二端网络的戴维南等效电路。但要注意，如果电路中含有多个电源，要分别计算针对每个电源的直流小信号传输函数，戴维南等效电路的开路电压是各个电源单独作用结果的叠加。

五、输出语句

输出语句的形式为

.print TYPE OV1 OV2 OV3...

.plot TYPE OV1 OV2 OV3...

.print 列表输出变量 OV1，OV2，OV3，…；.plot 绘图输出变量 OV1，OV2，OV3，…；TYPE 是所进行分析的形式，可以是 .dc、.tran 或 .ac 三种形式。

绘图输出的横坐标与分析的类型有关。如果是 .dc 分析，横坐标就是扫描变量；如果是 .tran 分析，横坐标是时间变量；如果是 .ac 分析，横坐标是频率。

六、子电路的定义和调用

在 Spice 中可以将部分电路定义成子电路（subcircuit），用子电路的调用语句调用定义好的子电路。如果电路中有重复的结构，子电路的定义和调用可以简化电路文件。如图 5.1.6(a) 所示电路中，两个并联电阻 R_1 和 R_2 的部分电路具有相同的结构，可以将这部分电路定义成有两个端子的子电路，如图 5.1.6(b) 所示。

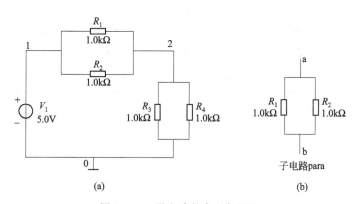

图 5.1.6 子电路的定义与调用

子电路就像子程序一样，一旦定义了子电路，就可以在电路文件的多处调用它。子电路的定义格式为

.SUBCKT SUBNAME N1 N2 N3...

Element statements

...

.ENDS SUBNAME

子电路调用语句的标识符是 X，一般格式为

.X<name>N1 N2 N3…SUBNAME

除节点"0"外，子电路中的其他节点都是局部节点，名称可以与电路中的其他节点同名；但是子电路中的节点"0"是全局节点，永远与电路的参考点相连。子电路允许嵌套，但是不允许循环，也就是说，子电路 A 可以调用子电路 B，但是子电路 B 不能再调用子电路 A。下列电路文件定义了图 5.1.6 中的子电路 para，在描述整个电路时两次调用了此子电路。

Subcir Example

V1 1 0 DC 5

X1 1 2 para

X2 2 0 para

*

. SUBCKT para a b

R1 a b 1k

R2 a b 1k

. ENDS para

*

. op

. end

七、. model 语句与二极管、开关在 Spice 中的表示

1. . model 语句

在 Spice 中用 . model 语句定义元件的模型参数，元件的模型就像模板，只有填上元件的参数后才能例化（调用）此元件。只有 Spice 内核中已预定义的模型才能用 . model 定义参数，每个参数都有相应的关键字。. model 语句的形式为

　　. model MODName Type （parameter values）

其中，MODName 是元件名称；Type 是 Spice 预定义的元件模型名称；圆括弧 "（）" 中是对应的元件模型的参数定义。Spice3F5 中预定义的元件模型见表 5.1.2。

表 5.1.2　元件模型名称

模型名称	元件名称	模型名称	元件名称	模型名称	元件名称
R	半导体电阻	PJF	P 沟道结型场效应管	LTRA	损耗传输线
SW	压控开关	PMOS	P 沟道 MOSFET	NPN	NPN 三极管
URC	均匀分布的 RC 参数	PMF	P 沟道 GaAs MESFET	NJF	N 沟道结型场效应管
D	二极管	C	半导体电容	NMOS	N 沟道 MOSFET
PNP	PNP 三极管	CSW	流控开关	NMF	N 沟道 GaAs MESFET

2. 开关模型

Spice 中定义了压控开关和流控开关模型，它们不是理想开关，如图 5.1.7 所示，开关的电阻随控制电压或电流的连续变化而跳变。当开关闭合时，电阻为 R_{ON}，当开关断开时，电阻是 R_{OFF}。如果要定义理想开关，可以使 $R_{ON}=0$，给定 R_{OFF} 一个足够大的数值（如 1 E20）。

(a) 开关　　　(b) 开关闭合状态　　　(c) 开关断开状态

图 5.1.7　Spice 中的开关

（1）压控开关（voltage controlled switch）

模型参数定义：. model SMOD SW （RON=　　VON=　　ROFF=　　）

各参数的默认值分别是：$R_{ON}=1\Omega$, $V_{ON}=1V$, $R_{OFF}=10^{12}\Omega$。

开关调用语句：S<name>N1 N2 NC1 NC2 SMOD

压控开关调用的标识符是 S，N1、N2 是开关两端的节点，NCl 和 NC2 是控制端，SMOD 是模型名。例如

S1 6 5 4 0 swicth1

. model switch1 SW （RON＝10　VON＝0　ROFF＝100MEG）

上面的描述中，用 . model 语句定义了压控开关 switch1，调用开关时将开关标号设定为 S1，开关的两个端点是节点 6 和节点 5，节点 4 和节点 0 是控制电压的正节点和负节点。

（2）流控开关 （current controlled switch）

模型参数定义：. model SMOD CSW （RON＝　VON＝　ROFF＝　）

开关调用语句：W<name>N1 N2 Vmeas SMOD

调用流控开关的标识符是 W，电压源 Vmeas 中的电流是控制电流，N1、N2 是开关的两端。例如

W1 3 5 Vmeas swicth2

. model switch2 CSW （RON＝10　VON＝0　ROFF＝100MEG）

上面的描述中，用 . model 语句定义了流控开关 switch2，调用开关时将开关标号设定为 W1，开关的两个端点是节点 3 和节点 5，控制电流是流过电压源 Vmeas 的电流。

3. 二极管模型

模型参数定义：. model diodename D （IS＝　N＝　RS＝　CJO＝　TT＝　BV＝　IBV＝…）

二极管调用语句：D<name> N＋N－ diodename

以上的语句中，N＋是二极管的阳极，N－是二极管的阴极。二极管的参数和含义见表 5.1.3。从表中可以看到，每个参数都有默认值，如果在定义参数时没有重新定义，就会自动使用默认值。

表 5.1.3　二极管的参数定义与默认值

符号	参数名称	缺省值	典型值	单位
IS	饱和电流	1E−14	1E−18～1E−9,不能是 0	A
RS	寄生电阻	0	10	Ω
CJO	零偏 PN 结电容	0	10E−12～0.01	F
VJ	结电压	1	0.05～0.7	V
TT	渡越时间	0	1.0E−10	s
M	梯度因子	0.5	0.33～0.5	
BV	反向击穿电压	1E30	50	V
N	注入系数	1	1	
EG	禁带能量	1.11	0.69	eV
XTI	饱和电流温度指数	3.0	3.0	
KF	闪烁噪声指数	0	0	
AF	闪烁噪声系数	1	1	
FC	正偏置耗尽电容系数	0.5	0.5	
IBV	反向击穿电流	0.001	1.0E−03	A
TNOM	参数测试温度	27	27～50	℃

例如，二极管 1N4148 的模型参数的定义为

. model 1N4148 D （IS＝6. 89131E−09 RS＝0. 636257 N＝1. 82683 EG＝1. 15805

　＋　　XTI＝0. 518861 BV＝80 IBV＝0. 0001 CJO＝9. 99628E−13

　＋　　VJ＝0. 942987 M＝0. 727538 FC＝0. 5 TT＝4. 33674E−09 KF＝0 AF＝1）

常用的二极管 1N4007 的模型参数定义为

. model 1 N4007 D （IS＝3.19863e－08 RS＝0.0428545 N＝2 EG＝0.784214
　＋　　XTI＝0.504749 BV＝1100 IBV＝0.0001 CJO＝4.67478E－11
　＋　　VJ＝0.4 M＝0.469447 FC＝0.5 TT＝8.86839E－06 KF＝0 AF＝1）

八、用 Spice 分析直流电路举例

【例 5.1.1】　　用 Spice 分析图 5.1.8 所示电路中各个节点的电压。

解：首先编写节点号，然后编写标准 Spice 文件，用 AIM-Spice 分析的结果如下。

```
Example 5.1.1
V1        1        0        DC        6
V2        3        2        DC        3
IS        0        2        DC        1
R1        1        2        3
R2        3        0        6
R3        1        3        2
.op
.end
```

图 5.1.9 中，$i_{(v2)}$ 和 $i_{(v1)}$ 分别是流过两个恒压源中的电流，因为 Spice 计算的是从恒压源正端流向负端的电流（经过电压源内部），所以，图中显示的负值说明电流是从恒压源中流出，电源发出功率。

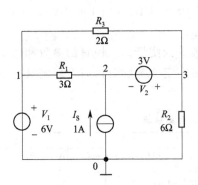

Variables in circuit	Values
v(1)	6 V
v(3)	7 V
v(2)	4 V
i(v2)	−1.66667 A
i(v1)	−0.166667 A

图 5.1.8　例 5.1.1 图　　　　　　　图 5.1.9　图 5.1.8 的仿真结果

【例 5.1.2】　　如图 5.1.10 所示的电路是含有受控源的有源二端网络，用 Spice 计算此有源二端网络的戴维南等效电路。

解：此电路中 V_C 是流控电压源，其控制电流 i_1 是恒压源 V 支路的电流，因此可以不必在此支路中添加 0V 电压源。电路文件及其用 AIM-Spice 分析的结果如下。

```
Example 5.1.2
V 1 0 DC 3
R1 1 2 10k
R2 2 0 20k
H 1 a V 5
R4 2 a 100k
R3 a 0 100k
.tf V (a) V
.end
```

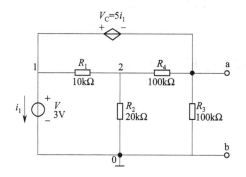

图 5.1.10　例 5.1.2 图

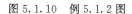

图 5.1.11　图 5.1.10 的 Spice 分析结果

从 Spice 分析结果（图 5.1.11）可知，有源二端网络的内阻是 -5.00033Ω（含有受控源电路的内阻可以是负值），直流小信号传输函数是 1.00022，因此等效电路的开路电压是 $E = 1.00022 \times 3 = 3.00066\text{V}$，则电路的戴维南等效电路如图 5.1.12 所示。

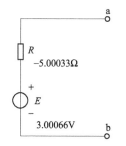

图 5.1.12　图 5.1.10 的戴维南等效电路

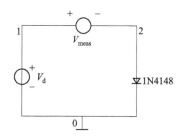

图 5.1.13　例 5.1.3 电路图

【例 5.1.3】　画出二极管 1N4148 的正向伏安特性曲线，二极管电压的变化范围为 $0 \sim 1\text{V}$，计算时步长取 0.01V。

解：给二极管加上正向偏置的电压 V_d，如图 5.1.13 所示，用 .dc 语句对 V_d 电压进行扫描，画出流过二极管的电流 i 的曲线，此曲线就是它的正向伏安特性曲线。

电路 Spice 文件如下。

```
Example 5.1.3
Vd 1 0 DC
Vmeas 1 2 DC 0
D 2 0 1N4148
. model 1N4148 D （
＋IS＝6. 89131e－09 RS＝0. 636257 N＝1. 82683 EG＝1. 15805
＋XTI＝0. 518861 BV＝80 IBV＝0. 0001 CJO＝9. 99628e－13
＋VJ＝0. 942987 M＝0. 727538 FC＝0. 5 TT＝4. 33674e－09
＋KF＝0 AF＝1）
. dc Vd 0 1 0.01
. plot DC i （Vmeas）
. end
```

在第二行 "Vd 1 0 DC" 中，没有写出电压值，表示 V_d 取默认值 1V。作直流扫描时将忽略元件的原取值，按照直流扫描语句的规定从起始值扫描到结束值。

仿真结果如图 5.1.14 所示。

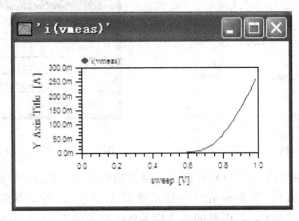

图 5.1.14　二极管 1N4148 的伏安特性曲线

第二章　Spice 在正弦交流电路分析中的应用

正弦交流电路的稳态分析涉及时域分析和频域分析。这两种分析在 Spice 中可用弛豫分析语句 .tran 和交流分析语句 .ac 来实现。下面分别介绍在用 Spice 分析正弦交流时电路元件的表示方法以及 .tran 语句和 .ac 语句的使用。

一、Spice 中正弦交流电源的表示方法

1. 正弦交流电源的时域语句格式

电压源和电流源中电压和电流在时域的一般数学表示式分别为

$$u = U_0 + U_m e^{\alpha(t-t_d)} \sin\left[2\pi f(t-t_d) + 2\pi \frac{\varphi}{360}\right] (V)$$

$$i = I_0 + I_m e^{\alpha(t-t_d)} \sin\left[2\pi f(t-t_d) + 2\pi \frac{\varphi}{360}\right] (A)$$

式中　U_0——直流偏置电压，V；

　　　U_m——交流电压的幅值，V；

　　　I_0——直流偏置电流，A；

　　　I_m——交流电流的幅值，A；

　　　f——频率，Hz；

　　　φ——初相位，(°)；

　　　t_d——延迟时间，s；

　　　α——每秒的阻尼系数。

在 Spice 中，电压源的标识符是 V，电流源的标识符是 I。电压源和电流源的电压和电流的语句格式为

电压源：V<name>N1　N2　sin（U_0　U_m　f　t_d　α　φ）

电流源：I<name>N1　N2　sin（I_0　αI_m　f　t_d　α　φ）

其中，N1、N2 为电源的端点，电压源的电动势的参考方向由 N2 指向 N1；电流源的电流的参考方向由 N1 指向 N2，如图 5.2.1 所示。语句中的括号可以去掉。对正弦交流电源，$U_0=0$，$I_0=0$，$\alpha=0$。如果在语句中没有指定 t_d、α 和 φ，则其默认值为 0。例如，正弦交流电压源 V_i 的参数为 220 V、50 Hz，初相位为 45°，位于节点 4 和 0 之间，其电动势正方向由节点 0 指向节点 4。该电源在 Spice 中的语句为

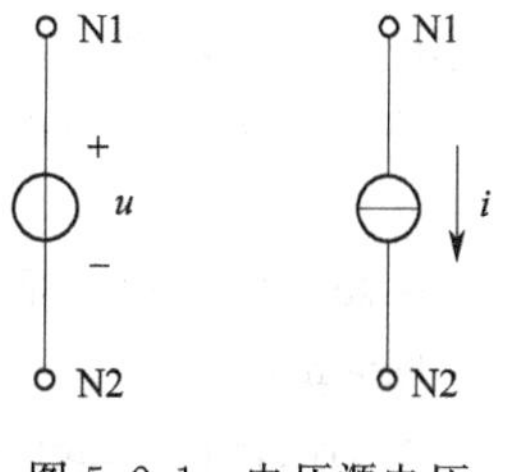

Vi 4 0 sin（0　311.13　50　0　0　45）

2. 正弦交流电源的频域语句格式

在对正弦交流电路做频域分析时，只需给出电压源和电流源中电压和电流的幅值和初相位，其 Spice 语句格式为

电压源：V<name>N1 N2 ac（U_m　φ）

电流源：I<name>N1 N2 ac（I_m　φ）

语句中的括号可以去掉。若初相位为 0，φ 可以不赋值；若幅值为 1V、初相位为 0，幅值和 φ 均可以不赋值。例如一电压源位于节点 4 和 0 之间，其电动势正方向由节点 0 指向节

图 5.2.1　电压源电压和电流源电流的正方向与节点的对应

点 4。若其电动势的相量式为 $E_{4m}=5\angle 0°$V，则其 Spice 描述语句为"V4 4 0 ac（5）"；若其电动势的相量式为 $E_{4m}=1\angle 0°$V，则其 Spice 描述语句为"V4 4 0 ac"。

二、电阻、电感、电容在 Spice 中的表示方法

在 Spice 中，电阻、电容和电感元件的标识符分别是 R、C 和 L，其语句格式为

电阻：R<name>N1　N2　Value

电容：C<name>N1　N2　Value　<IC>

电感：L<name>N1　N2　Value　<IC>

其中，IC 是电感电流或电容电压的初始值，其默认值为 0，在做暂态分析时有用，做稳态分析时可将其设置为 0。N1 和 N2 为电感或电容两端的节点。电容电压的初始值的参考方向为 N1 为高电位，N2 为低电位；电感电流的初始值的参考方向为从 N1 流向 N2。例如，图 5.2.2(a) 中所示电容的初始电压为 5 V，其 Spice 描述语句为

Cap5 3 4 35E−125

图 5.2.2(b) 中，电感的初始电流为 10 mA，其 Spice 描述语句为

L5 9 3 8m 10m

若初始值为 0，在语句中可不为<IC>赋值。

三、Spice 中的弛豫分析语句 . tran

弛豫分析是指在指定的时间段内对电路做时域分析，它包括暂态分析和稳态分析。语句的格式为

. tran Tstep Tstop<Tstart<Tmax>><UIC>

其中　Tstep——打印结果的时间步长。

　　　Tstop——终止时间。

　　　Tstart——起始时间，若不设定则缺省值为 0。

　　　Tmax——最大步长。

　　　　UIC——若语句中有<UIC>，则表明应考虑元件中指定的初始值，否则不予考虑。

图 5.2.2　有初始值的电容和电感

【例 5.2.1】　假设电路图如图 5.2.3 所示，已知 $u=100\sin 1000t$V、$R=10\Omega$、$C=100\mu$F、$L=10$mH，试用 Spice 画出 u_R、u_L 和 u_C 在一个周期内的波形图。

解：由 $\omega=1000$rad/s 可得

$$f=159\text{Hz}, T=6.28\text{ms}$$

电路文件和仿真结果如下。

```
Example 5.2.1
 * circuit parameters
V 3 0 sin（0 100 159 0 0 0）
R 1 0 10
C 3 2 100u
L 1 2 10m
 * transient analysis
. tran 0.2m 110m 100m
 * output
. plot tran v（1）v（2）v（3）
. end
```

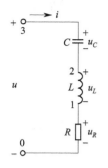

图 5.2.3　例 5.2.1 电路图

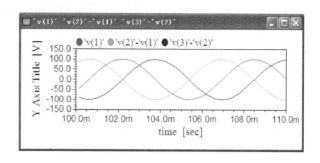

图 5.2.4　例 5.2.1 的分析结果

电路文件中，". tran 0.2m 110m 100m" 表示在 $100\sim110$ms 作时域分析。由于 Spice 软件在作时域分析时包括了最开始的过渡过程部分，故该语句选择 $100\sim110$ms 时间段以得到稳态分析的结果。用 AIM-Spice 对电路进行仿真时受软件功能的限制，不能直接得到电感和电容上的电压，只能得到各节点的电位。为了画出电感和电容上的电压，仿真结束后保存仿真结果，然后启动 AIM-Spice 的后处理器对结果进行处理，画出总电压 v（3）、电阻的电压 v（1）、电感的电压 v（3）$-v$（2）和电容的电压 v（2）$-v$（1），如图 5.2.4 所示。从该图中可以看出电感的电压与电容的电压反相，电阻的电压与总电压的大小和相位完全相同。

四、交流分析语句 . ac

. ac 语句用于分析电路中任意电量的幅频特性和相频特性，分析的结果可以以幅频特性曲线和相频特性曲线的方式输出，也可以给出某个频率点的幅值和相位。

. ac 语句有以下三种格式。

. ac　Lin　N_p　f_{start}　f_{stop}

. ac　Dec　N_d　f_{start}　f_{stop}

. ac　Oct　N_o　f_{start}　f_{stop}

其中，f_{start}——起始频率，Hz；

　　　f_{stop}——结束频率，Hz；

　　　Lin——横轴频率刻度为线性；

　　　Dec——横轴频率刻度为十倍制；

　　　Oct——横轴频率刻度为八倍制；

　　　N_p——从起始频率到终止频率间采样的点数；

　　　N_d——每十倍频的采样点数；

　　　N_o——每八倍频的采样点数。

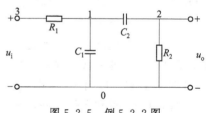

图 5.2.5　例 5.2.2 图

例如，语句 ". ac Dec 10 1000 1E6" 要求在 $1000\sim10^6$Hz 的范围内做交流频率分析，横轴采用十倍频制，每十倍频的采样点为 10 个。

【例 5.2.2】 一滤波器电路如图 5.2.5 所示，已知 $R_1=5\Omega$，$C_1=159\mu F$，$R_2=5\Omega$，$C_2=15\mu F$，试用 Spice 分析该电路的传递函数的幅频特性曲线和相频特性曲线。

解：可以假设输入电压的幅值为 1 V，这样，节点 2 的电压的幅频和相频曲线即为传递函数的幅频和相频曲线。电路文件和仿真结果如下。

Example 5.2.2

　* circuit parameters

```
Vi 3 0 ac 1                    （设输入端接电源幅值为 1、频率可调的正弦信号）
R1 3 1 5
C1 1 0 159u
C2 1 2 15u
R2 2 0 5
* ac frequency analysis        （做交流频率分析）
.ac dec 20 1 1e6               （率范围 1～10⁶ Hz，十倍频制，每十倍频采样点 20 个）
* output
.plot ac vdb（2）              （做节点 2 电位的幅频特性图）
.plot ac vp（2）               （做节点 2 电位的相频特性图）
.end
```

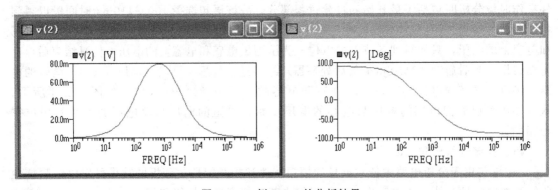

图 5.2.6　例 5.2.2 的分析结果

电路文件中，"plot ac vdb（2）"表示画 $\dot{V}_2$（jω）的幅频特性曲线，纵轴的单位为 dB。若不采用 dB 作单位，则该语句为"plot ac vm（2）"。"plot ac vp（2）"表示画 $\dot{V}_2$（jω）的相频特性曲线，纵轴单位为度。使用 AIM-Spice 的仿真结果如图 5.2.6 所示。

由图 5.2.6 所示的仿真结果可知，该滤波器为带通滤波器。实际上，从图 5.2.5 的电路结构上来看，该电路由一个低通滤波器和一个高通滤波器串联而成，且低通滤波器的截止频率小于高通滤波器的截止频率，所以也可以据此判定该电路应该为带通滤波器。

【例 5.2.3】　试用 Spice 画出图 5.2.7 所示的带阻滤波器的幅频特性曲线和相频特性曲线。电路中的节点和元件编号如图 5.2.7 所示。已知 $R_1=R_2=5\Omega$，$R_3=2R_1$，$C_1=C_2=100\mu F$，$C_3=2C_1$。

解：可以假设输入电压的幅值为 1 V，这样节点 3 的电压的幅频和相频曲线即为传递函数的幅频和相频曲线。电路文件和仿真结果如下。

```
Example 5.2.3
* circuit parameters
Vi 1 0 ac 1
R1 1 2 5
R2 2 3 5
R3 4 0 10
C1 1 4 100u
C2 4 3 100u
```

C3 2 0 200u

  * frequency analysis

. ac dec 20 1 1e6

  * output

. plot ac vdb（3）

. plot ac vp（3）

. end

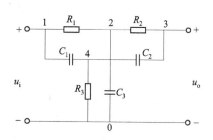

图 5.2.7　例 5.2.3 图

使用 AIM-Spice 的仿真结果如图 5.2.8 所示，由幅频特性曲线可知，该滤波器为带阻滤波器。

如果把 . ac 语句中的起始频率和结束频率设成正弦交流电路的工作频率，采样点数设置为 1，则还可用 . ac 语句对正弦交流电路做稳态分析。

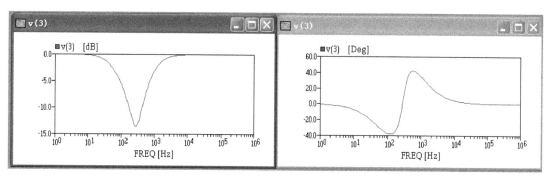

图 5.2.8　例 5.2.3 的分析结果

【例 5.2.4】　假设电路如图 5.2.9 所示，已知 $i=10\sqrt{2}\sin(\omega t+90°)$，$R_1=R_2=10\Omega$，$C=318\mu F$，$f=50Hz$。试用 Spice 求电压 $u_{R1}=?$ $u_C=?$

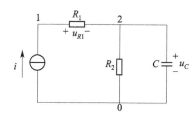

图 5.2.9　例 5.2.4 图

解：电路文件如下。

Example 5.2.4

  * circuit parameters

I 0 1 ac 10 90

R2 0 2 10

C 0 2 318u

R1 1 2 10

（solution for f＝50Hz）

  * frequency analysis

. ac lin 1 50 50

  * output

. print ac vm（1，2）vp（1，2）vm（2）vp（2）

. end

用 Spice Opus 分析，结果为

vm（1，2）＝1.000000E＋002

vp（1，2）＝1.570796E＋000

vm（2）＝7.074511E＋001

vp（2）＝7.858852E－001

其中，vm（1，2）和 vp（1，2）分别为节点 1、2 间电压的有效值和初相位（单位为弧

度）；vm（2）和 vp（2）分别为节点 2、0 间电压的有效值和初相位（单位为弧度），也即

$$\dot{U}_{R1}=100\angle 1.57=100\angle 90°V,\dot{U}_C=7.07\angle 0.786=7.07\angle 45°V$$

所以

$$\dot{u}_{R1}=100\sqrt{2}\sin(314t+90°)V,\dot{u}_C=10\sin(314t+45°)V$$

在使用 SPICE OPUS 软件时，可以用任何一种文本编辑器编辑电路文件，电路文件中只需要包含元件语句，编辑完成后要将文件的扩展名改为 .cir。在分析时，首先载入该文件，再在命令行中依次输入电路分析指令和输出指令，即可得到所需的结果。AIM-Spice 和 SPICE OPUS 的使用方法参见本篇第四章的相关内容。

第三章　用 Spice 分析其他电路

一、用 Spice 分析三相交流电路

三相交流电路是正弦交流电路，可用 Spice 中的弛豫分析语句 .tran 和交流分析语句 .ac 来做时域和频域的稳态分析。下面通过一个例题来说明用 Spice 分析三相交流电路的方法。

【例 5.3.1】 假设三相电路如图 5.3.1 所示。已知三相对称电源的相电压为 220V，频率为 50Hz；三相负载对称，每相负载的电阻为 10Ω，电感为 0.1H，4 条输电线的等效电阻为 2Ω。设 $\dot{U}_{AN} = 220\angle 0°V$，试用 Spice 求负载端的线电压由 $\dot{U}_{A'B'}$ 和相电流 $\dot{I}_A$。

解：电路文件如下。

```
Example 5.3.1
 * circuit parameters
VAN 1 0 ac 220 0
VBN 2 0 ac 220 −120
VCN 3 0 ac 220 120
RLA 1 4 2
RLB 2 5 2
RIC 3 6 2
RLN 0 7 2
RA 4 8 10
RB 5 9 10
RC 6 10 10
LA 8 7 0.1
LB 9 7 0.1
LC 10 7 0.1
 * frequency analysis                    (solution for f=50Hz)
.ac lin 1 50 50
 * output
.print ac vm (4, 5) vp (4, 5) i (van)
.end
```

用 SPICE OPUS 分析，结果为

vm (4, 5) = 3.735653E+002

vp (4, 5) = 5.802986E−001

i (van) = −2.33430E+000, 6.111181E+000

其中，vm (4, 5) 和 vp (4, 5) 分别为节点 4、5 电压的有效值和初相位（单位为弧度）；i (van) 为流过节点 1、0 间的电压源的电流，正方向为由节点 1 指向节点 0，给出的结果是其相量的实部和虚部。所以

$$\dot{U}_{A'B'} = 373.56\angle 0.58 = 373.56\angle 32.23°V$$

$$\dot{I}_A = \dot{I}_{VAN} = 2.334 - j6.111 = 6.54\angle -69.10°A$$

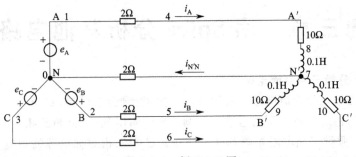

图 5.3.1　例 5.3.1 图

在用 SPICE OPUS 软件时，要将电路文件中的分析和输出语句去掉；在分析时，首先载入包含元件语句的文件，再在命令行中依次输入电路分析指令和输出指令，即可得到所需的结果。SPICE OPUS 的使用参见本篇第四章的相关内容。

二、用 Spice 分析非正弦电路举例

【例 5.3.2】　如图 5.3.2 所示的电路中，输入电压 u_i 是周期为 20ms 的方波，试用 Spice 画出节点 2 的电压。

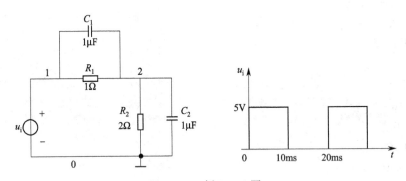

图 5.3.2　例 5.3.2 图

解：在 Spice 中，脉冲上升时间和下降时间不能为 0，对于图 5.3.2 中的方波脉冲，可以将上升沿和下降沿设得很小（如 $1\mu s$）。电路的 Spice 文件如下，用 AIM-Spice 的分析结果如图 5.3.3 所示。

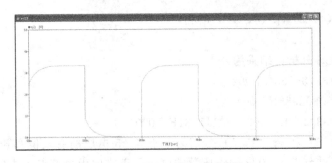

图 5.3.3　节点 2 的电压波形

pulse divider
V 1 0 pulse（0 5 0 1u 1u 10m 20m）
R1 1 2 1k

C1 1 2 1u

R2 2 0 2k

C2 2 0 1u

. tran 0. 1u 50m

. plot tran v （2）

. end

【例5. 3. 3】　对例5. 3. 2中节点2的电压进行傅里叶分析。

说明：因为 AIM-Spice 学生版功能的限制，不能进行傅里叶分析，因此，采用 SPICE OPUS 进行分析，有关 SPICE OPUS 的使用方法请参考第五篇第四章。用 SPICE OPUS 分析电路时，电路文件中只需要包括电路结构部分，不必写分析和输出语句，分析和输出语句是载入文件后在命令行输入的。同时也要注意，在命令行输入分析和输出语句时不要在语句前加点 "."。

解：编写文件名为 pulsediv. cir 的电路文件如下。

pulsediv

V 1 0 pulse （0 5 0 1u 1u 10m 20m）

R1 1 2 1k

C1 1 2 1u

R2 2 0 2k

C2 2 0 1u

. end

分析过程和结果如图5. 3. 4所示。

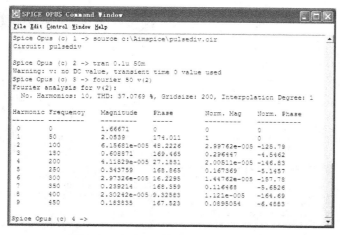

图5. 3. 4　傅里叶分析过程和分析结果

【例5. 3. 4】　用 Spice 中的非线性受控源产生正弦脉冲信号源（设正弦信号的幅值是10V，频率是300 Hz。要产生的正弦脉冲宽度是 10 ms，周期是20ms）。

解：将正弦信号与一个方波脉冲信号相乘，就可以产生正弦脉冲信号源。电路图如图5. 3. 5所示，标准电路文件如下。

Sinburst

V1 1 0 pulse （0 1 0 1E－12 1E－12 10m 20m）

R1 1 0 100k

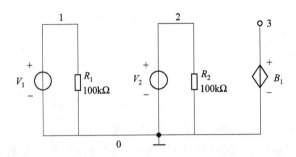

图 5.3.5　用非线性受控源产生正弦脉冲信号的电路

V2 2 0 sin（0 10 300）

R2 2 0 100k

B1 3 0 V＝V(1) * V(2)

. tran 0.1m 60m

. plot tran V(3)

. end

以上电路文件中包括方波脉冲信号 V(1) 和正弦信号 V(2)，用非线性受控源将它们相乘组合成信号源 B1，它是脉冲正弦波波形。用 SPICE OPUS 软件对以上电路进行模拟，分析过程和画出的 V(3) 波形如图 5.3.6 所示。与上例相同，用 SPICE OPUS 分析时去掉文件中的分析和输出语句，用 source 载入文件后在命令行中输入分析和输出语句。

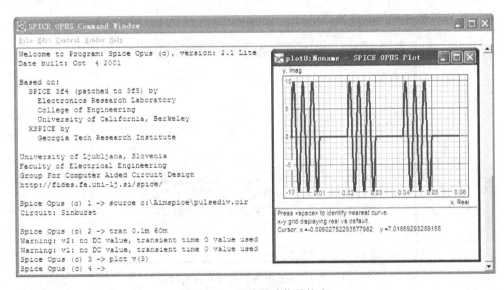

图 5.3.6　正弦脉冲信号输出

三、用 Spice 分析电路的过渡过程举例

电路中的过渡过程问题，用 Spice 分析是很方便的。其中时域分析用瞬态分析语句 .tran，开关可以用 Spice 中的压控开关代替，但是在电路中要增加控制开关的电源。如果电路中的开关只是用于接通和断开电源，可以用分段线性化电源或脉冲信号源来模拟。

【例 5.3.5】　电容充电电路如图 5.3.7(a) 所示，开关在 $t＝0$ 时刻闭合，试画出开关闭合后电容两端的电压曲线，已知电容电压的初始值为 0。

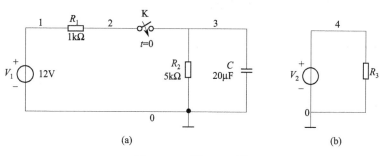

图 5.3.7　例 5.3.5 图

解：为了控制开关，在电路中增加了分段线性化电源 V_2，$t=0$ 时电压从 0V 跳变到 5V，受控开关 $t=0$ 时刻闭合，则电路文件如下。

Example 5.3.5

V1 1 0 12

R1 1 2 1k

R2 3 0 5k

C　3 0 20u IC=0

S1 2 3 4 0 switch1

. model switch1 SW

 * control source

V2 4 0 PWL（0 0 0 1 E−12 5 100 5）

R3 4 0 1 000k

 *

. tran 0. 1m 100m

. plot tran v(3)

. end

其中，第 6 行"S1 2 3 4 0 switch1"是压控开关的调用语句，第 7 行". model switch1 SW"是开关的模型定义语句。压控开关由分段线性化电源 V_2 控制。分析结果如图 5.3.8 所示。

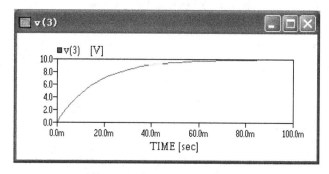

图 5.3.8　例 5.3.5 的分析结果

【例 5.3.6】已知电路如图 5.3.9(b) 所示，输入信号 V_S 的波形如图 5.3.9(a) 所示。画出 $t \geqslant 0$ 时电流 i 的波形。

解：为了计算电流 i，增加了 0 V 的电压源 V_{meas}（电路中未画出），相应增加了节点 3。

分析结果如图 5.3.10 所示，电路文件如下。

```
Example 5.3.6
VS 1 0 pulse (0 20 0 1E－20 1E－20 2U 4U)
R1 1 2 100
C   2 0 1n
L   3 0 10u
Vmeas 2 3 0
. tran 0.01u 6u
. plot tran i（Vmeas）
. end
```

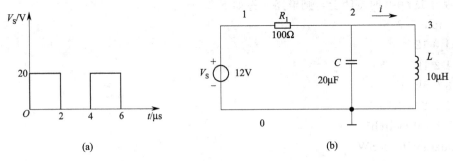

图 5.3.9　例 5.3.6 图

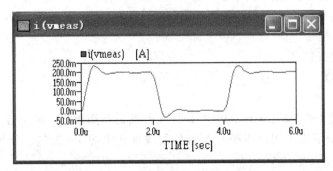

图 5.3.10　例 5.3.6 的分析结果

第四章 AIM-SPICE 和 SPICE OPUS 的使用方法简介

一、AIM-Spice 的使用方法

AIM-Spice 是 Automatic Integrated Circuit Modeling Spice 的缩写，它基于 Berkley 的 Spice3E1，运行环境为 Windows 3.1 及其以后版本。AIM-Spice 由电路模拟内核和后处理器两部分组成。AIM-Spice 简单易学、界面友好、图形后处理功能强大，可以运行标准的 Spice 文件，特别适合于学习和练习 Spice 时使用。

AIM-Spice 支持的分析包括 DC、AC、Transient、Transfer Function、Pole-Zero 及 Noise。支持的模型包括 BSIM2、BSIM3、损耗传输线和 MOS Level6。

网上可下载免费的 AIM-Spice Student Version 3.8a，可以运行于 Windows XP/2000/NT/ME/98/95。由于是学生版，其功能也受到一定的限制，请读者在使用中注意。下面介绍 AIM-Spice 的使用方法。

1. 软件的安装

运行 Aimsp32.exe 文件即可完成自动安装，安装过程中可以改变安装路径。完成安装后在 Windows 开始菜单中可以找到 AIM-Spice 运行菜单。

2. 窗口界面介绍

运行 AIM-Spice 后，会出现如图 5.4.1 所示的主窗口与编辑窗口。编辑窗口是纯文本的编辑窗口，电路文件保存为 .cir 格式。

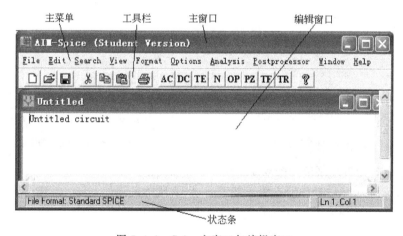

图 5.4.1 Spice 主窗口与编辑窗口

菜单栏与工具栏简介如下几个方面。

（1）主菜单与工具栏 如图 5.4.2 所示。

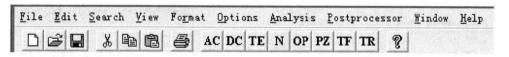

图 5.4.2 Spice 菜单命令与工具栏

① File（文件）菜单与常规视窗应用软件相同，如图 5.4.3 所示。

② Edit（编辑）菜单与常规视窗应用软件相同，如图 5.4.4 所示。

New	Ctrl+N
New Ascii File	
Open...	Ctrl+O
Save	Ctrl+S
Save As...	
Save Plots...	Alt+F12
Print	
Printer Setup...	
Import...	
Exit	Alt+F4

图 5.4.3　File 的下拉菜单

图 5.4.4　Edit 的下拉菜单

③ Search（查找）菜单如图 5.4.5 所示。

④ View（视图）菜单如图 5.4.6 所示。

Find...	Ctrl+F
Next	F3
Previous	F4

图 5.4.5　Search 的下拉菜单

Device Parameters	Alt+D
✔ Status Bar	

图 5.4.6　View 的下拉菜单

⑤ Format（格式）菜单如图 5.4.7 所示。

⑥ Options（选项）菜单如图 5.4.8 所示。

Font...	
X-Axis...	Shift+Ctrl+X
Y-Axis...	Shift+Ctrl+Y
X-Label...	Shift+Alt+X
Y-Label...	Shift+Alt+Y

图 5.4.7　Format 的下拉菜单

General Simulation Options...
Analysis Specific Options...
Device Specific Options...
Numerical Specific Options...
Preferences...

图 5.4.8　Options 的下拉菜单

⑦ Analysis（分析）菜单如图 5.4.9 所示。

⑧ Postprocessor（后处理器）菜单如图 5.4.10 所示。

DC Analysis	▶
Transient Analysis...	Ctrl+T
AC Analysis...	Ctrl+A
Pole-Zero Analysis...	Ctrl+P
Transfer Function Analysis...	Ctrl+R
Noise Analysis...	Ctrl+G
Run Standard Spice File	Ctrl+U

图 5.4.9　Analysis 的下拉菜单

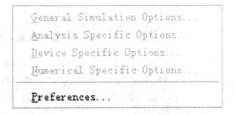

Postprocessor Path...	F9
Load Postprocessor	F10

图 5.4.10　Postprocessor 的下拉菜单

（2）工具栏　AIM-Spice 可以运行两种文件：AIM-Spice 文件和标准 Spice 文件。AIM-Spice 文件中只需要编写电路参数与结构，不用写控制命令与输出命令，欲对电路做分析只需运行相应的菜单命令或工具条命令即可。而 Spice 标准文件中要按照 Spice 句法编写，欲进行分析时运行菜单命令 Analysis｜Run Standard Spice File。因此，工具栏中的分析功能工具条只对运行 AIM-Spice 文件分析有效。

图 5.4.11 所示为工具栏上各按钮的功能说明。

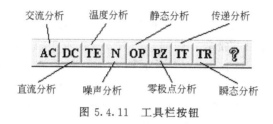

图 5.4.11　工具栏按钮

3. 输出窗口

当运行标准 Spice 文件模拟结束后，会出现模拟统计窗口，显示仿真时间、点数等数据，单击"确定"后出现消息文件窗口（Message File）报告模拟中出现的问题。如果仿真没有问题，会出现表格输出或图形输出窗口，如图 5.4.12 所示。在输出窗口中可以对图形进行操作，如进行图形格式设定、保存结果数据等。为了得到合适的图形曲线，要对初始图形进行重新设置，一般在模拟结束后首先选择输出窗口的菜单命令 Format｜Auto Scale 自动设置格式，显示整条曲线后可以进行进一步设置。单击工具条可以退出输出窗口。

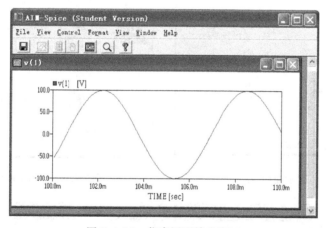

图 5.4.12　仿真图形输出窗口

如图 5.4.13 所示为图形格式设定菜单。

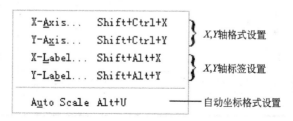

图 5.4.13　图形格式设定菜单

4. 后处理器

AIM-Spice 有功能强大的后处理功能，能够对输出数据进行运算、绘图等操作。仿真结束后对输出数据进行保存，然后选择主窗口中的 Postprocessor | Load Postprocessor 就可以运行后处理器。后处理器窗口类似输出窗口，选择 File | Open Data File 菜单命令就可以打开已保存的数据文件（.out 文件）。

选择菜单命令 Plot | Add Plot 菜单命令，或单击图片工具栏，则出现增加曲线窗口，如图 5.4.14 所示。

在此窗口中可以选择要加入的数据曲线，对曲线数据进行运算，然后加入曲线。const＞后边可以输入要使用的常数。例如，要对 v(1) 乘 10 后加入到图形中，操作步骤为：选择 v(1)，单击 "＊"，在 const＞后面输入 10，然后单击 const＞，最后单击 Add Expression。加入所有需要加入的曲线后单击 New Plot 绘出图形。

绘出曲线后，单击图形上端的曲线名称弹出 Format Legend 窗口，如图 5.4.15 所示，在此窗口中可以设置曲线的颜色、线宽、形状等。

右击图形窗口将会出现一弹出式菜单，如图 5.4.16 所示。利用此弹出式菜单中的命令可以增加曲线（Add Plot...）、设置格式（Format）和复制曲线（Copy Graph）到剪切板。

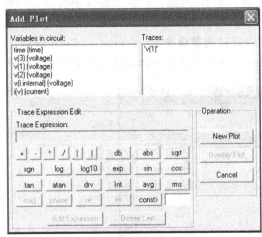

图 5.4.14　增加曲线窗口

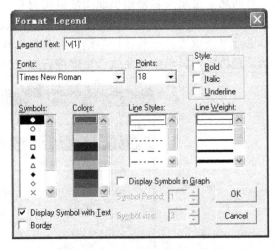

图 5.4.15　Format Legend 窗口

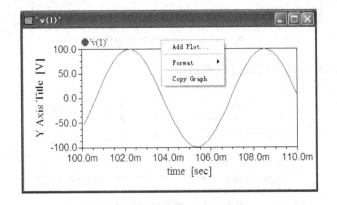

图 5.4.16　弹出式菜单

5. 用 AIM-Spice 运行标准的 Spice 文件进行电路分析

① 运行 AIM-Spice。

② 如果第一次使用，要将文件格式改为 Standard File；选择 Options ｜ Preferences 菜单命令，出现定制窗口，在 Default File Format 选项中选择 Standard Spice。

③ 建立新文件，编辑 Spice 文件。

④ 运行标准 Spice 文件。

⑤ 根据消息文件中的错误信息修改文件。重新运行 Spice 文件。

⑥ 设置图形格式，保存数据。

⑦ 运行后处理器对数据进行后处理，以输出需要的图形。

6. 举例说明

已知图 5.4.17 所示的电路图中正弦信号源的幅值是 10V、频率是 50Hz、初相位是 0°。用 Spice 计算并画出节点 6 的输出波形（$t = 960 \sim 1000\text{ms}$）。

打开 AIM-Spice 软件，单击 Options ｜ Preferences 菜单命令，在定制窗口中将 Default File Format 改为 Standard Spice。

打开建立的新文件。在编辑窗口中编写电路文件，如图 5.4.18 所示。

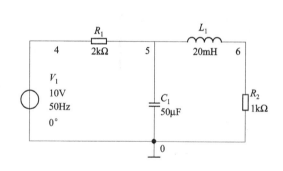

图 5.4.17　举例电路

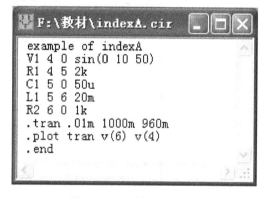

图 5.4.18　编写电路文件

经检查确认电路无误后，单击 Analysis｜Run Standard Spice File 菜单命令运行所编辑的电路文件。模拟结束后出现模拟统计窗口和输出图形如图 5.4.19 所示，单击统计窗口中的 OK 关闭此窗口。

然后选择 Format｜Auto Scale 菜单命令，显示完整的波形图形如图 5.4.20 所示。

从图中可以看出 v(6) 的波形幅值很小，难以看清全貌。因此，需要对数据进行后处理。选择 File｜Save Plots 菜单命令，保存结果数据。在 Save Plots 对话窗口中选择 Save All Plots，选择保存路径和文件名（扩展名为 .out）。文件保存完毕后单击图片退出输出窗口。

在主窗口中选择 Postprocessor｜Load Postprocessor 菜单命令，出现后处理（Postprocessor）窗口。选择 Open an Exist Data File，在对话框中找到刚保存的数据文件打开。单击 ▦ 弹出 Add Plot 对话窗口，使 v(6) * 10，然后单击 Add Expression；选择 v(4) 再单击 Add Expression，则显示窗口如图 5.4.21 所示。

在图 5.4.21 中单击 New Plot 后产生输出图形。分别单击曲线标题"v(6) * 10"和"v(4)"可以对相应的曲线进行各种设置，如标题字体、字号，曲线颜色、线形等。在该窗口中右击，在弹出式菜单上可以对坐标轴及标题进行设置。结果如图 5.4.22 所示。

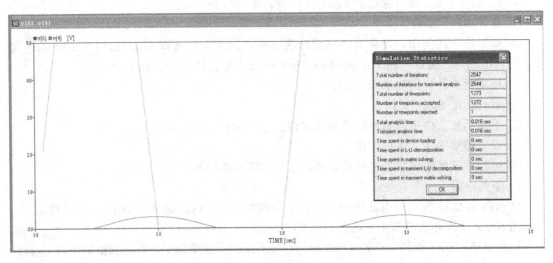

图 5.4.19　模拟统计窗口和输出图形

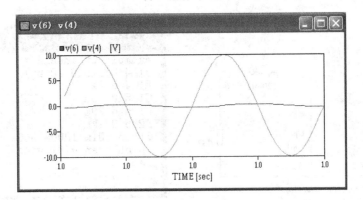

图 5.4.20　完整的波形图

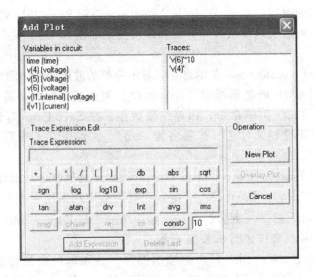

图 5.4.21　Add Plot 窗口

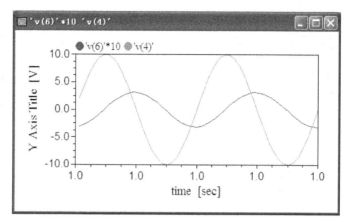

图 5.4.22　最终结果

二、混合电路仿真软件 SPICE OPUS 使用说明

SPICE OPUS 软件是基于 Spice3F5/XSpice 的电路仿真软件，XSpice 是 Berkley Spice 的扩展版本，是电路板级的电路仿真软件。其主要扩充部分包括增加了事件驱动的仿真能力和所谓的编码模型（Code Model）系统，XSpice 的 Code Model 元件库中预定义了很多新的器件模型，包括模拟器件模型、混合器件模型和数字电路器件模型，所以，XSpice 是真正的数模混合仿真软件。并且，利用 XSpice 提供的工具可以自行编写新型的 Code Model 器件模型，大大增强了 XSpice 的仿真能力。

SPICE OPUS 的电路仿真功能很强大，但是应该提请注意的是，SPICE OPUS 保留了命令行的操作方式，没有自带的文本编辑器。虽然如此，它使用起来还是很方便的。编写电路时可以使用任何纯文本编辑器。比如，可以使用 Windows 的"记事本"编写电路，电路编写完毕并保存后要将扩展名改为 .cir；也可以用 AIM-Spice 编写电路，比用"记事本"方便，因为 AIM-Spice 保存的文件就是 .cir 格式。

1. 软件安装

SPICE OPUS 可以运行于 Windows 95/98/XP/NT 和 Linux 操作系统，运行 SPICE OPUS 文件中的 setup.exe 文件即可自行安装，安装过程中可以选择安装路径。安装完毕后可以在"开始｜程序"中找到相应的 SPICE OPUS 运行命令和帮助文件。

2. 使用说明

运行 SPICE OPUS 会出现如图 5.4.23 所示的主窗口。

主窗口里是关于本软件的说明，最下面一行是命令行，在此输入 Spice 命令。主菜单很少，File 菜单中有 Print 和 Exit 两个子菜单；Control 菜单中只有 Stop Execution（停止运行）一个子菜单；Edit 菜单中的子菜单如图 5.4.24 所示。

利用 Copy、Paste 和 Select All 菜单命令可以对命令行进行操作，简化了输入命令的过程。运行 Clear Terminal History（清除中端历史）菜单命令可以清除命令窗口中的历史记录。

如果要用 SPICE OPUS 分析电路，编写电路时只需编写电路参数部分即可，不用写分析和输出命令，这些命令要在 SPICE OPUS 命令行中输入。

3. 用 SPICE OPUS 分析电路的步骤

① 编写电路文件。不包括分析命令和输出指令，电路文件保存为 .cir 格式。

② 打开 SPICE OPUS，用 source 命令载入电路文件。

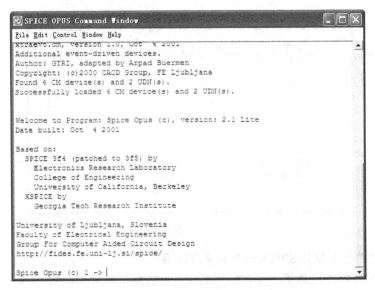

图 5.4.23　主窗口

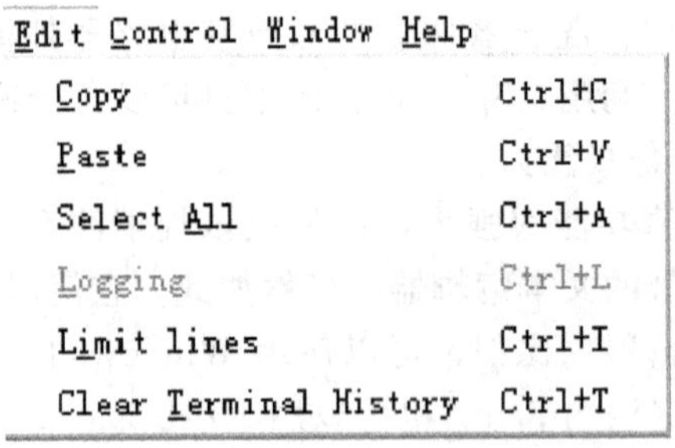

```
Edit Control Window Help
    Copy                     Ctrl+C
    Paste                    Ctrl+V
    Select All               Ctrl+A
    Logging                  Ctrl+L
    Limit lines              Ctrl+I
    Clear Terminal History   Ctrl+T
```

图 5.4.24　Edit 下拉菜单

③ 如果电路文件有错误，SPICE OPUS 会提示错误的位置。这时，需要修改电路文件并重新载入。

④ 输入 Spice 分析指令。分析指令就是在编写标准的 Spice 文件时的分析指令，但是要注意指令前不要带点 "."。

⑤ 输入 Spice 输出指令则出现输出图形或表格。单击图形输出窗口，利用弹出式菜单指令可以对输出图形进行操作。注意，输出指令同样不能带点 "."，并且在输出指令 print 和 plot 后不要输入分析类型。

4. 举例说明

已知电路图如图 5.4.25 所示，此电路中包含一个 1V、100Hz 的交流信号源，一个增益模块和一个 1000Ω 的负载。在 XSpice 中有增益模块的模型，因此此电路可以用 SPICE OPUS 进行仿真。

首先利用 AIM-Spice 或 "记事本" 编写电路文件如下。

Small signal amplifier

*

* there is an xspice model in this circuit

* out＝gain * （in＋in _ offset）＋out _ offset

```
*
Vin 1 0 DC 0 AC 0 SIN（0 2 50）
A1 1 2 foo
. model foo gain（in_offset＝0 otit_offset0. 5 gain＝2）
P324
Rout 2 0 1k
. end
```

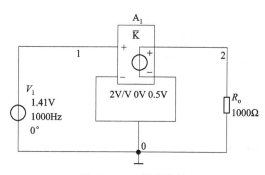

图 5.4.25　举例电路

此电路文件中的增益模型名称为 gain，用 . model 语句定义名称为 gain 的增益器件参数。调用 Code Model 器件的标示符是 A，A1 1 2 foo 则为调用 foo 增益器件的语句。假设此文件名为 ssa. cir，存在 D 盘上的 Spice 目录中。

打开 SPICE OPUS 在命令行中输入 source d：\ spice \ ssa. cir 载入文件。如图 5.4.26所示。

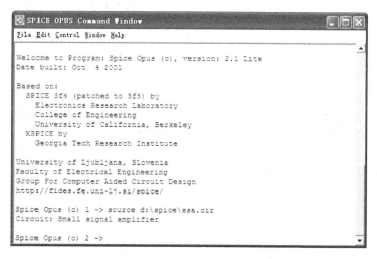

图 5.4.26　载入文件

输入分析指令，比如用 . op 分析计算机电路的静态工作点，输入 op 指令。用 print 输出节点 2 的直流电压，从输出结果可知 v(2)＝0.5V。如图 5.4.27 所示。

输入 "tran 0. 1 m 100 m" 进行瞬态分析，输入 "plot v（2）xlabel time［s］ylabel voltage［V］" 输出节点 2 的电压波形。分析结果见输出波形，如图 5.4.28 所示。

右击图形输出窗口则出现弹出式菜单，利用弹出式菜单命令可以对波形进行各种操作，

SPICE OPUS 对输出波形的操作功能很强，读者可在使用中体会。进一步的讲解请参考
SPICE OPUS 帮助文件。

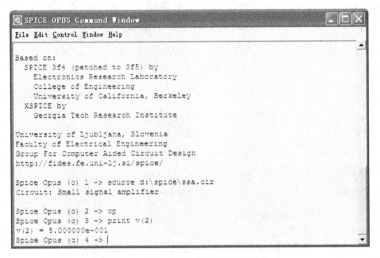

图 5.4.27　输入分析指令并输出

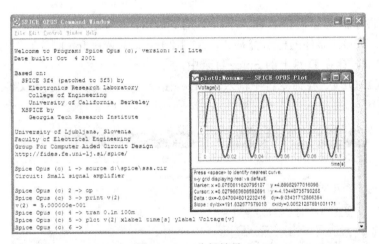

图 5.4.28　分析结果

第五章　Multisim 10 简介

Multisim 10 是基于 PC 平台的电子设计软件，包含了电路原理图的图形输入、电路硬件描述语言输入，支持模拟和数字混合电路的分析和设计。

Multisim 10 有数千个元器件模型、多种虚拟测试仪器仪表、详细的电路分析功能，可以实现电路的瞬态和稳态分析、时域和频域分析、器件的线性和非线性分析、电路的噪声和失真分析、电路零极点分析、交直流灵敏度分析等多种电路分析方法，实现包括微控制器件、射频、VHDL 等方面的各种电子电路的虚拟仿真。应用 Multisim 10 软件可以非常方便地从事电路的设计、仿真、分析工作。

一、Multisim 10 的工作界面

首先启动 Multisim 10。双击桌面上的 Multisim 10 快捷方式或选择程序菜单中的 Multisim 10 选项，进入用户界面如图 5.5.1 所示。

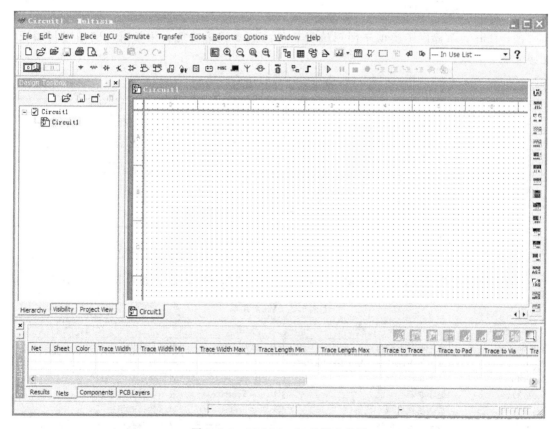

图 5.5.1　Multisim 10 的用户界面

1. Multisim 10 的菜单工具栏

菜单工具栏位于界面的上方，通过菜单可以对 Multisim 10 的所有功能进行操作。从左至右依次为：File（文件）、Edit（编辑）、View（窗口）、Place（放置）、MCU（微控制器）、Simulate（仿真）、Transfer（文件输出）、Tools（工具）、Reports（报告）、Options（选项）、Window（窗口）和 Help（帮助），如图 5.5.2 所示。

File　Edit　View　Place　MCU　Simulate　Transfer　Tools　Reports　Options　Window　Help

图 5.5.2　Multisim 10 的菜单工具栏

（1）File 菜单与 Windows 常用的文件操作类似，包含了对文件和项目的基本操作以及打印等命令。如表 5.5.1 所示。

表 5.5.1　File 菜单

命令	功能	命令	功能
New	新建 Multisim 10 电路图文件	Close Project	关闭当前的项目文件
Open	打开已有的 Multisim 10 电路图文件	Version Control	版本管理
Open Samples	打开 Multisim 10 电路图实例	Print	打印
Close	关闭当前电路图文件	Print Preview	打印预览
Save	保存当前电路图文件	Print Options	打印选项设置
Save As	将当前文件另存为其他格式文件	Recent Designs	最近编辑过的电路图文件
New Project	新建项目文件	Recent Project	最近编辑过的项目文件
Open Project	打开已有的项目文件	Exit	退出并关闭 Multisim 10 程序
Save Project	保存当前的项目文件		

（2）Edit 菜单提供了类似于图形编辑软件的基本编辑功能，用于对电路图进行编辑。如表 5.5.2 所示。

表 5.5.2　Edit 菜单

命令	功能	命令	功能
Undo	撤销最近一次操作	Order	改变所选元器件和注释的叠放次序
Redo	重复最近一次操作	Assign to layer	指定所选的层为注释层
Cut	剪切所选内容	Layer Settings	层设置
Copy	复制所选内容	Orientation	对元器件进行旋转、翻转操作
Paste	粘贴所选内容	Title Block Position	设置电路图标题栏位置
Delete	删除所选内容	Font	字体设置
Select All	全选	Comment	表单编辑
Find	查找电路图中的元器件	Forms/Questions	编辑与电路相关的问题
Graphic Annotation	图形注释选项	Properties	打开属性对话框

（3）View 菜单可以调整视图窗口，对工具栏和窗口进行控制。如表 5.5.3 所示。

表 5.5.3　View 菜单

命令	功能	命令	功能
Full Screen	全屏显示电路窗口	Show Page Bounds	显示页面边界
Parent Sheet	显示子电路或者分层电路的父节点	Ruler Bars	显示标尺
Zoom In	放大显示	Status Bar	显示状态栏
Zoom Out	缩小显示	Design Toolbox	显示设计管理窗口
Zoom Area	放大所选区域	Spreadsheet View	显示数据表格栏
Zoom Fit to Page	显示完整电路图	Circuit Description Box	显示或隐藏电路窗口的描述窗口
Zoom to Magnification	按所设倍率放大	Toolbars	显示或隐藏工具栏
Zoom Selection	以所选电路部分为中心放大	Show Command/Probe	显示注释、探针
Show Grid	显示栅格	Grapher	显示或隐藏仿真结果的图表
Show Border	显示电路边界		

（4）Place 菜单可以在编辑窗口中放置节点、元器件、总线、输入/输出端、文本、子电路等对象，用于创建电路。如表 5.5.4 所示。

表 5.5.4　Place 菜单

命令	功能	命令	功能
Component	放置元器件	New Sub Circuit	新建子电路
Junction	放置节点	Multi-Page	产生多层电路
Wire	放置连线	Merge Bus	合并总线矢量
Bus	放置总线	Bus Vector Connect	放置总线矢量连接
Connectors	放置连接器	Comment	放置提示注释
New Hierarchical Block	新建层次电路模块	Text	放置文本
Replace by Hierarchical Block	用层次电路模块替代所选电路	Graphics	放置图形
Hierarchical Block from File	从文件获取层次电路	Title Block	放置标题栏

（5）Simulate 菜单提供仿真的各种设备和方法。如表 5.5.5 所示。

表 5.5.5　Simulate 菜单

命令	功能	命令	功能
Run	执行仿真	Simulation Error Log/Audit Trail	仿真错误记录/审计追踪
Pause	暂停仿真	XSpice Command Line Interface	显示 XSpice 命令行窗口
Stop	停止仿真	Auto Fault Option	自动设置故障选项
Instruments	选用仪表（也可通过工具栏选择）	VHDL Simulation	VHDL 仿真
Interactive Simulation Settings	瞬态分析仪表设置	Dynamic Probe Properties	探针属性设置
Digital Simulation Settings	数字元件仿真参数设置	Reverse Probe Direction	探针极性反向
Analyses	仿真分析	Clear Instrument Data	仪器测量结果清零
Postprocessor	对电路分析后处理	Use Tolerances	允许误差

（6）Transfer 菜单可以将所搭建的电路及分析结果传输给其他 EDA 应用程序，实现 Multisim 10 向其他文件格式的输出。如表 5.5.6 所示。

表 5.5.6　Transfer 菜单

命令	功能	命令	功能
Transfer to Ultiboard 10	转换为 Ultiboard 10 文件	Forward Annotate to Ultiboard 9 or earlier	将元件注释传送到 Ultiboard 9 或更早版本
Transfer to Ultiboard 9 or Earlier	转换为 Ultiboard 9 或更早版本文件	Backannotate From Ultiboard	将在 Ultiboard 中所作的修改标记到正在编辑的电路中
Export to PCB Layout	导出到 PCB 制图软件	Highlight Selection in Ultiboard	对 Ultiboard 电路中所选元件以高亮显示
Forward Annotate to Ultiboard 10	将元件注释传送到 Ultiboard 10	Export Netlist	输出电路网表文件

（7）Tools 菜单提供了创建、编辑、复制、删除元件的功能。如表 5.5.7 所示。

表 5.5.7　Tools 菜单

命令	功能	命令	功能
Components Wizard	新建元器件	Update HB/SC Symbols	更新层次电路和子电路模块
Database	元件库	Electrical Rules Check	电气规则检查
Variant Manager	变更管理	Clear ERC Markers	清除电气规则检查标识
Set Active Variant	设置动态变更	Toggle NC Marker	对电路未连接点标识或删除标识
Circuit Wizards	电路设计向导	Symbol Editor	符号编辑器
Rename/Renumber Components	元器件重命名、编号	Title Block Editor	标题栏编辑器
Replace Components	元器件替换	Description Box Editor	电路描述器
Update Circuit Components	更新元器件	Cpature Screen Area	电路图截图

(8) Reports 菜单可以对电路进行各种报表的生成和设置。如表 5.5.8 所示。

表 5.5.8　Reports 菜单

命令	功能	命令	功能
Bill of Materials	生成当前电路图文件的元件清单	Cross Reference Report	生成当前窗口所有元件的参数报告
Component Detail Report	产生特定元件在数据库中的详细信息报告	Schematic Statistics	生成电路图的统计信息报告
Netlist Report	生成元件连接信息的网路表文件报告	Spare Gates Report	生成未使用的门电路的报告

(9) Option 菜单可以对程序的运行和界面进行定制和设置。如表 5.5.9 所示。

表 5.5.9　Option 菜单

命令	功能	命令	功能
Global Preference	设置全局参数	Customize User Interface	定制用户界面
Sheet Properties	电路图属性参数设置		

2. Multisim 10 的元器件工具栏

Multisim 10 提供了 18 个元器件库，元器件栏及图标名称、功能如图 5.5.3、表 5.5.10 所示。

图 5.5.3　Multisim 10 的元器件工具栏

表 5.5.10　元器件库

电源库(Sources)	放置各种电源、信号源	指示元件库(Indicator)	放置各类显示、指示元件
基本元件库(Basic)	放置电阻、电容、电感、开关等基本元件	电力元件库(Power Component)	放置各类电力元件
二极管库(Diode)	放置各类二极管元件	杂项元件库(Miscellaneous)	放置各类杂项元件
晶体管库(Transistor)	放置各类晶体三极管和场效应管	先进外围设备库(Advanced Peripherals)	放置先进外围设备
模拟元件库(Analog)	放置各类模拟元件	射频元件库(RF)	放置射频元件
TTL 元件库(TTL)	放置各类 TTL 元件	机电类元件库(Elector Mechanical)	放置机电类元件
CMOS 元件库(CMOS)	放置各类 CMOS 元件	微控制器元件库(MCU module)	放置单片机微控制器元件
其他数字元件库(Misc Digital)	放置各类单元数字元件	层次模块(Hierarchical Block)	放置层次电路模块
混合元件库(Mixed)	放置各类数模混合元件	总线(Bus)	放置总线

3. Multisim 10 的仪器仪表工具栏

Multisim 10 提供了 21 个常用仪器仪表的虚拟仪表，如图 5.5.4 和表 5.5.11 所示。各虚拟仪表的操作面板同真实仪表的操作面板一样，使用简单、方便。

图 5.5.4　Multisim 10 的仪器仪表工具栏

表 5.5.11　仪器仪表库

1	数字万用表（Multimeter）	12	失真度仪（Distortion Analyzer）
2	函数信号发生器（Function Generator）	13	频谱分析仪（Spectrum Analyzer）
3	瓦特表（Wattmeter）	14	网络分析仪（Network Analyzer）
4	双通道示波器（Oscilloscope）	15	Aglient 信号发生器（Aglient Function Generator）
5	四通道示波器（4 Channel Oscilloscope）	16	Aglient 台式万用表（Aglient Multimeter）
6	波特图图示仪（Bode Plotter）	17	Aglient 示波器（Aglient Oscilloscope）
7	频率计数器（Frequency Counter）	18	Tektronix 示波器（Tektronix Simulated Oscilloscope）
8	字符信号发生器（Word Generator）	19	动态测量探头（Measurement Probe）
9	逻辑分析仪（Logic Analyzer）	20	LabVIEW（Labview Instrument）
10	逻辑转换器（Logic Converter）	21	电流探针（Current Probe）
11	$I\text{-}V$ 曲线分析仪（IV -Analysis）		

　　Multisim 10 的虚拟仪表操作非常简单方便，首先从仪表库中单击想要调用的仪表图标，将光标移动到适当位置后，再次单击可以放置该仪器。若需设置仪表的相应参数，双击仪器图标就可打开仪器的操作面板。

　　（1）数字万用表（Multimeter）　双击数字万用表图标就可打开万用表的操作面板，如图 5.5.5 所示。数字万用表是一种常用的、具有多功能的测量仪表。Multisim 10 提供的万用表操作面板外观和操作与实际的万用表非常相似，可以测量电流（A）、电压（V）、电阻（Ω）和分贝值（dB），既可以测量直流信号也可以测量交流信号，还能自动调整量程。万用表有正极（＋）和负极（－）两个引线端。

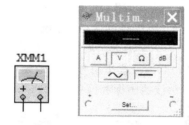

图 5.5.5　数字万用表的图标和操作面板

　　图 5.5.6 所示为应用数字万用表测量直流电压和电流值的实例。选择面板上的"V"按钮或"A"按钮将万用表设置为测量电压或测量电流。与实际仪表的测量方法相同，测量电压时万用表与被测电路相并联，测量电流时万用表串接在被测电路中。根据测量的信号是交流还是直流，通过面板上的交流"～"按钮或直流"－"按钮来切换。

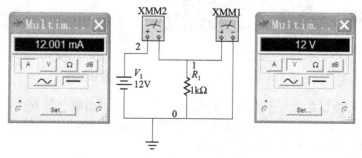

图 5.5.6　数字万用表测量电流和电压值

　　（2）函数信号发生器（Function Generator）　Multisim 10 提供的函数信号发生器如图

5.5.7 所示，可以产生正弦波、三角波和矩形波三种输出波形，信号频率从 1Hz～999MHz 范围内可调。信号的幅值以及占空比等参数也可以根据需要进行调节。信号发生器有三个引线端口：正极（＋）、负极（－）和公共端（Common）。

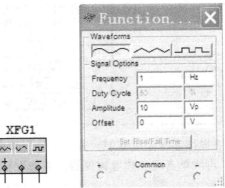

图 5.5.7　函数信号发生器的图标和操作面板

　　函数信号发生器通常与电路的连接为单极性连接方式。即将"Common"端子与公共地 GND 连接，"＋"端或"－"端与电路的输入相连。若将"＋"端与电路输入中的"＋"端相连，将"－"端与电路输入的"－"端相连，这种方式称为双极性连接方式，一般用于信号源与差分输入的电路相连，如差分放大器、运算放大器等。

　　（3）泰克示波器（Tektronix Simulated Oscilloscope）　示波器是一种显示电路信号的重要仪器，直观、方便。Multisim 10 所提供的 Tektronix Simulated Oscilloscope 是一个 4 通道 200MHz 带宽的示波器，共有 7 个连接点，从左至右依次为 P（探针公共端，内置 1kHz 测试信号），G（接地端），1、2、3、4（模拟信号输入通道 1～4）和 T（触发端）。其面板和操作方法和普通示波器类似。示波器图标和面板如图 5.5.8 所示。

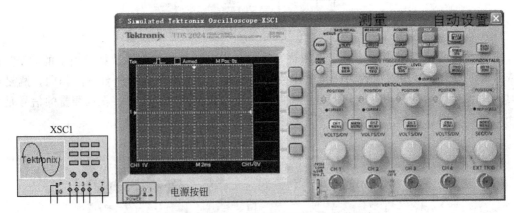

图 5.5.8　Tektronix 示波器的图标和操作面板

　　图 5.5.9 所示为函数信号发生器与示波器的应用实例。函数信号发生器作为输入信号，频率设置为 1kHz、幅值为 10V 的正弦波，示波器作为输出显示仪表，将信号显示出来，并通过测量功能可以得出信号相应的参数值。

　　（4）波特图图示仪（Bode Plotter）　波特图图示仪是一种显示电路频率特性（幅频特性和相频特性）的常用仪器。图示仪的图标和面板如图 5.5.10 所示。Multisim 10 所提供的波特图图示仪图标有两个输入 IN 端子，两个输出 OUT 端子。波特图图示仪不具有信号源功

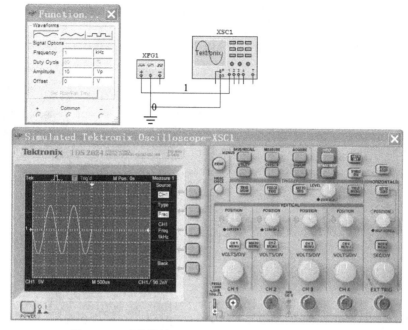

图 5.5.9　函数信号发生器和 Tektronix 示波器的应用

能，所以使用时需在输入端外加信号源。Mode 选项包括 Magnitude 幅频特性和 Phase 相频特性；Horizontal 选项可以用于设置 X 轴的刻度类型，包括有 Log（对数）和 Lin（线性），I（initial 初始值）和 F（final 终值）；Vertical 选项可以用于设置 Y 轴的刻度类型；Controls 选项包括背景颜色选择（Reverse）、存储（Save）、设置（Set）等。

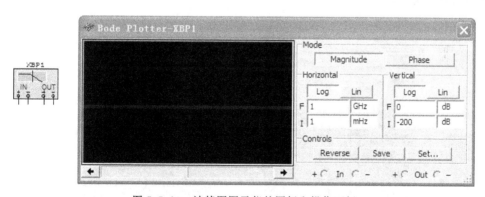

图 5.5.10　波特图图示仪的图标和操作面板

　　图 5.5.11 所示为应用波特图图示仪测量晶体管共射极放大电路的实例。仿真电路为模拟部分实验二的共射放大电路，将波特图图示仪接入电路的输入和输出端，通过合理的设置可以清楚直观地得到放大电路的幅频特性曲线和相频特性曲线。通过幅频特性曲线可以测量出放大电路的上下限截止频率和频带等相应参数，通过相频特性曲线可以测量出相位的超前和滞后角度。

　　（5）字符信号发生器（Word Generator）　字符信号发生器是数字逻辑电路仿真最常用的仪器之一，能够产生 0～31 路、最多 32 位的同步数字信号，每一个端子都可以作为一路信号源，字符信号发生器的图标和操作面板如图 5.5.12 所示。图标上 R 为数据信号准备

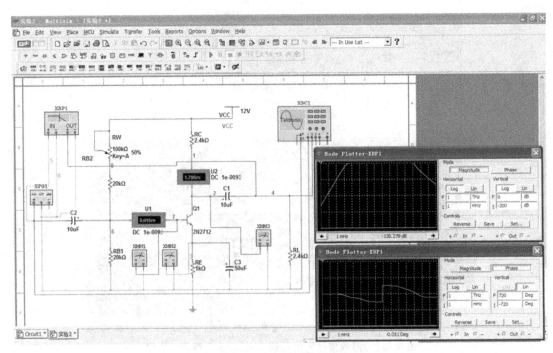

图 5.5.11　波特图图示仪的应用

端，T 为外触发信号端。面板设置中 Controls 输出方式选项包括 Cycle（从初值到终值自动循环）、Burst（从初值单帧变化到终值自动停止）、Step（每单击一次输出一个信号）等多种方式；Display 数据格式显示选项有 Hex 十六进制数、Dec 十进制数、Binary 二进制数和 ASCII 等四种形式。

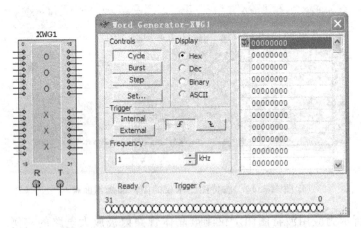

图 5.5.12　字符信号发生器的图标和操作面板

　　图 5.5.13 所示电路为应用字符信号发生器作为信号源的三变量判奇电路。其中字符信号发生器作为电路的输入信号源，设置为 3 位二进制数从 000～111（十进制数从 0～7），采用循环方式输入，电路中 74LS138 译码器会对字符信号发生器当前输入信号 1 的个数加以判断，若为奇数则输出为 1，点亮 LED。

　　4. Multisim 10 的其他工具栏

　　虽然使用菜单工具栏中的各项命令就可以执行各设计功能，但利用设计工具栏进行电路

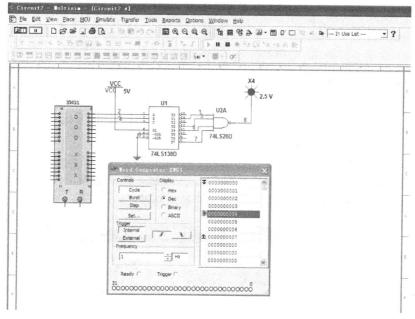

图 5.5.13　字符信号发生器的应用

的建立、仿真、分析并最终输出设计数据能够更方便、更易用。

　　用户可以通过 View 菜单中的选项方便地将顶层的工具栏打开或关闭，再通过顶层工具栏中的按钮来管理和控制下层的工具栏。常用工具栏有：Standard 工具栏、Design 工具栏、Simulation 工具栏等。

　　(1) Standard 工具栏包含了常见的文件操作和编辑操作，如图 5.5.14 所示。

图 5.5.14　Standard 工具栏

　　(2) Design 工具栏如图 5.5.15 所示，通过对该工作栏按钮的操作可以完成对电路从设计到分析的全部工作，其中的按钮可以直接开关下层的工具栏。

图 5.5.15　Design 工具栏

　　数据库管理按钮 (Database Management)：用于对元件数据库进行管理。

　　元件编辑器按钮 (Create Component)：用于增加元件。

　　分析图表按钮 (Grapher | Analyses list)：用于显示分析后的图表结果。

　　后处理器按钮 (Postprocessor)：用于进行对仿真结果的进一步操作。

　　(3) Simulation 工具栏可以控制电路仿真的开始、结束和暂停，如图 5.5.16 所示。

　　▷ 仿真按钮 (Simulate)：用于开始、暂停或结束电路仿真。

　　按钮 (Simulate)：也用于开始、暂停或结束电路仿真。

图 5.5.16　Simulation 工具栏

5. Multisim 10 的界面定制

通过设置菜单栏 Option | Preferences 中各属性可以定制 Multisim 10 界面的各个属性，包括工具栏、电路颜色、页尺寸、聚焦倍数、自动存储时间、符号系统（ANSI 或 DIN）和打印设置等，适合用户的个性化使用。

（1）定制元件的符号系统（ANSI 或 DIN）　单击主菜单栏中的"Options"选项，选择"Global Preferences"，出现的对话窗口如图 5.5.17 所示，如果选择"ANSI"，元件符号会采用美国标准，若选择"DIN"，元件符号会采用欧洲标准。

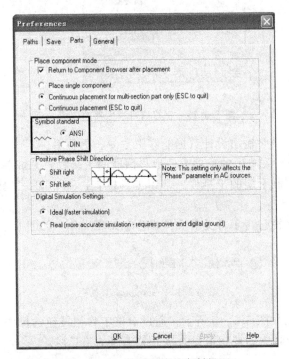

图 5.5.17　符号系统的定制界面

例如：电阻符号的美国标准为 1kΩ，欧洲标准为 1kΩ。

（2）定制电路图属性参数和用户界面　单击主菜单栏中的"Options"选项中的电路图属性和用户界面定制，用户可以自行设置图纸大小、栅格、页边缘和标题栏的显示状态，设置电路图颜色，设置字体、字号，设置元件的识别、参数值与属性、节点序号、引脚名称等属性，设置导线的宽度和导线的自动连接方式等属性。如图 5.5.18 所示。

二、Multisim 10 的电路创建

例如，要建立如图 5.5.19 所示的波形发生器电路。

1. 创建电路文件

首先运行 Multisim 10，系统会自动产生名字为"circuit＃"的电路文件，其中"＃"代表一个连续的数字，在该工作窗口内可以进行仿真电路的创建。用户可以选择 File | Save as

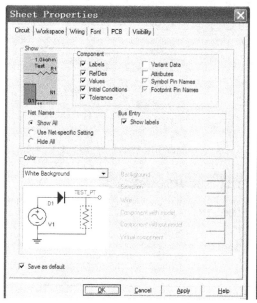
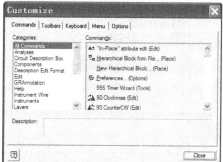

图 5.5.18　定制电路图属性参数和用户界面

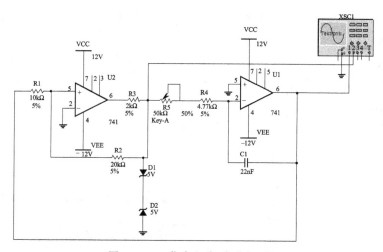

图 5.5.19　仿真电路-波形发生器

将文件重新命名并保存到用户指定的目录下。

2. 放置元器件并设置参数

建立电路的第一步是选择要使用的元件，并将其放置在电路窗口中目标位置上，并对其参数、方向、颜色等属性进行设置。

（1）放置元件

① 放置 12V 直流电压源。单击菜单工具栏 Place｜Component 元器件库，选择 Group｜Source，"POWER_SOURCES" 选择 "VCC" 后单击 OK 按钮放置元件，如图 5.5.20 所示。

② 放置集成运放 741。单击菜单工具栏 Place｜Component 元器件库，选择 Group｜Analog，选择 Familiy｜OPAMP，选择 741，如图 5.5.21 所示。741 的颜色与电源不同，

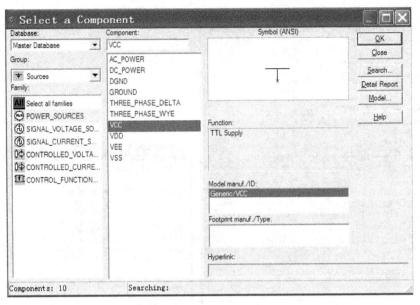

图 5.5.20　直流电压源

提醒用户它是实际的元件（可以输出到 PCB 布线软件）。

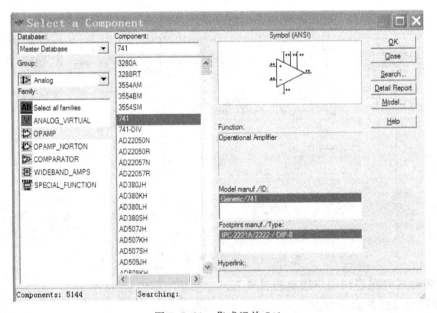

图 5.5.21　集成运放 741

　　③ 放置电阻元件。单击菜单工具栏 Place｜Component 元器件库，选择 Group｜Basic，选择 Family｜RESISTOR，如图 5.5.22 所示。选择需要的标称值后单击 OK 按钮放置元件。

　　④ 放置电容元件。单击菜单工具栏 Place｜Component 元器件库，选择 Group｜Basic，选择 Family｜CAPACITOR，如图 5.5.23 所示，图中放置的是 22nF 的电容元件。

　　⑤ 按同样方法放置其他元件。

　　(2) 设置元器件标号、颜色、标称值等属性　　在元件上双击鼠标左键开启属性对话框，

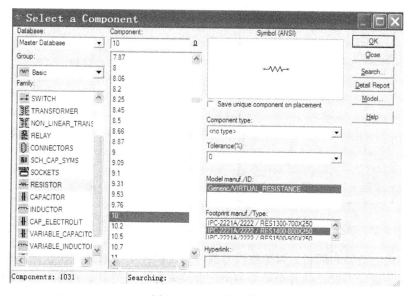

图 5.5.22　电阻元件

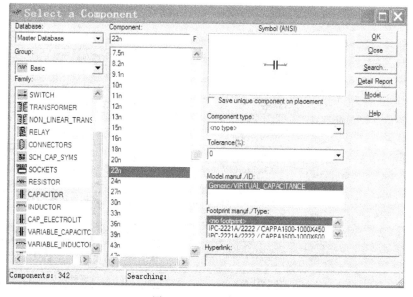

图 5.5.23　电容元件

可以对元件的各项属性进行设定或修改。

Label：修改元件序号、标识。

Display：设置元件标识是否显示。

Value：设定元件参数值。

Fault：设定元件故障。

例如，电源的缺省值是 5V，若需要将电压改为 12V，只要单击 Value 选项卡，将数值改变为 12V，按 OK 即可，如图 5.5.24 所示。

若需改变任一个元件的颜色，可以右击元件出现弹出式菜单，选择 Change Color 命令，从出现的对话框中选择合适的颜色，如图 5.5.25 所示。

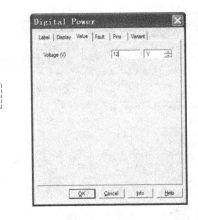

图 5.5.24　改变元件参数值

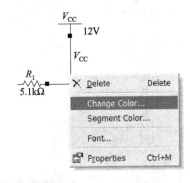

图 5.5.25　改变连线颜色

（3）元器件的旋转和翻转　为了连线方便，通常需要旋转或翻转元件。只要将光标移动到元件上，单击鼠标右键，屏幕会弹出一个元器件调整快捷菜单，如图 5.5.26 所示。

选中 Flip Horizontal 实现水平翻转；选中 Flip Vertical 实现垂直翻转；选中 90 Clockwise 实现顺时针旋转 90°；选中 90 CounterCW 实现逆时针旋转 90°。

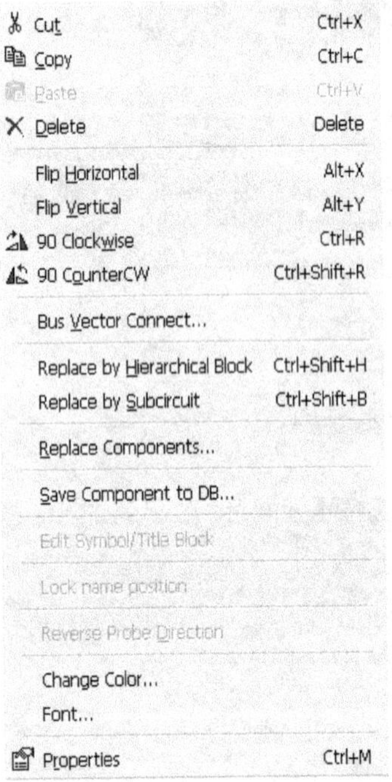

Cut	剪贴所选对象到剪贴板
Copy	复制所选对象到剪贴板
Paste	粘贴剪贴板中的内容到工作区中
Delete	删除所选对象
Filp Horizontal	将选中对象水平翻转
Filp Vertical	将选中对象垂直翻转
90 Clockwise	将选中对象顺时针旋转 90℃
90 CounterCW	将选中对象逆时针旋转 90℃
Bus Vector Connect	显示总线向量连接器对话框
Replace by Subcircuit	用子电路模块替换
Replace Components	用新元件替换当前元件
Edit Symbol/Title Block	编辑当前元件的符号或标题块
Change Color	改变所选对象的颜色
Font	字体设置
Properties	打开所选元件或仪器的属性对话框

图 5.5.26　元器件调整快捷菜单

（4）元器件的复制和删除　删除元件、仪器、连线等，一定要在断开仿真开关的情况下进行。选中菜单命令 Copy 复制当前选中元件；执行菜单命令 Cut 剪切当前选中元件。选中元件后，单击键盘上的＜Delete＞键可以删除选中的元件。

（5）调整可调元器件　对于电位器、可变电容、可变电感和开关等可调元件，在仿真过程中可以通过键盘上的按键来控制。

例如在工作区中放置一个电位器，可以直接调整，也可以双击该电位器，自行设置控制键、调整的百分比等属性，如图 5.5.27 所示。例如若元件的"Key＝A"，则按键盘上的

<A>键可以增加阻值百分比，按<Shift+A>键可以减少阻值百分比。多个可调元件的控制键通常不要重复，以免多个元件同时受控于同一个按键。

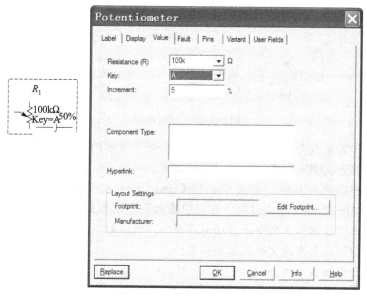

图 5.5.27　可调元器件

3.连接电路

既然放置了元件，就要给元件连线，连接电路主要涉及的操作有：导线的形成、导线的删除、导线颜色的设置、导线连接点、在导线中间插入元器件等。

Multisim 10 有自动与手工两种连线方法。自动连线选择引脚间最好的路径自动完成连线，它可以避免连线重叠，如图 5.5.28 所示。

（1）自动连线　自动连线时首先将光标指向第一个元器件的引脚上，等待光标变为"+"号后，单击鼠标左键，将光标移动到下一个元器件引脚处，移动光标过程中屏幕会自动拖出一条连线，再次单击鼠标左键，系统就会自动产生一条连线。

（2）手工连线　在电路图比较大时，自动布线时可能会出现不必要的绕行，造成电路图比较复杂，读图困难，此时可以选择手工连线。

手工连线在光标移动过程中每单击一次鼠标左键就可以改变一次导线路径。

（3）修改走线　某些线连接好后，想进行局部调整，可以单击该连线，拖动连线就可以改变原来的连线。

（4）连线颜色设置　对十复杂电路图，为了便于读识图和波形观测，有时需要将电路中某些特殊的连线及仪器的连接线设置为不同颜色。

首先用鼠标右击要改变颜色的连线，在弹出的菜单中选择 Change Color，然后选择合适的颜色，单击 OK 按钮，完成导线颜色的设置。

（5）节点的使用　在连线过程中，如果连线一端为元器件引脚，另一端为导线，则在导线交叉处系统自动打上节点。若连线的起点不是元器件引脚或节点，则需要执行菜单命令Place｜Place Junction（或在空白处双击）在电路中手工添加节点。在连接过程中，一个节点最多可以连接四个方向的连线。

4.为电路增加文本

电路描述是对电路的详细说明，它随电路一起保存，用户可以随时打开并加以修改。

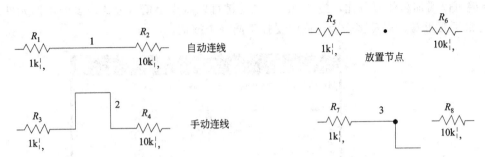

图 5.5.28 连接电路

（1）电路工作区输入文字　单击 Place | Text 命令或使用<Ctrl+T>快捷操作，然后用鼠标单击需要输入文字的位置，输入需要的文字。

（2）文本描述框输入文字　单击 View | Circuit Description Box 命令或使用快捷键<Ctrl+D>操作，打开电路文本描述框，在其中输入需要说明的文字，可以保存和打印输入的文本。利用文本描述框输入文字不占用电路窗口，可以对电路的功能、使用说明等进行详细的描述，可以根据需要修改文字的大小和字体。

（3）图纸标题栏编辑　选择 Place | Title Block，出现如图 5.5.29 所示的对话框，选中其中某一样式打开，将出现图 5.5.30 所示的标题栏，可以将其拖至电路窗口的右下角，点击鼠标右键进行编辑。

图 5.5.29 标题栏对话框

Electronics Workbench 801-111 Peter Street Toronto, ON M5V 2H1 (416) 977-5550	NATIONAL INSTRUMENTS ELECTRONICS WORKBENCH GROUP	
Title: 波形发生器1	Desc.: 波形发生器1	
Designed by:	Document No: 0001	Revision: 1.0
Checked by:	Date: 2012-05-07	Size: A
Approved by:	Sheet 1 of 1	

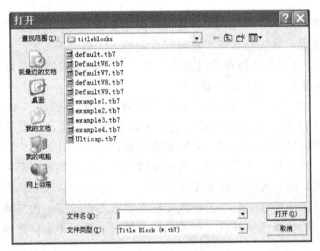

图 5.5.30 标题栏

5. 创建元器件

Multisim 10 提供元器件编辑功能，允许用户修改和保存数据库中的任何元件，或建立自己的元件并保存到数据库中。选择 Tool｜Component Wizard 即可实现，如图 5.5.31 所示。

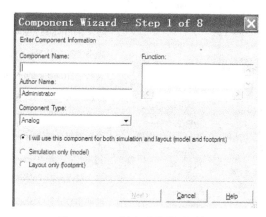

图 5.5.31　创建元器件对话框

三、运行与分析电路

1. 运行电路

要运行电路，单击 Multisim 10 设计工具栏中的 Simulate 按钮，或选择弹出式菜单中的 Run｜Stop 命令。

① 从示波器中观察结果。观察仿真结果最好的方法是用示波器进行观察。首先双击示波器的图标打开仪表面板，按 Autoset 按钮就看到如图 5.5.32 所示的结果。

② 要停止仿真，单击设计工具栏中的 Simulate 按钮，或选择弹出式菜单中的 Run｜Stop 命令。

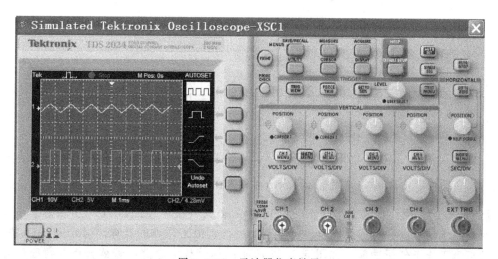

图 5.5.32　示波器仿真结果

2. 分析电路

Multisim 10 提供了 18 种不同的分析类型，具体类型如图 5.5.33 所示。

【例 5.5.1】　利用"瞬态分析（Transient Analysis）"观察 RC 电路的零输入响应 u_C（t）。

图 5.5.33　Multisim 10 的分析类型

　　首先创建电路，如图 5.5.34 所示。其次设置分析时间：因为图示 RC 电路的时间常数为 6.2ms，而工程上认为经过 $4\tau \sim 5\tau$ 暂态过程结束，故仿真的时间取 0～0.05s，如图 5.5.35 所示，则有仿真结果如图 5.5.36 所示。

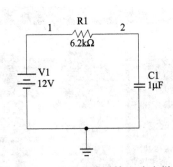

图 5.5.34　RC 电路零输入响应样例

　　【例 5.5.2】　用"直流工作点分析（DC Operating Point Analysis）"分析静态工作点。
　　对交流小信号进行动态分析前，通常需要进行直流工作点的计算，Multisim 10 提供了自动的直流工作点分析功能。如图 5.5.37 所示晶体管放大电路，若欲分析其静态工作点，则点击 Simulate | Analyses，执行 DC Operating Point Analysis，会弹出如图 5.5.38 所示的对话框。
　　若想分析晶体管基极、集电极、发射极的电位，只要选中相应的节点编号 1、6、7，按"Add"添加到输出节点窗口即可，如图 5.5.39 所示。

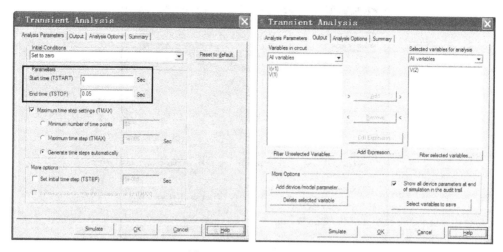

图 5.5.35 瞬态分析选项

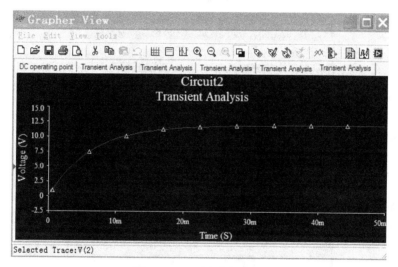

图 5.5.36 瞬态分析结果

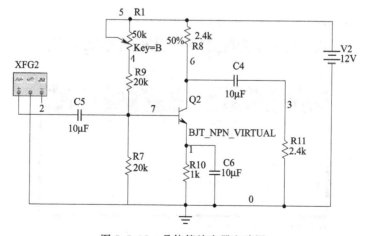

图 5.5.37 晶体管放大器电路图

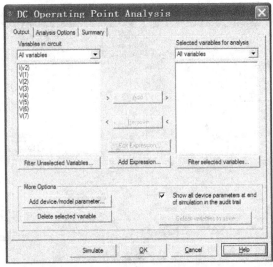

图 5.5.38　直流工作点分析对话框

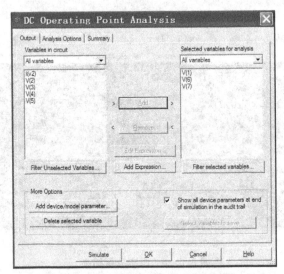

图 5.5.39　直流工作点分析选项

启动仿真，会自动显示出相应的节点电压，如图 5.5.40 所示。

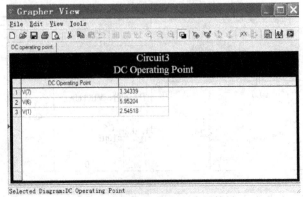

图 5.5.40　直流工作点分析结果

四、仿真实例

前面介绍了 Multisim 10 的界面、基本操作、各种工具栏、虚拟仪表栏及创建电路的步骤，下面结合具体实验内容加以说明。

（一）晶体管共射极单管放大器

1. 实验目的

① 掌握利用 Multisim 10 进行共射单管放大电路设计的仿真方法。

② 学会放大器静态工作点的调试方法，理解电路元件参数对静态工作点和放大器性能的影响。

③ 掌握放大器电压放大倍数的测试方法，并观察改变电路参数对放大倍数的影响。

④ 观察静态工作点对输出波形失真的影响。

2. 实验原理

（1）原理简述　图 5.5.41 为电阻分压式静态工作点稳定放大器电路。它的偏置电路采用 R_{B1} 和 R_{B2} 组成的分压偏置电路，并在发射极中接有电阻 R_E，以稳定放大器的静态工作点。当在放大器的输入端加入输入信号 u_i 后，在放大器的输出端便可得到一个与 u_i 相位相反，幅值被放大的输出信号 u_o，从而实现电压放大。

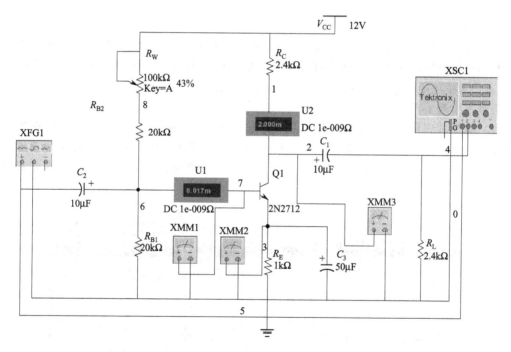

图 5.5.41　共射极单管放大器实验电路

（2）静态工作点的调试和测量

① 静态工作点的调试　静态工作点是否合适，对放大器的性能和输出波形都有很大影响。如工作点偏高，放大器在加入交流信号以后易产生饱和失真，此时 u_o 的负半周将被削底，如图 5.5.42(a) 所示；如工作点偏低则易产生截止失真，即 u_o 的正半周被缩顶（一般截止失真不如饱和失真明显），如图 5.5.42(b) 所示。改变电路参数 V_{CC}、R_C、R_B（R_{B1}、R_{B2}）都会引起静态工作点的变化，但通常多采用调节偏置电阻 R_{B2} 的方法来改变静态工作点，如减小 R_{B2}，则可使管子集电极电流 I_C（或 U_{CE}）增加，从而提高静态工作点。

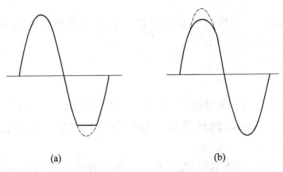

图 5.5.42　静态工作点对 u_o 波形失真的影响

② 静态工作点的测量　测量放大器的静态工作点，应在输入信号 $u_i=0$ 的情况下进行，即将放大器输入端与地端短接，然后选用量程合适的直流毫安表和直流电压表，分别测量晶体管的集电极电流 I_C 以及各电极对地的电位 U_B、U_C 和 U_E。

(3) 电压放大倍数 A_u 的测量　调整放大器到合适的静态工作点，然后加入输入电压 u_i，在输出电压 u_o 不失真的情况下，用示波器测出 u_i 和 u_o 的有效值 U_i 和 U_o，则有 $A_u = u_o/u_i$。

3. 实验内容与步骤

(1) 建立电路　新建电路如图 5.5.41 所示，首先将元器件、信号发生器和示波器摆放在电路的合适位置，其次用导线连接好电路。依照电路图修改各元器件的参数（双击元器件），其中可变电阻 R_W 的增量设置为 0.5%（双击元件 R_W，设置 Increment 为 0.5%），令函数信号发生器 $u_i=0$。

(2) 调节并测量静态工作点　单击 Simulate | Run，开始仿真电路。调节电路中的电位器 R_W（按<A>键，百分比会增加，按<Shift+A>键百分比会减少），使 $I_C=2.0\text{mA}$，用数字万用表测量 U_B、U_E、U_C 及 R_{B2} 值（测电阻时，电阻元件要开路），实际观察到的数字万用表的仿真结果如图 5.5.43 所示。

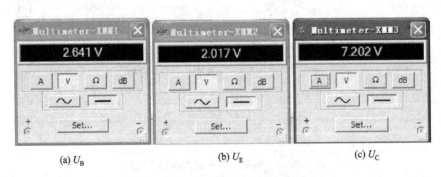

(a) U_B　　　　　　　　(b) U_E　　　　　　　　(c) U_C

图 5.5.43　数字万用表的仿真结果

将仿真数据记录在表 5.5.12 中。

表 5.5.12　数据记录表 1　$I_C=2\text{mA}$

测　量　值				计　算　值		
U_B/V	U_E/V	U_C/V	$R_{B2}/\text{k}\Omega$	U_{BE}/V	U_{CE}/V	I_C/mA

（3）测量电压放大倍数　将函数信号发生器参数设置成 Frequency 为 1kHz，Amplitude 为 14.2mV，正弦波；运行仿真，双击示波器观察放大器的输入信号 u_i 和输出信号 u_o 的波形，注意相位关系和数值（按下 Autoset 按钮自动查找波形，按下 Measure 按钮开始测量数据）。实际观察到的仿真结果如图 5.5.44 所示。

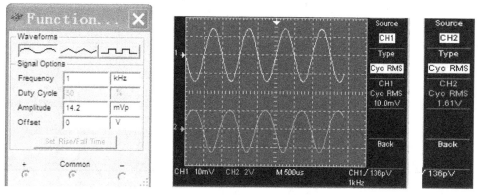

图 5.5.44　电压放大倍数的仿真结果（$R_C = R_L = 2.4\text{k}\Omega$，CE 接）

从仿真结果可以看出：当输入信号 $u_i = 10\text{mV}$ 时，测得的输出信号 $u_o = 1.61\text{V}$，且相位与输入信号相位相反，可见共射放大电路具有反相电压放大作用。将各组仿真数据记录在表 5.5.13 中。

表 5.5.13　数据记录表 2　$I_C = 2.0\text{mA}$　　　$U_i = 10\text{ mV}$

$R_C/\text{k}\Omega$	$R_L/\text{k}\Omega$	C_E	U_o/V	A_V	观察记录一组 u_i 和 u_o 波形	
2.4	2.4	接				
2.4	∞	接				
1.2	∞	接				
2.4	∞	不接				

（4）观察静态工作点对输出波形失真的影响　逐步加大输入信号，使输出电压 u_o 足够大但不失真。然后保持输入信号不变，分别增大和减小 R_W，使波形出现失真，绘出 u_o 的波形，仿真结果如图 5.5.45 所示。

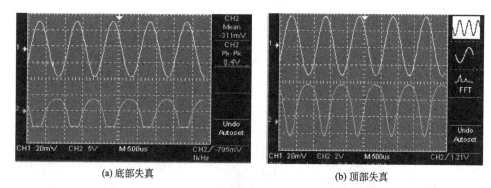

(a) 底部失真　　　　　　　　　　　　　　(b) 顶部失真

图 5.5.45　输出波形失真的仿真结果

从仿真结果可以看出：当静态工作点 Q 点过低时，将会出现截止失真（顶部失真）；当静态工作点 Q 点过高时，将会出现饱和失真（底部失真）。测出失真情况下的 I_C 和 U_{CE} 值，记入表 5.5.14 中。

表 5.5.14　数据记录表 3　$R_C = 2.4\text{k}\Omega$　$R_L = \infty$　$U_i =$　mV

I_C/mA	U_{CE}/V	u_o 波形	失真情况	三极管工作状态
		u_o 波形图		
2.0		u_o 波形图		
		u_o 波形图		

4. 实验总结

① 总结 R_C、R_L 及静态工作点对放大器电压放大倍数的影响。

② 讨论静态工作点变化对放大器输出波形的影响。

③ 分析讨论在仿真过程中出现的问题。

(二) 555 定时器的应用

1. 实验目的

① 掌握利用 Multisim 10 构成脉冲电路的仿真方法。

② 学会应用 555 定时器构成施密特触发器的方法和参数测量。

③ 学会应用 555 定时器构成单稳态触发器的方法和参数测量。

④ 学会应用 555 定时器构成多谐振荡器的方法和参数测量。

2. 实验原理（见《数字电子技术》实验十一：555 定时电路及其应用实验原理部分）

3. 实验内容与步骤

（1）施密特触发器　按图 5.5.46 创建电路，输入信号频率为 1kHz，逐渐加大信号的幅度，由示波器观测输出波形，算出回差电压 ΔU。波形图如图 5.5.47 所示。

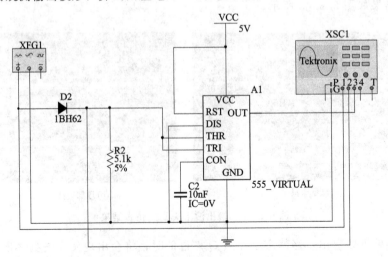

图 5.5.46　施密特触发器仿真电路图

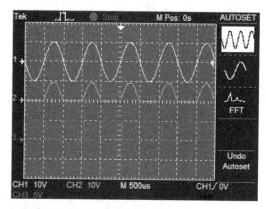

图 5.5.47　施密特触发器输入输出波形图

（2）单稳态触发器

① 按图 5.5.48 连线，输入端加 1kHz 的连续脉冲，用示波器观测 u_i、u_C、u_o 波形。测定幅度与暂稳时间。波形图如图 5.5.49 所示。

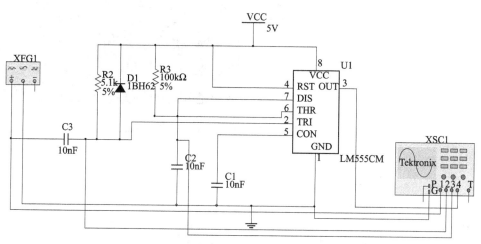

图 5.5.48　单稳态触发器仿真电路图

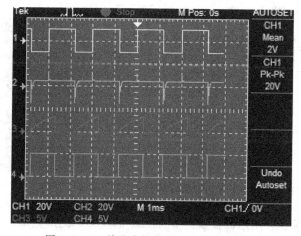

图 5.5.49　单稳态触发器输入输出波形图

② 将 R_3 改为 $1\text{k}\Omega$，C_2 改为 $0.1\mu\text{F}$，输入端加 1kHz 的连续脉冲，观测波形 u_i、u_C、u_o，测定幅度及暂稳时间。

（3）多谐振荡器

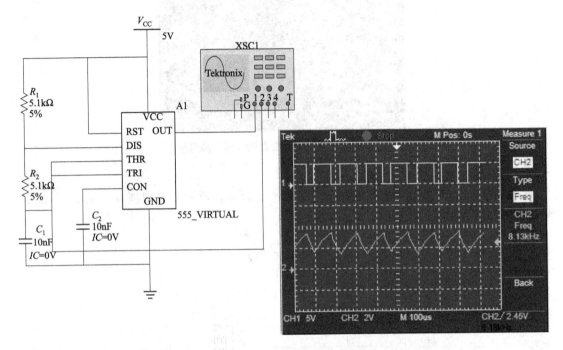

图 5.5.50　占空比不可调的多谐振荡器仿真电路图

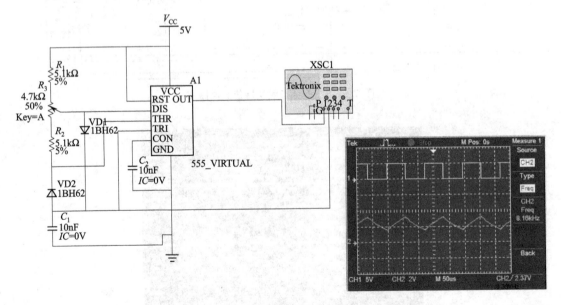

图 5.5.51　占空比可调的多谐振荡器仿真电路图

① 按图 5.5.50 接线，用示波器观测 u_c 与 u_o 的波形，测定频率。

② 按图 5.5.51 接线，组成占空比为 50% 的方波信号发生器。观测 u_C，u_o 波形，测定

波形参数。

4. 实验总结

① 测定施密特触发器的回差电压，与理论值比较。

② 测定单稳态触发器的幅度与暂稳时间，与理论值比较。

③ 测定多谐振荡器的输出频率，与理论值比较。

参考文献

[1] 邱关源. 电路. 第 5 版. 北京：高等教育出版社，2006.

[2] 童诗白. 模拟电子技术基础. 第 3 版. 北京：高等教育出版社，2004.

[3] 阎石. 数字电子技术基础. 第 5 版. 北京：高等教育出版社，2005.

[4] 许忠仁，穆克. 电路与电子技术实验教程. 大连：大连理工大学出版社，2007.

[5] 李景宏，马学文. 电子技术实验教材. 沈阳：东北大学出版社，2004.

[6] 程震先，恽雪如. 数字电路实验与应用. 北京：北京理工大学出版社，1993.

[7] 马楚仪. 数字电子技术实验（电子信息本科系列教材）. 广州：华南理工大学出版社，2005.

[8] 穆克，钱培怡. 电工电子实验. 北京：中国林业出版社，1999.

[9] 钱培怡，杨柏林. 电子电路实验与课程设计. 北京：地震出版社，2002.

[10] 王立欣，杨春玲. 电子技术实验与课程设计. 哈尔滨：哈尔滨工业大学出版社，2005.

[11] 付家才. 电子实验与实践. 北京：高等教育出版社，2004.

[12] 段玉生，王艳丹等. 电工电子技术与 EDA 基础（上）. 北京：清华大学出版社，2004.

[13] 李永平. PSpice 电路仿真程序设计. 北京：国防工业出版社，2006.

[14] 王冠华. Multisim 10 电路设计及应用. 北京：国防工业出版社，2008.

[15] 王艳春. 电子技术实验与 Multisim 仿真. 合肥：合肥工业大学出版社，2011.

[16] 吴正光，郑颜. 电子技术实验仿真与实践. 北京：科学出版社，2008.

[17] 张玉平. 电子技术实验及电子电路计算机仿真. 北京：北京理工大学出版社，2001.

[18] 王静波. 电子技术实验与课程设计指导. 北京：电子工业出版社，2011.

[19] 李万臣. 模拟电子技术基础实验与课程设计. 哈尔滨：哈尔滨工程大学出版社，2011.

[20] 郭永贞. 模拟电子技术实验与课程设计指导. 南京：东南大学出版社，2007.

[21] 孙淑艳. 模拟电子技术实验指导书. 北京：中国电力出版社，2009.